LES ŒUV

DE MAISTRI

BERNARD PALISSY

NOUVELLE ÉDITION

REVUE SUR LES TEXTES ORIGINAUX

PAR

B. FILLON

Avec une Notice historique, bibliographique et iconologique

PAR

LOUIS AUDIAT

TOME PREMIER

NIORT

L. CLOUZOT, LIBRAIRE

22, RUE DES HALLES, 22

—

1888

LES ŒUVRES

DE MAISTRE

BERNARD PALISSY

TOME PREMIER

LES ŒUVRES

DE MAISTRE

BERNARD PALISSY

NOUVELLE ÉDITION

REVUE SUR LES TEXTES ORIGINAUX

PAR

B. FILLON

Avec une Notice historique, bibliographique et iconologique

PAR

LOUIS AUDIAT

—

TOME PREMIER

NIORT

L. CLOUZOT, LIBRAIRE

22, RUE DES HALLES, 22

—

1888

AVERTISSEMENT.

—

Il y a plus de vingt ans, Benjamin Fillon écrivait ces lignes (1) :
« M. Anatole de Montaiglon nous donnera bientôt une étude
complète sur cet homme illustre (Bernard Palissy), en tête de
la nouvelle édition de ses *Œuvres* qu'il fait imprimer en ce moment à Fontenay » ; et en note: « *Les Œuvres de maistre Bernard
Palissy, réimprimées d'après les éditions originales avec études
biographiques et historiques, et notes nouvelles* (2 volumes in-8°,
imprimerie de Pierre Robuchon) ». Il renvoie même, page 116,
pour une lettre de François Ier à Guy Chabot de Jarnac, gouverneur de Saintonge, sur l'établissement de la gabelle en
Saintonge, à « l'édition des *Œuvres de Palissy* donnée par M. A.
de Montaiglon ».

Par suite de quelles circonstances ces deux volumes, si formellement annoncés et déjà imprimés, n'ont-ils point vu le jour
alors ? Demandez pourquoi l'ouvrage *Poitou et Vendée* a mis si
longtemps à s'achever et pourquoi tant d'autres travaux promis
ne paraîtront pas ? Fillon est décédé le 23 mai 1881, plein de
projets littéraires, rêvant toujours de nouveaux labeurs et
n'ayant pas même le temps d'achever ceux qui étaient com-
mencés, *pendent opera interrupta*. M. Anatole de Montaiglon

---

(1) *Art de terre chez les Poitevins*, chapitre x, page 113. Niort, Clouzot,
1864, in-4° de 216 pages.

n'a pas accompli non plus la promesse faite. Nul autre que lui
pourtant n'était plus capable d'apprécier maître Bernard. Il
devait nous dire « la plupart de ses origines scientifiques, si
bien dissimulées, ses voyages, les relations qu'il eut avec ses
contemporains », sans doute citer des documents inédits, ouvrir
de nouvelles vues sur la vie de cet homme étonnant, en un mot,
faire, avec sa haute compétence, une étude magistrale et définitive sur l'homme, l'artiste et le savant. Hélas! où sont les
neiges d'antan? Fillon mort, sa riche collection d'autographes,
où l'on pouvait puiser tant de pièces intéressantes, s'est dispersée. M. de Montaiglon, occupé ailleurs et utilement, n'a pu
encore écrire les pages sur lesquelles on comptait. En attendant
qu'il ait achevé l'étude annoncée, il fallait pourtant livrer au
public l'édition terminée depuis vingt ans; et voilà comment,
sans une note, sans un mot des deux collaborateurs, j'ai dû
composer la préface des Œuvres de Palissy.

J'avais, en 1868, essayé de remplir le programme tracé par
Fillon, faire connaître Palissy, sa vie, ses études, ses voyages,
ses travaux, ses recherches, ses amis (1). Dans ce volume, qu'a
couronné l'académie française sur un rapport de Villemain,
bien des erreurs ont été signalées et démontrées, quelques faits
nouveaux ajoutés. Il n'a pas remplacé celui de M. de Montaiglon et Fillon; il l'a suppléé. La notice que je mets ici
aura encore moins de prétention. On ne refait pas deux fois le
même travail, et il serait malséant de répéter ici les cinq cents
pages du livre publié. Mais après avoir écrit des volumes sur un
sujet, il vous reste encore parfois quelques feuillets à y joindre. Je
traiterai donc particulièrement certains points pour les compléter
ou les rectifier, puisant, pour les lier, dans le volume de 1868,
ou même celui de 1864 (2), des faits que d'autres y ont pris
depuis, et y renvoyant pour le surplus ceux qui désirent des
détails plus abondants ou plus techniques, des renseignements

(1) *Bernard Palissy*, étude sur sa vie et ses travaux. Paris, librairie
académique Didier, 1868, in-18, vii-480 pages.
(2) *Bernard Palissy*. Saintes, Fontanier, 1864, in-18, xxii-358 pages.

particuliers sur les divers métiers et les talents multiples du personnage.

Les œuvres de Palissy comprennent deux ouvrages: *La Recepte véritable*, 1563, et les *Discours admirables*, 1580. Chacun d'eux a plusieurs traités qui parfois n'ont pas beaucoup d'analogie. Les premiers éditeurs, Faujas de Saint-Fond, de bonne foi, et Cap, « afin que l'édition ne fût pas moins complète », y ajoutaient la *Déclaration des abus et ignorances des médecins* (1). Mais Cap, page 385, a démontré que l'opuscule n'était pas de maître Bernard, et on ne le trouvera donc pas ici. M. Anatole France l'avait déjà supprimé de son édition. Il y est remplacé, pages 3-8, par le *Devis d'une grotte pour la royne mère*, manuscrit « qu'on peut croire de la main même de Palissy », découvert à la Rochelle en 1861, par Fillon, publié par lui (1862) dans les *Lettres écrites de la Vendée*, acquis par la ville de Paris pour son musée de l'hôtel Carnavalet, reproduit par Adolphe Berty (1868), dans la *Topographie du vieux Paris, région du Louvre*, II, p. 45, puis par M. Anatole France. Si l'on perd un document apocryphe, on gagne un chapitre authentique et curieux.

Pas une seule note. Quand on fait des remarques au bas des pages on court le risque d'en trop faire. Il y a chez Palissy beaucoup de vues de génie devenues aujourd'hui vulgaires, des hypothèses ingénieuses dont la science a montré la vérité, et des théories originales qui par l'habitude ne nous étonnent plus maintenant; il y a aussi des erreurs qui empruntent au voisinage un air de vérité, dangereuses parce qu'elles peuvent égarer aisément des esprits non prévenus. Signaler les unes à l'admiration, les autres à la défiance eût été une œuvre salutaire mais singulièrement difficile et longue; le volume en eût au moins été double. Pour quel profit? Cette édition en deux volumes, tirée à petit nombre d'exemplaires et sur papier de choix,

---

(1) « Œuvre très utile et proufitable à un chacun studieux et désireux de sa santé, composé par Pierre Braillier, marchand-apothicaire de Lyon, pour réponce contre Lisset Benancio, médecin », qui comprend les pages 387-431 dans l'édition de Cap.

s'adresse surtout aux amateurs, gens instruits, capables, par des
études personnelles, des recherches ou des lectures antérieures,
de discerner le vrai du faux, de séparer l'ivraie du bon grain,
de louer les grandes découvertes de l'auteur sans se laisser du-
per par ses rêves creux. Tout ne sera donc pas dit dans ces
deux volumes sur Palissy ; il faudra recourir pour plus amples
détails aux ouvrages précédemment publiés. Le nombre en est
assez grand ; nous en donnons une liste qui, pour être incomplète
comme tous les travaux de ce genre, ne laissera pas cependant
de fournir d'utiles indications et de rendre quelques services.

A la bibliographie nous joignons l'iconographie, sujet moins
fécond et aussi moins important ; mais c'était un complément à
notre étude tout naturel et tout neuf, d'autant qu'il nous fournira quelques détails qui peuvent avoir leur intérêt.

I

PALISSY, SA VIE, SES ŒUVRES.

—————

Des trois écrivains du xvi⁰ siècle qui ont parlé de Bernard Palissy, l'un, Théodore-Agrippa d'Aubigné, le fait naître en 1499 (1); l'autre, François Grudé de Lacroix du Maine, après 1515 approximativement (2); le dernier, Pierre de l'Estoile, en 1510 (3). D'Aubigné fut un peu son compatriote et par hasard. Mais L'Estoile fut son ami ; il l'avait « aimé et soulagé en sa nécessité ». Palissy en mourant lui avait légué quelques souvenirs. C'est donc d'après l'auteur du *Journal de Henri III* qu'il faut fixer à 1510 la naissance de Bernard Palissy. Le plus copieux de ses biographes, M. Morley indique la date de 1509, mais sans en donner de motif.

Une plus grande incertitude règne encore sur le lieu de sa naissance. Les uns l'appellent, comme Rémond de Saint-Mar⁴ (4), « un paysan de Saintonge » (1750); « Xaintongeois »,

(1) *Histoire universelle*, partie iii, livre iii, ch. i, année 1589.
(2) *Bibliothèque françoise*. Paris, L'Angelier, 1584.
(3) *Journal de Henri III*, année 1590. t. ii, p. 41, collection Michaud.
(4) *Eclaircissements sur les dialogues des dieux*, t. i, p. 737.

comme Venel (1) (1753) ; « de Xaintes », comme le libraire
Robert Fouet (2) (1636) ; les autres disent avec Lacroix du
Maine (3) (1584), « Palissy, natif du diocèse d'Agen, en Aquitaine » ; avec Philibert Mareschel (4) (1598), « Palissy, Agenois,
inventeur des rustiques figulines du roy » ; avec Jean Leclerc,
« il était d'Agen et demeura quelques années à Xaintes » (5).

Auxquels se fier ? Remarquons pourtant que les premiers sont
plus éloignés du personnage, et qu'ils l'ont fait Saintongeais
uniquement à cause de son long séjour dans la Saintonge ; les
derniers, au contraire, sont ses contemporains ; ils le peuvent
ainsi mieux connaître, or, ils le disent formellement « natif du
diocèse d'Agen » : on doit admettre qu'il est Agenais. Lui-
même a deux fois nommé la Saintonge (pp. 311 et 325) avec cette
qualification , « pays de mon habitation » ; s'il l'eût crue sa patrie,
il eût certainement mis « pays de ma naissance ».

C'est la tradition qui dans l'Agenais a fixé le lieu précis où
naquit maître Bernard. « On savait bien, écrit un Saintongeais,
le baron Chaudruc de Crazannes (6), que Bernard de Palissy,
le père de la chimie moderne, était né dans le ressort de l'ancien
diocèse d'Agen ; mais jusqu'à ce moment ses biographes et ses
commentateurs avaient ignoré le nom du lieu qui l'avait vu
naître. Plusieurs lui donnent la ville d'Agen même pour patrie.
M. de Saint-Amans, visitant (7) le château de Biron enclavé

(1) Article *Chimie* dans l'*Encyclopédie*, 1753.

(2) *Le moyen de devenir riche*, par Maistre Bernard Palissy de Xaintes.

(3) « Bernard Palissy, natif du diocèse d'Agen en Aquitaine, Inventeur
des Rustiques Figulines ou Poteries du Roy et de la Royne sa mère, Philosophe naturel et homme d'un esprit merveilleusement prompt et aigu. Il a
écrit quelques Traités touchant l'Agriculture ou labourage, imprimés l'an
1562 ou environ... Il florit à Paris âgé de soixante ans et plus et fait des
leçons de sa science et professions ». *Bibliothèque françoise.*

(4) *La guide des arts et sciences*, p. 314 de l'*Art militaire*.

(5) *Eclaircissements sur les dialogues des dieux*, p. 378, note.

(6) *Notice historique et biographique, sur M.* [Jean-Florimond Boudon]
de Saint-Amans. Agen, 1832, in-8°. p. 29.

(7) Avec le comte Christophe de Villeneuve-Bargemon, préfet de Lot-et-
Garonne de 1800 à 1815.

dans la Dordogne, mais qui faisait, avant la révolution, partie
de la circonscription diocésaine d'Agen, fut informé qu'il existait,
aux environs du manoir féodal, une famille du nom de Palissy
et également un lieu appelé la Tuilerie de Palissy. Ce fait m'a
également été affirmé par feu M. Phiquepal, ancien procureur
impérial à Agen, né dans ce canton. Notre naturaliste s'y transporta avec empressement et constata la vérité de l'assertion qui
lui avait été faite. Le fermier ou concierge du château lui montra
deux grands plats en émaux qu'on y conservait précieusement
de père en fils dans la sacristie de la petite chapelle, et que notre
voyageur reconnut être l'ouvrage du bonhomme Bernard,
comme l'appelaient les contemporains et les mémoires du temps.
Il avait figuré, selon son usage, des poissons, des serpents, des
grenouilles, des fruits fortement relevés en bosse. Ces deux
morceaux précieux furent donnés à M. Villeneuve de Barge-
mont sur le vif désir qu'il témoigna de les avoir en sa possession.
M. de Saint-Amans qui se procura trois autres plats semblables
du fameux potier de Saintes éprouva autant de bonheur à faire
la découverte du foyer paternel de Palissy que M. de Château-
briand à reconnaître l'emplacement de Sparte. Un grec, disait
l'illustre compatriote de Palissy, en racontant cette anecdote,
n'aurait pas eu plus de joie à retrouver le berceau d'Homère et
à terminer le débat des sept villes qui se le disputaient ».

Je cite sans approuver. Il peut y avoir eu une enseigne portant le nom de Palissy, comme il y en a un peu partout. Saint-
Amans et son préfet ont pu acheter là une demi-douzaine de
plats que Chaudruc qualifie de rustiques figulines, quoiqu'il soit
bien étrange que Palissy qui inventa à Saintes ses émaux en ait
envoyé une telle quantité dans l'Agenais; mais certainement le
voyageur n'y a pas vu de famille de Palissy. Des recherches
faites dans les registres d'état civil n'ont constaté ni à cette date
ni à une époque antérieure l'existence d'un Palissy quelconque.
L'imagination me paraît jouer dans tout cela un trop grand rôle
pour que l'on ajoute foi complète au récit (2).

(1) Voir *Bulletin de la société des archives historiques de la Saintonge
et de l'Aunis*, tome VI, p. 346, où la question de la « thuilerie » et d'une

C'est donc à Biron, commune de l'arrondissement de Bergerac, et du canton de Monpazier (Dordogne), que serait né Palissy ; ou bien au village voisin de la Capelle-Biron, près de Monpazier, canton de Montflanquin, arrondissement de Villeneuve (Lot-et-Garonne), où Saint-Amans aurait trouvé des plats qu'il dit de Palissy, vu une famille Palissy qui n'a jamais existé, et lu une enseigne : *Tuilerie de Palissy*, tuilerie paternelle religieusement conservée de père en fils. Or, Palissy, à trente-neuf ans, n'avait encore « nulle cognoissance des terres argileuses », n'avait « jamais veu cuire de terre », et se mit alors « à faire des vaisseaux, combien, dit-il, que je n'eusse cogneu terre ». On voit sur quels faibles indices on place là son berceau. Et toutefois cette incertitude a été pour lui une bonne fortune. Trois provinces le réclament, Agenais et Périgord, comme compatriote, Saintonge comme concitoyen. Ainsi font le Périgord et le Quercy pour Fénelon, le Périgord et la Guyenne pour Montaigne, dont la statue s'élève à Périgueux et à Bordeaux.

La Saintonge qui a, elle aussi, une commune de Biron et une commune de la Chapelle, une rue Palissy, un quai Palissy (1) et une statue de Palissy à Saintes, sans compter une institution Palissy à Rochefort, aujourd'hui caserne de gendarmerie, si elle ne lui a pas donné le jour, lui a au moins appris à parler, peut-être à bégayer. Son langage, en effet, est saintongeais. Prenez

---

famille **Palissy** est examinée. Or, en face de l'assertion de Crazannes (*Bulletin de la société de l'histoire du protestantisme*, 1853, tome II, p. 234) : « Il résulte des renseignements pris et des recherches faites par nous à ce sujet avec feu notre regrettable confrère et ami, Saint-Amans, que le bonhomme Palissy naquit près du château et dans la paroisse de Biron... », nous pouvons dire : Il résulte de renseignements pris et des recherches faites par nous et tout récemment encore, en 1886, qu'il n'y a pas l'ombre d'un motif de mettre à Biron le lieu de naissance de l'émailleur, pas même ces « deux grands plats ou émaux qu'on conservait *de père en fils* dans la sacristie ».

(1) « Depuis le commencement du quai Reverseaux jusqu'au bout de celui appelé nouvellement quai Palissy ». *Journal politique et littéraire de Saintes*, 3 mai 1810, 1re année, no 10, p. 4.

ses livres; vous y rencontrez des santonismes à foison ; on y sent
le terroir ; il s'exhale de ses phrases un parfum du cru. C'est
le vieux langage d'Agrippa d'Aubigné, très français et très
saintongeais. Il y a des mots qu'on n'apprend pas à vingt ou
trente ans ; on les sait dès l'enfance. Les expressions purement
locales sont très fréquentes dans la *Recepte véritable*, beaucoup
plus encore que dans l'*Histoire universelle*. Maître Bernard
était plus homme du peuple et avait plus conservé que d'Aubigné les tournures et les expressions de la langue de l'enfance.
Aussi Fillon le tenait-il pour Saintongeais « en raison de son langage qui est essentiellement celui des bords de la Charente. Le
style de ses livres lui sert d'extrait de naissance, les expressions
populaires du terroir étant trop profondément incrustées dans sa
chair pour ne pas y être entrées avec le sang de ses pères (1) ».

   Pour moi, acceptant comme sa patrie l'Agénais indiqué par des
écrivains contemporains, et hypothétiquement comme lieu de
naissance cette frontière indécise entre l'Agénais et le Périgord,
Biron ou la Capelle-Biron, je croirais facilement que le petit
Palissy aura été amené, peut-être avec sa famille, dans le diocèse
de Saintes par les Gontaut-Biron qui possédaient le château de
Biron en Périgord et le château de Brisambourg à douze kilomètres de Saintes. La seigneurie, plus tard marquisat de Brisambourg, passa, en 1559, dans la maison des Gontaut qui l'ont pos-
sédée jusqu'à la révolution, par le mariage de Jeanne de Gontaut
avec Pierre Poussard, chevalier, seigneur de Brisambourg, mort
sans postérité. Les relations des Biron en Saintonge étaient
certainement antérieures à cette date; et peut-être est-ce à
l'imitation du potier que les Gontaut-Biron établirent à Brisambourg une faïencerie assez célèbre dans la contrée, et en
souvenir de lui qu'ils essayèrent d'implanter à Biron l'industrie
céramique d'où le nom de tuilerie de Palissy. Sans doute aussi
les plats que, vers 1810, Boudon de Saint-Amans vit dans la
sacristie de la chapelle du château de Biron, où « on les conservait pieusement de père en fils », sortaient des fours de

---

(1) *Art de terre chez les Poitevins,* p. 115.

Brisambourg. On constate chez les La Mothe-Fénelon, à Sainte-Mondane (Dordogne), des plats de Brisambourg, en 1669.

Quel était son nom? Alexandre du Sommerard, croyant sans doute à une origine italienne, écrit *Palizzi*; Henri Martin, *Palissi*; mais il n'y a rien là d'italien; c'est le vieux mot français et saintongeais *palisse*, haie, palissade (1). Pour décider ce point, il faut recourir aux documents originaux. Les comptes de la grotte des Tuileries disent : Bernard, Nicolas et Mathurin *Palissis*. Mais, fait remarquer fort justement M. de Montaiglon, les Palissy étaient trois; on a mis leur nom au pluriel logiquement; donc il s'écrivait *Palissi*. Ainsi du reste a signé Mathurin

Palissi, fils de Bernard. Mais Bernard a orthographié sur ses

livres et dans des actes authentiques, *Palissy*. Il ne peut y avoir d'incertitude, et l'on fait bien de dire *Palissy*.

On l'a fait pauvre et d'une famille dans l'indigence. Qu'en sait-on? Lui-même a parlé (page 19) « de sa petitesse et abjecte condition », et s'est dit (page 11) « une personne fort abjecte et de basse

_____

(1) Bizarrerie ! On écrit : les Chabannes de *La Police*, et le lieu dont ils ont pris le nom, *Lapalisse*.

condition »; mais c'est dans une préface « au lecteur » et dans une dédicace au « maréchal de Montmorency », pièces où l'on n'a pas d'ordinaire l'habitude de se vanter outre mesure et où il est plutôt de bon goût de louer les autres en se rabaissant un peu soi-même. Palissy, du reste, était naturellement porté à exagérer l'humilité de sa naissance; c'était peut-être bien le moyen de se faire valoir. Il n'a pas non plus craint de se donner pour « un simple artisan bien pauvrement instruit aux lettres »; et il écrira : « Je ne suis ne grec, ne hébrieu, ne poëte, ne rhétoricien »; plus loin : « j'eusse esté fort aise d'entendre le latin et lire les livres des philosophes », phrases qui révèlent à la fois le dédain pour les études classiques d'un écrivain qui s'est formé lui-même, et l'admiration naïve d'un inventeur, parvenu par sa propre énergie, qui se vante d'avoir appris la science « avec les dents ».

Bernard Palissy sut lire, écrire, compter; c'était quelque chose. Il possédait aussi les mathématiques et la géométrie, assez pour devenir arpenteur et lever les plans des marais salants. Il connaissait en outre le dessin, le modelage, un peu de sculpture. Il est permis de conclure, non pas avec Morley, qu'il appartenait à la petite noblesse et que son père était gentilhomme verrier, assertions sans fondement et démenties par les faits, mais bien avec Léon Cazenove de Pradines que « l'illustre poti.. était d'une famille bourgeoise ou tenant de près à la bourgeoisie (1) ». Dans un acte de 1558, qui n'est plus une préface, il est qualifié « honorable homme, maistre Bernard Palissy, peinctre, demeurant en la ville de Xaintes ».

Le premier métier de Palissy fut « la vitrerie », c'est-à-dire la verrerie; il fut peintre-verrier. Les vitriers au XVIe siècle n'étaient pas seulement ces ouvriers qui se contentent de poser des carreaux et de réparer de village en village les dégâts des orages aux fenêtres. « Les vitriers, nous dit Palissy, faisoyent

(1) *Rapport sur le concours ouvert pour l'éloge de Palissy par la société d'agriculture, sciences et arts d'Agen*, p. 417, dans le volume *Recueil des travaux de la société d'agriculture d'Agen*, t. VII.

des figures ès vitraux des temples (1) » ; et affirme même que
« l'estat est noble et ceux qui y besongnent sont nobles »,
erreur fort répandue. Ce qu'il y a de vrai, c'est qu'en France on
restait noble quoique verrier ; à Venise, on était noble parce
qu'on était verrier ; à Altare, on n'était verrier que parce qu'on
était noble. Le vitrier savait colorier le verre, le nuancer, le
découper, l'assembler, l'enchâsser habilement dans le plomb,
composer en un mot ces verrières magnifiques qui font encore
notre admiration dans les grandes cathédrales de Paris, de
Tours, de Bourges, Chartres, le Mans, Troyes, Auxerre, ou
encore dans la Sainte-Chapelle de Champigny-sur-Veude, qui
est précisément de cette époque.

Palissy voyagea. A cette instruction première, puisée dans les
classes et dans les livres, il joignit cette science plus vaste et
plus féconde que donnent le contact des hommes et la vue des
phénomènes ou des singularités de la nature. C'était une âme
ardente, avide de connaître, que la monotonie du même métier,
des mêmes camarades, des mêmes paysages, ne pouvait satis-
faire ; esprit observateur, il eut bientôt connu ce que lui offrait
la petite ville de Saintes ; il lui fallait d'autres ressources pour
sa vie, d'autres aliments pour son intelligence. Les courses à
travers les provinces de France aidèrent merveilleusement à
l'éclosion de son génie. Elles furent pour lui une sorte d'éman-
cipation. En changeant continuellement de régions, il s'arrachait
involontairement sans doute, mais du moins utilement, au joug
de l'école, et nul doute que, s'il se fût établi à poste fixe dans
quelque ville, il n'eût payé bientôt le tribut de sa présence à
quelque succursale de l'alchimie ou de la scolastique. Une fois
engagé dans ces entraves, qui sait s'il en fût jamais sorti (2). Il
vit, entendit, compara. Si les contradictions des savants qu'il
consulta, ou dont il lut les livres, lui inspirèrent une certaine

(1) « Les vitriers avoyent grand vogue, à cause qu'ils faisoyent des
figures ès vitraux des temples. » Tome II. p. 28.
(2) CAMILLE DUPLESSIS. *Étude sur la vie et les travaux de Bernard Palissy*,
dans le *Recueil de la société d'Agen*, t. VII, p. 440.

défiance de la théorie et un dédain justifié des systèmes en l'air, il conçut instinctivement un amour sérieux de l'expérience et l'enthousiasme ardent de l'évidence : il est cartésien et baconien avant Bacon et Descartes.

C'est vers le midi qu'il se dirigea ; il était jeune ; de là les erreurs considérables que contient son premier ouvrage, la *Recepte véritable*. Ce n'est qu'en 1564 et 1572 qu'il visita le nord, et alors ses observations sont plus exactes, ses remarques plus justes, ses théories plus scientifiques. En Guienne, il admire le bec d'Ambez, confluent de la Dordogne et de la Garonne, où les terres sont si mobiles, dit-il (page 65), « qu'en me secoüant sur lesdices terres je faisois bransler tout à l'entour de moy, comme si c'eust esté un plancher », et où, pendant les mois d'août et de septembre, « les terres de ladite pointe sont fendues de fentes si grandes que bien souvent la jambe d'un homme y pourroit entrer » ; d'où cette conclusion que « l'aër enclos » dans les profondeurs du sol, comme les bulles d'air dans un liquide, cherche à s'échapper et produit ainsi ces crevasses ; il admire aussi le « mascaret qui s'engendre au fleuve de Dourdougne », deux phénomènes causés en réalité, les crevasses par la contraction sous l'influence de la chaleur, et le mascaret par le flux de la mer.

En Armagnac, il remarqua pour la première fois la marne (page 222) qu'il vit ensuite en abondance dans la Brie, la Champagne et les Ardennes, et sur laquelle il écrivit un traité spécial (page 221) « pour trouver et connoistre la terre nommée marne, de laquelle l'on fume les champs infertiles ès pays et régions où elle est connue, chose de grand poids et nécessaire à tous ceux qui possèdent héritage. » Au xixe siècle seulement, l'on s'est décidé unanimement à reconnaître la sagesse des recommandations du maître potier sur l'emploi de la marne et des engrais.

Il parcourt la Gascogne, l'Agenais, le Quercy. Il réside quelque temps à Tarbes ; il voit les Pyrénées, Cauterets, Bagnères, Aix, Narbonne, Nîmes, Avignon, l'Auvergne, la Bourgogne, la Bretagne, Brest et Nantes, l'Anjou. le Poitou, faisant ample provision d'observations, écoutant, remarquant, réfléchissant. Quand il revint en Saintonge, il était plus qu'un ouvrier, c'était déjà un penseur.

A Saintes, il reprit son métier de peintre-verrier. Triste gagne-pain ! La peinture sur verre se mourait, après avoir jeté tant d'éclat : le néo-paganisme tuait cet art éminemment catholique. La réforme, qui déjà commençait à souffler le vent de la destruction des images, n'était guère propre à lui rendre la vie; les protestants, qui brisaient les statues de pierre et brûlaient les églises, ne devaient guère épargner les saints dessinés sur le verre. Le vitrail, une des gloires artistiques de la France, disparut, et le secret s'en perdit si bien que, quand il y a cinquante ans, au moment où l'on se prit à étudier et à restaurer le moyen âge, Lassus, un des architectes amoureux du XIIIᵉ siècle, ne trouva plus un seul atelier où l'on sut fondre un verre coloré. Palissy nous rend lui-même témoignage de cette décadence en son temps : « On commençoit à les délaisser au pays de mon habitation »; par suite « la vitrerie n'avoit pas grande requeste. »

Bernard avait plus d'une corde à son arc. Il savait « la pourtraicture », c'est-à-dire l'art de lever les plans, d'arpenter les terrains ; il se fit géomètre : « J'estois souvent appelé pour faire des figures pour les procès ». Cette habileté lui valut, en 1544, d'être chargé de faire le plan des marais salants de Saintonge, lorsqu'on érigea la gabelle en ce pays, sous la direction du général des finances Boyer et la protection armée du duc de La Trémoille. Cette commission lui procura plusieurs avantages; d'abord l'occasion de faire de nouvelles observations sur la côte et dans les îles, à Soubise, à Marennes, à Brouage, puis de gagner un peu d'argent. Or l'argent est ce qui manquait le plus à la maison. Palissy s'était marié, et il eut une très nombreuse famille. Il avait ordinairement deux enfants aux nourrices. La gêne se faisait sentir dans le ménage, d'autant que, la vitrerie morte, l'arpentage n'était qu'intermittent. Le travail de la gabelle fini, l'artisan se retrouva en face de la réalité peu attrayante, et d'un avenir de privations et de misère pour lui et pour les siens. Un incident imprévu vint donner un autre direction à ses idées, créer une occupation nouvelle à son activité, un but plus haut à ses efforts et à ses aspirations. Il lui tomba entre les mains une coupe émaillée; c'était en 1539 ou 1540; car lorsqu'il fut chargé des marais salants, il l'avait depuis plusieurs années.

D'où venait ce vase? Les uns y ont vu une porcelaine orientale, et M. Philippe Burty penche pour une porcelaine de Chine qui avait pénétré depuis longtemps en France, puisque un des agents de Jacques Cœur, Jean de Villaye, envoyé à Damas pour y nouer des relations commerciales, en rapporta pour le roi Charles VII, de la part du « sultan de Babilonie, trois escuelles et ung plat en pourcelaine de Sinant », à la grande admiration de la cour; les autres y ont reconnu une poterie allemande; ceux-ci, une majolique italienne; ceux-là, une faïence d'Oiron. Benjamin Fillon, l'inventeur d'Oiron (1), avait naturellement penché pour Oiron. Après un examen plus approfondi, il a conclu pour l'Italie.

Sans doute il ne faut pas, comme on le fait trop souvent, attribuer aux Italiens tout l'art français du xvie siècle, architecture, peinture, sculpture, et voir partout chez nous, dans nos châteaux, nos statues, nos tableaux, des artistes d'outre-monts. Les découvertes récentes ont restitué à leurs véritables auteurs, des Français, ces chefs-d'œuvre de la renaissance dont notre légèreté faisait honneur aux étrangers. Fontainebleau, Ecouen, le Louvre, les Tuileries, et ces splendides demeures des bords de la Loire, Blois, Chenonceaux, Chambord, comme ces cathédrales ogivales qu'on nommait gothiques pour avoir le plaisir d'en faire hommage aux Goths destructeurs, doivent être désormais et à jamais rendus à des artistes nationaux. Mais gardons-nous de l'excès contraire et par réaction n'allons pas refuser toute influence à l'Italie. C'est certainement de là que venait la coupe émaillée qui révéla au pauvre verrier sa véritable vocation. S'il ne visita pas cette terre privilégiée des lettres et des arts, d'autres y étaient allés, qui lui en racon-

(1) *Les faïences d'Oiron*, p. 7.

taient les splendeurs et au besoin lui en montraient les merveilles. Les relations des deux pays étaient fréquentes ; même dans le fond d'une province éloignée, sur les rivages de l'Océan, on parlait, pour les avoir vus, des bords de la Méditerannée, et l'on rapportait aux rives de la Charente les échos du Tibre ou de l'Arno.

Pons, aujourd'hui chef-lieu de canton de l'arrondissement de Saintes (4,900 habitants), était, au XVIᵉ siècle, le siège d'une puissante sirerie qui s'étendait sur cinquante-deux paroisses, et près de deux cent cinquante fiefs nobles ; elle avait donné son nom à une vaste et importante famille, qui avait en outre des possessions dans le Périgord, le Quercy, le Poitou, la Guienne, ce qui lui formait un apanage de plus de soixante villes ou bourgs, et de plus de six cents paroisses. La généalogie qu'en ont dressée le père Anselme (*Histoire des grands officiers*, III, 70) et Courcelles (*Histoire des pairs*, IV), font remonter les Pons sans interruption à l'an 1067.

Le chef de la famille, et aussi le dernier mâle de la branche aînée, était alors Antoine, sire de Pons, comte de Marennes, baron d'Oleron, seigneur de Pérignac, Plassac, Royan, Mornac, Blaye, Montfort, Carlux, etc., chevalier des ordres du roi et son chambellan, gouverneur de Montargis, de Saintes et de la Saintonge. Né en 1510, la même année que Palissy, enfant d'honneur auprès de François Iᵉʳ en 1525, blessé dans l'expédition de Naples en 1528, pris par les Espagnols la même année au siège d'Averse, il accompagna François Iᵉʳ à Calais, fut envoyé à Ferrare, resta quatorze ans en Italie employé en diverses affaires, fit pendant cinquante ans la guerre avec le plus grand courage, et excita l'admiration de ses ennemis eux-mêmes.

Important par sa naissance, ses richesses, ses charges, Antoine de Pons l'était encore par son intelligence cultivée, ses vastes connaissances et son affabilité. Palissy (t. II, p. 4) vante « l'excellence de son esprit », son « merveilleux esprit », sa science, « philosophie, astrologie et autres artz tirez des mathé-

(1) *Bernard Palissy*, 1885, p. 46.

matiques. » Il n'est pas le seul: François de Belleforest lui dédie, « de Paris, ce 12 de février 1576 », sa traduction des *Mémoires et histoire de l'origine, invention et hauteur des choses faictes en latin...*, par Polydore Vergile : *De rerum inventoribus libri VIII*, (Paris, Robert le Magnier, 1576, in-8°) : « A Tres haut et Tres illustre seigneur et le miroir des sçavans d'entre la Noblesse, Messire Antoine, sire de Pons, comte de Marepnes, seigneur des Isles... » ; et il le célèbre comme un des personnages de son temps « qui portent aujourd'hui le tiltre d'un des plus doctes et bien nés aux bonnes lettres. »

Florimond de Rœmond, qui l'avait entretenu souvent, déclare qu' « il aimoit naturellement les lettres » (1) ; et Théodore de Bèze, l'appréciant surtout au point de vue protestant, ajoute qu'il « estoit amateur de vertu et de vérité, ayant tellement profité à la lecture des lettres saintes qu'à grand peine se fust-il trouvé homme de sa robe qui le secondast avec tel zèle, que luy-mesme prenoit bien la peine d'enseigner ses pauvres subjects, desquels il en édifia plusieurs, tant des officiers que d'autres, en sa ville de Pons (2) ».

Antoine de Pons avait une femme digne de lui ; en effet, la fille de Jean Larchevêque, baron de Soubise, et de Michelle de Saubonne, tenait de sa mère ; Michelle de Saubonne, d'une famille de Bretagne, était fille d'honneur de la reine Anne qui lui fit épouser, en 1507, le chef de la maison de Parthenay. La reine, disent, page 3, les *Mémoires de la vie de Jean de Parthenay-Larchevêque, sieur de Soubise* (3), « se gouvernoit par son conseil en ses plus importantes affaires, la cognoissant de bon entendement, non seullement en ce qui appartient au fait ordinaire des femmes, mais mesmes en affaires d'estat, en quoy elle ne cédoit à nulle

(1) *Histoire de la naissance, progrez et décadence de l'hérésie de ce siècle*, livre VIII, ch. III, p. 856.
(2) THÉODORE DE BÈZE, *Histoire ecclésiastique*, t. I, livre II, année 1559.
(3) Ces *Mémoires*, attribués avec la plus grande vraisemblance au grand mathématicien François Viète, ami et conseiller de la maison de Soubise et précepteur de Catherine de Parthenay, ont été publiés par M. Jules Bonnet. Paris, Willem, 1879, in-12, XVI-151 pages.

2

femme ni à guères d'hommes de son temps ». Et plus loin,
page 9 : « Elle demeura à Ferrare neuf ou dix ans (1528-1536),
et fust autant aymée et honorée que jamais dame françoise qui y
fust, mesme du duc Alphonse, qu'on tenoit pour le plus grand
personnage d'Italie, lequel disoit n'avoir jamais parlé à une si
sage et habile femme, et ne venoit de fois à la chambre de
madame de Ferrare, qui estoit tous les jours, qu'il ne l'entre-
tinst deux et trois heures, disant qu'il ne parloit jamais à elle
qu'il n'y apprist quelque chose. » Sa petite-fille, Catherine de
Parthenay, a pu dire : « Elle fut femme fort estimée tant par sa
sagesse que pour son entendement et grande conduite en affaires.
Budœ lui rend ce témoignage ».

Anne de Bretagne en mourant (janvier 1514) avait confié à
Michelle de Saubonne sa fille Renée, dont elle la fit gouvernante.
Quand Renée de France épousa (30 juillet 1527) Hercule II
d'Este, duc de Ferrare, elle devint sa première dame d'honneur;
et au mois de septembre suivant, l'accompagna en Italie avec
ses filles Anne, Charlotte et Renée de Parthenay. C'est à la
cour de Ferrare qu'Antoine de Pons, chevalier d'honneur de la
duchesse, épousa (janvier 1534) Anne, cette merveille vantée
par tous les beaux esprits. Il était jeune, d'une figure agréable,
si l'on en juge par la gravure de Thomas de Leu, avide de s'instruire, amateur passionné de littérature et de science.

Elle n'était pas moins illustre par la vivacité de son esprit,
l'étendue de ses connaissances, la variété de son érudition, que
par sa naissance. Elle possédait le latin et le grec (1), tenait tête
aux théologiens, chantait des morceaux dont elle avait composé
les paroles et la musique (2). Le Varron de son siècle, Lelio
Gregorio Giraldi, poète et archéologue italien (né en 1479 à
Ferrare où il mourut en 1552), lui a dédié le deuxième livre de

(1) Non modo in latinis quibus ab ipsis incunabulis naviter operam dedisti,
sed in græcis quoque ita profecisti ut græcos auctores intrepide evolvas.
GIRALDUS.

(2) Quid nunc memorem qualis sis in dignoscendis et modulandis carmi-
nibus, quali venustate canas et gratia ? Quantum denique in omni musa
profeceris, id ejus disciplinæ periti prædicant. IDEM.

ses *Historiæ poetarum libri decem* (Bâle, 1546), et fait d'elle le plus magnifique éloge (1). Viète dit qu'elle « estoit tenue non seulement pour la plus docte de France, mais mesmes de la chrestienté, aux langues grecque et latine, et aultres sciences humaines (2) ».

Les deux époux avaient les mêmes goûts; et, après la guerre, Antoine « n'aimoit rien tant que les arts aimés de sa jeune femme (3), » c'est ce que dit Lelio Géraldi, qui a dédié à Antoine de Pons le quatrième dialogue de son *Histoire des poëtes.*

(1) « En adressant, lui dit-il, mon premier dialogue à la princesse Renée, j'ai fait ce que j'ai dû; en vous dédiant le second. je m'acquitte encore d'un devoir. Je rassemble dans mon ouvrage tous les anciens poëtes depuis Homère; j'y joins ce que mes lectures ont pu apprendre des Sybilles. Pouvois-je adresser ce dialogue à une autre personne qu'à vous Madame, dont la prudence et la sagesse égale celle des célèbres Filles, qui tenez le premier rang après la princesse? Sans parler de votre illustre sang, de cette intégrité de mœurs qui vous rend un modèle admiré de tout le monde, peut-on penser sans surprise aux progrès que vous avez faits dans les sciences, à l'âge où vous êtes? Ce n'est pas seulement dans la langue latine que brillent vos connaissances; vous la possédiez dès l'enfance; vous avez fait de si grands progrès dans la langue grecque qu'il n'y a pas d'auteurs de cette langue que vous ne lisiez sans craindre d'être arrêtée par les difficultés. Tout ce qu'on en publie surpasse l'imagination. Après ce que je viens de dire, parlerai-je de votre goût pour la Poésie, soit comme juge soit comme auteur? Mais vous ne vous bornez pas à la composition; tous les talents sont de votre ressort. Vous mettez en air, vous chantez vos vers avec une délicatesse et des grâces admirables; les maitres de l'art le publient eux-mêmes; mais ce ne sont pour vous que des qualités acces- soires, que des talents d'amusement, quelque dignes qu'ils soient d'une princesse. Que pourrois-je pas dire de vos connaissances dans les livres saints? Ne vous voit-on pas, tous les jours, embarrasser les Théologiens les plus savants, les prédicateurs les plus versés dans ces matières? » DREUX DU RADIER, *Bibliothèque historique du Poitou,* II, 95. Article *Anne de l'Arche- vêque de Parthenay.*

(2) *Mémoires de la vie de Jean de Parthenay Larchevêque, sieur de Soubise,* page 7.

(3) Quid porro dicam qua charitate et amore ac potius pietate prosequaris illustrem virum tuum, jure tuum, ut qui eisdem quibus tu studiis et vir- tutibus post militares artes sit ornatissimus. GIRALDUS.

Clément Marot, dont la duchesse goûtait fort l'esprit et les vers, était alors à Ferrare (1), charmant tout le monde par sa gentillesse, et célébrant Renée de France, Michelle de Saubonne, Anne de Parthenay, comme nous le montre cette *Epître perdue au jeu contre madame de Pons* :

> Dame de Pons, Nymphe de Parthenay,
> Pour toi qui as lettres et bon savoir,
> Autant ou plus que femme puisse avoir,
> Aveques œils pour voir subit les fautes
> Et discerner choses basses des hautes,
> Bien est-il vray que ton cueur sait user
> D'une bonté de fautes excuser
> Et de donner aux œuvres bien dittées
> En temps et lieu louanges méritées.

Hercule d'Este, fils de la fameuse Lucrèce Borgia, cultivait lui-même avec succès la poésie, et était passionné pour les antiquités.

On peut aisément s'imaginer quelle devait être la vie à Ferrare, et quels agréables passe-temps, quelles fines causeries entre tant de gens si délicats et si instruits, la fille de Louis XII et la fille de Jean Larchevêque, Antoine de Pons et Clément Marot, sans compter le duc de Ferrare.

Calvin gâta tout et troubla ce paisible asile des muses et de la beauté (2). Fuyant la France, où ses doctrines répandues d'abord

(1) « Je crois devoir avertir votre excellence qu'un français du nom de Clément est venu récemment s'établir auprès de notre sérénissime duchesse, après avoir été banni de tout le royaume de France comme luthérien. C'est un homme très capable d'introduire cette peste à la cour, ce dont la bonté divine veuille nous préserver.» (Lettre de Matteo Tebaldi, 30 août 1535, au duc Hercule d'Este ; Archives d'Este, citée par M. Jules Bonnet dans le *Bulletin* de la société de l'histoire du protestantisme, p. 290, t. xxxiv.)

(2) Jean Calvin, né à Noyon le 10 juillet 1509, un an avant Palissy, chapelain à neuf ans, étudiant le droit à Orléans sous Pierre de l'Estoile en 1527, à Bourges sous André Alciati en 1529, le grec sous Melchior Wolmor, prêcha trois fois en latin dans la cathédrale d'Angoulême devant le chapitre, et çà et là dans les paroisses de la Saintonge et de l'Angoumois, où l'on conserve des traditions de sa présence.

à Paris, ensuite prêchées à Angoulême et à Poitiers, puis sa publication de l'*Institution chrétienne*, commençaient à éveiller les soupçons. il vint, sous le nom de Charles d'Espeville, à Ferrare en 1535 (1), accompagné d'un chanoine d'Angoulême, curé de Claix, Louis du Tillet, frère d'un greffier en chef du parlement de Paris (1521), d'un évêque de Saint-Brieuc (1553), qui lui avait donné l'hospitalité dans la maison paternelle et avait favorisé la diffusion des idées nouvelles. Du Tillet, homme d'un esprit fort cultivé, aimant les lettres, avait, à un âge où l'on n'apprend plus, pris de Calvin des leçons de grec dans sa bibliothèque de quatre mille volumes et ses idées d'innovation. Quelques années après (1539), peu édifié de ce qu'il vit à Genève où, selon Calvin lui-même, cité par Théodore de Bèze, « toute la réforme ne consistait guère que dans la cessation du culte catholique et la disparition des images ou statues de saints (2) », cet adepte repentant fit abjuration publique ; il parvint plus tard à la dignité d'archidiacre d'Angoulême.

Pendant quelques mois de séjour, Calvin acheva de gagner la duchesse, déjà séduite par sa cousine Marguerite de Navarre, mais hésitante Madame de Soubise l'imita et attira sa fille. Antoine de Pons suivit sa belle-mère et sa femme, sans enthousiasme pourtant ; son cousin, Jacques de Pons, seigneur de Mirambeau, adopta, lui, très chaudement la nouvelle doctrine et fut en Saintonge l'un de ses défenseurs armés (3) : « C'est à

(1) Bèze fixe à 1532-1533 sa conversion définitive au protestantisme. Or, en mars 1534. il écrit d'Angoulême à son ami François Daniel, d'Orléans ; au mois de mai, il retourne à Noyon et y résigne ses bénéfices. C'est là la rupture ouverte.

(2) « Perturbatissimæ res erant, quasi nihil aliud esset Christianismus quam statuarum eversio... *Joannis Calvini vita a Theodoro Beza, Genevensis Ecclesiæ ministro, accurate descripta* ; ce que Bèze traduit ainsi : « Quand il y vint (à Genève). l'Evangile s'y preschoit, mais les choses y estoient fort déréglées et l'Evangile estoit à la plus part d'avoir abattu les idoles... » *Histoire de la vie et mort de feu M. Jean Calvin, fidèle serviteur de Jésus-Christ.*

(3) Le duc mandait de Ferrare, le 5 mai 1536, à son ambassadeur près de François Ier, « messer Hiéronimo Ferrafini » ce qui suit : « Il y a onze à

Ferrare, raconte Florimond de Ræmond, « que le sieur
de Mirambeau alla chercher la nouvelle religion pour la porter
le premier en Saintonge, opinion qu'il a laissée comme hérédi-
taire à sa postérité. C'est là mesme où Anthoine, sire de Pons,
des premiers seigneurs de nostre Guienne, s'estoit écarté de
l'Eglise catholique, qui toutefois se remit bientôt au vray
chemin, bon et vertueux seigneur, lequel, pour conserver sa
religion parmy les grandes confusions et désordres qui advinrent
depuis, s'est presque enseveli et ruyné dans les cendres de sa
patrie. Je l'ai souvent entretenu sur la naissance de l'hérésie :
car il aimoit naturellement les lettres (1) ».

douze mois qu'arriva ici un français du nom de Jehannet, chanteur, que
nous prîmes à notre service pour complaire à madame la duchesse, à condition qu'il vivrait d'une façon honnête et chrétienne parce que nous avions
appris qu'il s'était enfui de France sous inculpation de luthéranisme, et
même qu'un de ses complices avait été brûlé par ordre du roi. Depuis, un
certain Clément Marot, et plusieurs autres personnes, également sortis de
France, sont venus le rejoindre ; et des bruits peu favorables n'ont pas tardé
à s'élever sur leur genre de vie. Des plaintes nous sont arrivées de divers
côtés, même de Rome, et nous avons été priés de ne pas souffrir que des
hérétiques de cette espèce pussent séjourner dans notre état. Mais comme
le cas n'avait rien d'exorbitant et que nous désirions avoir égard aux mérites
du dit Jehannet, ainsi qu'à sa qualité de Français, nous préférâmes croire à
son innocence et ajourner toutes poursuites. » Puis il raconte comment le
vendredi saint, Jehannet, au moment de l'adoration de la croix, a affecté de
sortir de l'église ; et il a été remis aux mains de la justice. « Dans le cours
de l'instruction, l'inquisiteur a été informé, par un religieux français et par
plusieurs serviteurs de la duchesse, que les nommés Clément Marot, La
Planche Cornillan, et bon nombre d'autres, attachés à la maison de madame
la duchesse et vivant auprès d'elle, étaient infectés d'hérésie, parlant et
agissant contrairement aux règles établies par notre Sauveur lui-même.
Nous donc par respect pour madame la duchesse, nous l'avons priée, avec
tous les égards possibles, d'enjoindre aux inculpés de se justifier devant le
dit inquisiteur, afin que le mal n'étendît pas ses ravages et que le scandale
fût étouffé sans bruit. Mais ils ont répondu qu'ils aimeraient mieux quitter
cette ville, et même aller se justifier à Rome que de reconnaître la juridiction
de l'inquisition, ce qui tourne à notre honte comme souverain du pays. »

(1) FLORIMOND DE RŒMOND. *Histoire de la naissance de l'hérésie*, livre VII,
p. 456.

Il y avait là un foyer dangereux de prosélytisme. L'hérésie pouvait de Ferrare rayonner sur la péninsule, jusqu'à Rome peut-être. Paul III fit sans doute des remontrances. En tous cas il prit, de la présence de Calvin et de ces changements, prétexte pour refuser à Hercule d'Este, qui avait succédé à son père (31 octobre 1534), l'investiture de son duché concédé à la maison d'Este par Alexandre VI (1). Le duc, malgré les prières de sa femme, congédia madame de Soubise qui quitta Ferrare le 20 mars 1536, emmenant ses enfants (2). Le coup était rude et la douleur fut vive. Le manuscrit, malheureusement incomplet, qu'a laissé sur sa propre famille Catherine de Parthenay, petite-fille de Michelle de Saubonne, peint de plus, en ces termes, la séparation de Renée et de sa première dame d'honneur : « Ces pratiques hayneuses des méchants conseillers du duc, sous couleur de rayson d'estat (3), n'empeschèrent pas madame la

(1) Dans sa troisième lettre à Geoffroy d'Estissac, évêque de Maillezais, François Rabelais lui parle de cette affaire: « Je n'oy encore sceu comment il (le duc de Ferrare) a appointé touchant l'investiture et recognoissance de ses terres; mais j'entends qu'il n'est pas retourné fort content dudit Empereur. Je me doubte qu'il sera contraint de mettre au vent les escuz que feu son père luy laissa, et le Pape et l'Empereur le plumeront à leur vouloir... » Dans la quatorzième : « Au regard du duc de Ferrare je vous ai escrit comment il estoit retourné de Naples et retiré à Ferrare. Madame Renée est accouchée d'une fille... »

(2) Epistre à madame de Soubise partant de Ferrare pour s'en revenir en France :

> Mais pour autant que d'instinct de nature
> Toy et les tiens aymez littérature,
> Savoir exquis, vertus qui le ciel percent,
> Arts libéraux et ceux qui s'y exercent,
> Cela (pour vray) fait que très grandement
> Je te révère en mon entendement...
>
> ŒUvres de Clément Marot.

(3) Pierre de La Place, *De l'estat de la religion*, a donné, livre II, une raison toute petite de cette brouille: « Si le roi François jugea qu'à bon titre mousieur de Pons avoit esté chassé de Ferrare, pour ce qu'il se disoit estre d'aussi bonne maison que ceux d'Aest, n'estant raisonnable, puisqu'il vivoit du pain de madame de Ferrare et à ses gages, qu'il feit telle comparaison. »

Rabelais, lettre troisième, raconte que « monsieur de Limoges

duchesse de ne se pouvoir résoudre au département de la dame de Soubize et de sa fille, madame de Pons, qu'elle n'envoya en France que les équipages combles de présents et le cœur plein d'elle. Lui sembloit-il encore, pauvre délaissée, la sienne patrie partir avec. »

Quels étaient ces présents? Le texte ne le dit pas. Il s'y trouvait, nous le savons, le portrait de Renée de France peint par Sébastiéno del Piombo, et qui orna les appartements du château du Parc de Mouchamps, en Poitou. Mais n'y avait-il pas aussi des majoliques? Le père du duc Hercule, Alphonse d'Este (1), selon le témoignage de Piccolpasso dans son *Arte di terra*, avait fait « édifier ung four à vases », et s'occupait lui-même de leur fabrication. Œuvre d'art à part, l'amour-propre de propriétaire ne devait-il pas pousser Hercule d'Este à offrir des poteries de ses fours? Il est fort naturel de penser que quelques uns des produits de Ferrare, sinon des autres ateliers italiens, vinrent par là dans les demeures des Pons et des Parthenay, au Parc de Mouchamps comme à Pons.

C'est précisément au retour de Ferrare (1539), que Palissy vit Antoine de Pons. Il arrivait d'Italie, cette terre des merveilles, ce berceau des arts; et maître Bernard qui avait parcouru une partie de la France mais s'était arrêté aux portes de la pénin-

---

(Jean de Langeac), qui estoit à Ferrare ambassadeur pour le roi..., s'est retourné en France. Il y a danger que madame Renée en souffre fascherie. Ledit duc (de Ferrare) lui a retiré madame de Soubise, sa gouvernante, et la fait servir par des Italiennes, qui n'est pas bon signe. »

(1) « Alfonse jà trez illustre duc de Ferrare, sous la goubverne duquel furent soumis tant de cités, tant de chasteaulx, tant de peuples pacifiquement sans coignoistre nulle molestie de nulle sorte, se print par difvertissement à fayre édifier, en ung lieu voysin de son palais, ung four à vases, et ainsy se proposayt cestuy saige seigneur à filosopher de lui-mesme touchant cela. » *Les troys libvres de l'art du potier*, du cavalier Cyprian Picolpassi, Durantoys (1548), translatés par maistre Claudius Popelyn, Parisien, 1861, livre III, p. 77. « Peintre et émailleur d'un réel mérite », dit Ph. Burty, p. 77, M. Claudius Popelin a traduit cette fois, non plus en charabias, sous prétexte de couleur locale, mais en français, le *Songe de Polyphile*, à qui l'académie a décerné un prix en 1884.

sule, éden fermé et gardé par un archange redoutable, la pauvreté, brûlait du désir d'en entendre raconter les prodiges. Cet amour commun des choses d'art réunit le grand seigneur et l'ouvrier. Antoine de Pons, reconnaissant en ce potier un esprit singulièrement ouvert, se plut à l'entretenir. Il devina son génie, se fit et resta son protecteur, le premier et le dernier. Bien sûr que dans son château de Pons il lui montra les objets rares et précieux rapportés d'outre-monts, et certainement les poteries ferraraises (1).

Les dates ont ici une éloquence réelle. C'est vers 1539 qu'il lui « fut monstré une coupe de terre tournée et esmaillée d'une telle beauté que dès lors il entra en dispute avec sa propre pensée » (*Art de terre*, t. II, p. 206): car il y avait « plusieurs années » qu'il cherchait l'émail (2), lorsqu'il fut chargé de lever les plans des marais salants de la contrée pour l'établissement de la gabelle. Or les commissaires, « députez par le Roy pour ériger la gabelle au pays de Xaintonge », vinrent à Saintes en 1543. Ainsi la coïncidence est merveilleuse : Palissy commence à chercher l'émail au moment précis où Antoine de Pons le recevait dans son château de Pons et lui montrait ses curiosités rapportées d'Italie, parmi elles très probablement une majolique de Ferrare.

Quand il eut vu cette « coupe de terre tournée et esmaillée », il n'eut plus de repos; il voulut la reproduire ou du moins faire quelque œuvre semblable. Il y était poussé de deux côtés, d'abord par l'instinct du génie, puis un peu par les difficultés de sa situation, l'une aidant l'autre. A ce moment ce peintre-

---

(1) « Combien que j'eusse bon tesmoignage de l'excellence de vostre esprit, dès le temps que retournastes de Ferrare en vostre chasteau de Ponts... » T. II, p. 4.

(2) « Quand j'eus basteté plusieurs années ainsi imprudemment avec tristesse et soupirs... je pris relasche quelque temps, m'occupant à mon art de peinture et vitrerie... quelques jours après survindrent certains commissaires députez par le Roy pour ériger la gabelle au pays de Xaintonge, lesquels m'appellèrent pour figurer les isles et pays circonvoisins de tous les maretz salans dudit pays... » T. II, p. 208.

verrier, cet arpenteur-géomètre-juré, n'avait pas beaucoup
d'ouvrage, nous l'avons vu (1). Il pensa que, s'il avait « trouvé
l'invention de faire des esmaux », il pourrait « faire des vaisseaux
de terre et autre chose de belle ordonnance ». C'était un gagne-
pain nouveau et assuré.

« Une autre circonstance, dit Fillon, permit probablement
encore à Palissy d'étudier bon nombre de faïences italiennes »,
et ainsi aiguisa encore son désir d'invention.

Un vaisseau espagnol chargé de poteries fut pris par les
corsaires de La Rochelle et conduit dans le port de cette ville à
l'époque où François Ier y fit un assez long séjour, c'est-à-dire
en décembre 1542 et janvier 1543 (2).

« On dict au roy, raconte Amos Barbot (t. Ier, folio 406, manuscrit à la bibliothèque de La Rochelle), que les Normands
avoient faict quelque prinse sur les Hespagnols, avecq lesquels
sa majesté estoit en guerre, et qu'ès dictes prinses qui estoient
dans la ville, il y avoit grand nombre de vaisselle de terre de
Valence et plusieurs coupes de Venise; il commanda qu'on luy
en apportast; ce qu'ayant faict, et jusqu'au nombre de plusieurs
grands coffres pleins, le roy en donna à plusieurs dames, et
pour la grande beauté qu'il y trouvoit, retint tout ce qui estoit
de ladicte vaisselle en ladicte prinse, qui estoit vingt grands
coffres qu'il fit payer et commanda qu'on luy fit charger pour
les porter à Rouën ou à Dieppe », détails qui se trouvent rapportés à peu près en mêmes termes par la *Chronique du roi
François Ier* (3) : « La nef ou barque en laquelle estoyent

(1) « ... Me remémorant plusieurs propos qu'aucuns m'avoyent tenus en
se moquant de moy lorsque je peindois des images. Or, voyant que l'on
commençoit à les délaisser au pays de mon habitation, aussi que la vitrerie
n'avoit pas grand requeste... » (*Art de terre*, t. II, p. 207.)

(2) *Voyage du Roy François Ier* en sa ville de La Rochelle, l'an 1542,
avec l'arrest et jugement par luy donné pour la désobéissance et rebellion
que luy feirent les habitans d'icelle. (Paris, G. de Nyvord, s. d., Bibliothèque
nationale, réserve.) Reproduit dans les *Archives curieuses de l'histoire de
France*, 1re série, III, p. 35.

(3) *Chronique du roi François Ier*, publiée par Guiffrey. Paris, Renouard, 1860, in-8°, p. 396.

les dictz couffres, estoit de soixante touneaulx; en laquelle, oultre les susditz vingt couffres, y avoit quatre-vingtz sacz de riz de Genne et Valence, quelques balots d'osier et six pacquetz allumelles, et espées, deux balles camelotz, une balle papier et onze grands couffres plains de livres. »

Il ne se peut que Palissy, qui avait des relations à La Rochelle et qui cherchait déjà son émail, n'ait pas connu quelques uns de ces vases.

Il n'eut dès lors plus de cesse et de repos : il veut inventer l'émail, faire une coupe semblable et trouver dans l'art de terre un moyen de vivre et d'élever sa nombreuse famille.

Fait à noter. Saintes alors n'avait pas de fabrique de poterie, puisque l'artisan était obligé d'aller faire cuire ses pots à six kilomètres de là. Pourtant la découverte (1882), par M. le baron Eschasseriaux, du camp du Peu-Richard, à sept kilomètres de Saintes, datant de l'époque robenhausienne, et où l'on a trouvé une énorme quantité de fragments de poterie fort curieux (1); un pavé de l'époque romano-gauloise, que Fillon croit sainton-geais; la mention (1498) d'un modeleur de Saint-Jean-d'Angély qui fabriquait des images de terre cuite peintes à l'huile ou à la détrempe (2), prouvent que l'art de terre était connu et pratiqué en Saintonge longtemps avant le XVIe siècle. Et cependant ce n'est qu'avec Palissy que la céramique paraît à Saintes. Ferdinand de Lasteyrie croit (*Gazette des beaux arts*, 1879, tome xx, page 99) fabriquée dans cette ville, par Bernard vers 1562, une bouteille de chasse du Louvre à la panse aplatie, en faïence émaillée vert jaspé, aux armes de Montmorency, avec l'ordre de Saint-Michel, l'épée de connétable et la devise ΑΠΛΑΝΟΣ,

---

(1) Voir *Bulletin* de la société des archives historiques de la Saintonge et de l'Aunis, qui en a donné trois planches, t. IV, pp. 219 et 354, *Le préhistorique dans la Charente et la poterie du camp du Peu-Richard*, par M. Emile Maufras.

(2) « A Jérôme Blays, de Saint-Jehan, 2 escuz pour la vendicion et painture de l'ymaige sainct Pierre, de terre dudit Saint-Jehan, qui fut mize sus la sépulture maistre Pierre Laurens. » *Art de terre chez les Poitevins*, p. 53.

parce que les premières pièces que Palissy réussit complètement étaient d'un émail jaspé. M. Jacquemart, qui l'a reproduite (p. 252, *Merveilles de la céramique en occident*), l'attribue simplement à une fabrique de l'ouest, Saintes, La Chapelle ou Rennes. Saintes est du reste le lieu où l'on oublia plus vite et le potier et ses chefs-d'œuvre. Je ne rappellerai pas que, vers 1840, ses moules, en nombre considérable, furent jetés à la Charente par un orfèvre dont ils encombraient le grenier !

Il y a bien au commencement du XVIe siècle une « fabrique de Saintes »; mais c'est le musée de Cluny (*Catalogue*, 1881, p. 308) qui donne cette rubrique, et comme le plat est orné d'écussons fleurdelisés, de la couronne avec le chiffre K, des armes de Bretagne, de France et de Dauphiné avec la date MDCXI, ce qui exigerait au moins un L (Louis XII) et non un K (Carolus, Charles VIII), Jacquemart (*Merveilles de la céramique d'occident*, I, 89) suppose que l'ouvrier s'est servi d'un vieux moule, et Garnier (*Histoire de la céramique*, p. 145), que l'hermine et l'écu de Bretagne créent une forte présomption en faveur de Rennes qui a produit des faïences vernissées en vert.

L'artisan trouvait donc peu de secours près de lui. Pour arriver à son but, deux choses lui étaient nécessaires, un pot et l'émail. Or Palissy ne connaissait pas le vase qui devait recevoir l'enduit. « Je n'avois, dit-il, nulle connaissance des terres argileuses », et encore : « Je n'avois jamais veu cuire terre. » C'était l'a b c du métier, et le moindre potier en savait plus que lui. Surtout il ignorait « de quelles matières se faisoient lesdits esmaux et à quel degré de feu ledit esmail se devoit fondre. »

Comme il n'a pas d'argent pour payer un manœuvre, il se met lui-même à fabriquer des pots, à gâcher du mortier, à construire un four. Il prend diverses substances, les broie, les combine de mille manières, les étend en diverses doses sur des centaines de pots. Il allume son four, chauffe et attend la cuisson des vases et la fonte de l'émail. Il essaie des fours des potiers, puis de ceux des verriers, plus chauds. On se moque de lui; on le traite de fou. Sa femme, qui paraît n'avoir pas compris son génie, aimerait mieux qu'il s'occupât à un métier

lucratif, qu'il apportât à la maison du pain pour ses enfants
affamés. Selon son énergique expression il « bastela (1) » ainsi
de longues années. C'est la période la plus populaire de son
existence, l'épisode le plus connu de sa vie, répandu par le
drame et la peinture, célébré par l'éloquence. J'ai raconté
ailleurs en détail tous les incidents de cette lutte de quinze
ans (2), les angoisses et les espoirs de cette pensée qui se
cherche, les découragements et les ardeurs de cette âme à la
poursuite de l'idéal, les affreuses misères et la sublime persévérance de cet homme énergique, qui brave et le dédain de la
foule et les reproches des siens, et les railleries des voisins et
l'insulte de la rue, qui ne s'arrête que lorsqu'enfin son long rêve
est devenu réalité, et sa chimère une œuvre d'art vivante.

Qu'avait donc trouvé Palissy ? Ce qui existait déjà. Il en est
ainsi des découvertes. Comme rien ne se perd dans la nature,
et tout se transforme, de même on invente ce que bien longtemps auparavant un autre avait trouvé, ou bien l'on découvre
ce que connaissaient les anciens. Gerbet d'Aurillac (Sylvestre II)
usait du paratonnerre, et même Numa Pompilius savait attirer
et diriger la foudre avant que Franklin, selon un vers fastueux,

> Otât la foudre au ciel et le sceptre aux tyrans.

Avant la marmite de Denis Papin (1707), le pyroscaphe du
marquis de Jouffroy (1780), le char à feu de Cugnot, ce tram-
way à vapeur qui faisait, en 1771, le service de l'Arsenal à la
Bastille pour y transporter des canons (3), Anthemius de Tralles

---

(1) « Le déposer, ce seroit acte de basteleurs qui font le fait et le défait...»
RABELAIS, *Epistre* VIII à *Geoffroy d'Estissac :* « Je n'ay encore baillé ses
lettres à M. de Sainctes... »

(2) *Bernard de Palissy, étude sur sa vie et ses travaux*, pp. 81 et suiv.

(3) « On a parlé, il y a quelque temps, d'une machine à feu pour le transport des voitures et sur-tout de l'artillerie, dont M. de Gribeauval, officier
en cette partie, avoit fait faire des expériences, qu'on a perfectionnées
depuis, au point que, mardi dernier, la même machine a traîné dans l'arsenal
une masse de cinq milliers servant de socle à un canon de 48 du même
poids à peu près, et a parcouru en une heure cinq quarts de lieue. La
même machine doit monter sur les hauteurs les plus escarpées et surmonter

architecte de Sainte-Sophie à Constantinople, simula à l'aide de la vapeur un tremblement de terre dans la maison d'un riche voisin dont les fêtes tumultueuses l'empêchaient de travailler. Roger Bacon avait prédit et décrit nos locomotives, et le même Gerbet employait la vapeur pour mouvoir ses soufflets d'orgue. Le *Trésor* de Brunetto Latini (1294), et le *Speculum majus* de Vincent de Beauvais (1244-1264), résumés des connaissances contemporaines, prouvent bien que ce ne sont pas les encyclopédistes qui ont inventé l'encyclopédie. Les boissons narcotiques que prenaient les condamnés à la question n'ont pas empêché la découverte des anesthésiques, du chloroforme. Les Chinois, qui tiraient des feux d'artifice, n'ont point ôté à Roger Bacon, à Berthold Schwarts, le mérite d'avoir inventé la poudre à canon; de même que les conciles, qui prescrivaient aux parents d'envoyer leurs enfants aux écoles sous peine d'amende, n'enlèveront à personne le droit de se vanter d'avoir imaginé l'instruction gratuite et obligatoire (1).

D'après quelques uns, l'émail, c'est-à-dire un enduit colorant répandu par la fusion sur le verre, la terre ou le métal, l'émail a la plus haute antiquité (2), comme l'attestent des objets trouvés

tous les obstacles de l'inégalité des terrains ou de leur affaissement. » *Mémoires secrets pour servir à l'histoire de la république des lettres*, année 1771, 20 novembre, t. v, p. 191.

« On peut se rappeler qu'il y a près de trois ans on avoit adapté à un chariot une machine à feu, au moyen de quoi on pouvoit transporter de l'artillerie avec beaucoup de célérité; que les expériences s'en firent à l'arsenal, quelque temps avant l'exil de M. de Choiseul, sous l'inspection de M. de Gribeauval, lieutenant général. Des gens intelligents viennent d'adapter cette machine à un bateau qui pourra, sans le secours des chevaux, remonter la rivière à très-peu de frais. » *Idem*, (27 mai 1773) vi, p. 320.

(1) États généraux d'Orléans, en 1560; concile de Malines en 1570: « Ostiatim describant parentes et proles in quodam catalogo qui tradatur his qui scholæ præsunt ut ex eo deprehendi possint qui negligentiores sunt...» *Concilia generalia*, xvi, 811.

(2) Voir Labarte, *Recherches sur les peintures en émail* (1856), et *Histoire des arts industriels*, t. iii, qui croit que l'émail est l'électron des auteurs grecs et latins et l'*haschmal* d'Ezéchiel, opinion combattue par Ferdinand de Lasteyrie et Rossignol. M. Alfred Darcel a résumé le débat dans la *Gazette des beaux arts*, 1867, t. xxii, p. 265.

à Babylone et les mosaïques de Perse. L'Egypte revêtait déjà la terre d'un vernis vert ou bleu. La Grèce, puis Rome, ajoutèrent le métal à l'argile qui seule jusque-là avait servi d'excipient. Pline, dans son *Histoire naturelle*, livre XXXV, ch. XII, a raconté l'histoire de la céramique ancienne. C'est Dibutade, un potier de Sicyone établi à Corinthe, qui a la gloire d'avoir su avec de la glaise façonner des objets en relief, ce que les premiers hommes avaient sans doute aussi bien fait que lui. Un autre Sicyonien, Lysistrate, frère de Lysippe, trouva le moyen de prendre des empreintes dans un creux, et créa le moulage. Au VIIe siècle avant Jésus-Christ. un exilé corinthien, Démarate (658), qui fut père de Tarquin l'Ancien, importa la céramique artistique en Etrurie. L'Etrurie, dès le temps de Porsenna, possédait l'émail, connu probablement des Phéniciens inventeurs du verre, et certainement des Hébreux, puisque Ezéchiel en parle. L'Italie le transmit à la Gaule. Philostrate, de Lemnos, au IIe siècle, raconte que les Gaulois étendent sur leurs armes des couleurs que le feu y fait adhérer et rend dures comme pierre (1).

Dès le IIIe siècle de l'ère chrétienne, on constate l'émail dans notre pays. Au XIIe, Limoges est célèbre; au XIVe, Montpellier rivalise avec Limoges qui, au XVIe, a tout son éclat avec cette pléiade d'artistes renommés, les Courtois, les Jean et Léonard Limousin, les Pierre Raymond. François Ier commence au bois de Boulogne, à Madrid, le château de faïence achevé par Henri II, détruit par la révolution. Des pavés émaillés du château d'Ecouen portent le nom de Rouer et la date de 1542. Certainement quelque artiste italien, transfuge d'un des nombreux ateliers de son pays, Urbino, Pesaro, Faenza, Pise,

---

(1) « Tout le harnoys est enrichy d'or et de différentes couleurs : car les Barbares habitans l'Océan les sçavent coucher, à ce que l'on dit, sur le cuivre venant rouge au feu, où puis après elles se glacent et se convertissent en un esmail dur comme pierre, gardans la figure au net quy y aura esté enduite. » *Les images ou tableaux de platte peinture des deux Philostrates...* mis en françois par Blaise de Vigenère, Bourbonnois, 1576, p. 233, édition de 1637.

Forli Gênes, Naples, Padoue, Immola, Ferrare, ou attiré, comme tant d'autres de ses compatriotes, par la munificence éclairée de François Ier, aura importé chez nous le secret de l'émail, pour bien gardé qu'il fût. Cela n'empêcha pas Palissy de le découvrir lui-même, par ses propres lumières, au prix de mille déboires et tortures. Sa gloire n'en peut être diminuée.

> L'antiquité, sotte donzelle !
> Que ne venait-elle après moi ?
> J'aurais dit la chose avant elle.

Palissy se serait épargné bien des ennuis, bien des tâtonnements, si au lieu de travailler à l'aventure, de s'obstiner à des essais infructueux et dispendieux, il s'était rendu aux fours des émailleurs qui livraient depuis déjà longtemps leurs produits. Dans ses courses du tour de France, il avait vu Limoges; n'avait-il pas entendu parler des Della Robia ? Il y avait des ouvrages qui l'auraient singulièrement aidé. Pourquoi n'a-t-il ni vu, ni lu, ni consulté? La pauvreté peut-être ne lui permit pas d'abandonner, même pour un temps court, sa femme et ses enfants sans ressources. Peut-être y eut-il là un peu de cet orgueil opiniâtre de l'inventeur qui ne veut rien devoir qu'à soi : « Je n'ai point eu d'autre livre que le ciel et la terre, lequel est connu de tous, et qu'il est donné à tous de connaître et de lire », et aussi de ce dédain un peu fastueux de l'artisan pour les lettrés : « Je ne suis ne grec, ne hébrieu, ne poète, ne rhétoricien ». A-t-il voulu dérouter les biographes futurs et dissimuler ses emprunts ? Il nomme, et encore seulement dans son second ouvrage en 1580, les « livres pernicieux » qui lui « ont causé gratter la terre, l'espace de quarante ans, et fouiller les entrailles d'icelle afin de connoistre les choses qu'elle produit dans soy », « un Geber, un Rôman de la Roze, un Raimond Lulle, et anciens disciples de Paracelse », pour les anathématiser, quand il est arrivé; mais on peut croire qu'il a tenu à taire ceux qui lui ont pu servir.

Il n'invente pas non plus le genre qui a fait sa célébrité. En effet, le trait caractéristique de Bernard Palissy artiste, c'est la rustique figuline. Il s'en est dit l'inventeur, et il se pare de ce titre sur ses livres et dans ses actes publics. Faut-il prouver qu'on les connaissait avant lui? Après avoir montré que l'on fabriquait des terres émaillées en Italie, même en France, quand il n'était encore qu'un pauvre vitrier, lui enlèverai-je le mérite d'avoir créé ces admirables plats qui ont fait sa renommée? D'autres lui ôtent toute valeur artistique; il ne resterait bientôt plus de lui qu'un savant, un géologue, un physicien, dont les théories étonnantes sont pourtant mêlées de bien des hypothèses et de trop d'erreurs grossières. Non, les rustiques figulines sont bien à lui, comme les fables du bonhomme à La Fontaine qui, sauf trois ou quatre, en a emprunté les sujets. L'idée appartient à qui la prend et la sait faire sienne.

Dès le milieu du xive siècle, La Chapelle, aujourd'hui La Chapelle des Pots, à sept kilomètres de Saintes, fabriquait des carreaux émaillés dont on a conservé de nombreux spécimens. La terre est rouge-pâle; les figures et dessins divers incrustés sont de terre blanche que recouvre une couche d'enduit vitreux jaunâtre, semblable à celui des carreaux de Maillezais, dont les procédés de fabrication sont identiques. On y voit la tour de Castille et le lys de France, de mode alors, des fleurs, mais aussi des animaux, aigles, lions, cerfs (1).

Voici qui se rapproche un peu plus de notre sujet. Avant 1530, Estienne Daigue, écuyer, seigneur de Baunais en Berry, avait publié *Singulier traicté contenant la propriété des tortues...* qui eut une seconde édition en 1530 et reparut en 1542 avec ce titre: *La propriété des tortues, escargotz ou limas, grenoilles, citroulles ou citralz, champignons et artichaulz.* (Paris, P. Vidoue, 1542, in-8°.) Les trois éditions de cet opuscule, en douze ans, prouvent qu'il eut un certain succès. Au dernier feuillet est une gravure sur bois représentant des grenouilles. Des écrevisses, des crabes se voient sur le socle de la Diane de Jean

---

(1) Voir Fillon, *l'Art de terre chez les Poitevins.* p. 132, et Charles Dangibeaud, *Notes sur les potiers, faïenciers et verriers de Saintonge,* avec gravures. Saintes, Hus, 1884, in-8°, 75 p.

Goujon, vers 1553. Notons aussi pour mémoire : *Nouveaux pour-traicz et figures de termes pour user en l'architecture, composez et enrichis de diversité d'animaulx représentés au vray*, par Joseph Baillot, Lengrois. (Imprimé à Langres par Jehan du Prey, 1592, petit in-folio.)

Benjamin Fillon a constaté des grenouilles, des lézards, des écrevisses, des homards, chez les faïenciers d'Oiron, qui n'ont été ni les initiateurs ni les initiés du Saintongeais. Puis un passage de la relation d'un voyage en France, l'an 1555 ou 1557, par les ambassadeurs suisses, parle d'un rocher dans le jardin de la reine, les Tuileries, rocher où courent en argile divers animaux, serpents, limaçons, tortues, lézards, crapauds, gre-nouilles et toute espèce de reptiles. Cela prouve que d'autres avaient eu la même idée que lui.

Palissy du reste n'a pas caché tout-à-fait la source de ses inspirations, et il a nommé le *Songe de Polyphile*, pour affirmer, il est vrai, qu'il ne lui avait rien emprunté (1). Mais il n'y a qu'à rapprocher les passages, et ils sont nombreux, de Francesco Colomna avec les pages de Palissy pour voir au premier coup d'œil que le huguenot saintongeais a demandé des inspirations au dominicain italien.

Fillon (*Art de terre*, p. 107) a transcrit, d'après l'édition de 1561, folio 26, ce passage : « Le pavé du fond au-dessoubz de l'eau estoit de mosaïque assemblé de menues pierres fines, desquelles estoient exprimées toutes sortes et manières de poissons... Vous eussiez jugé ces poissons se mouvoir et frayer tout au long des sièges où ils estoient portraits au vif ; savoir est : carpes, brochetz, anguilles, tanches, lamproies, aloses, perches, turbotz, solles, raies, truictes, saulmons, muges, plyes, escrevisses et infiniz autres qui sembloient remuer au mouve-ment de l'eau, tant approchait l'œuvre de nature... » Et folio 30 : « Là estoit... une autre courtine... diversifiée de toutes sortes

---

(1) « Je say qu'aucuns ignorans, ennemis de vertu et calomniateurs, diront que le dessein de ce jardin est un songe seulement et le voudront peut-estre comparer au songe de Polyphile », Tome I, p. 12.

de coleurs et de toutes manières de bestes, de plantes, d'herbes et de fleurs... » Enfin, folio 71 : « La vigne emplissait toute la concavité de la voulte par beaux entrelacz et entortillemens de ses branches, feuilles et raisins, parmi lesquels estoient faicts des petits enfans comme pour les cueillir, et des oiseaux voletans à l'entour avec des *lezards et couleuvres moulés sur le naturel.* »

Il y aurait bien d'autres rapprochements à faire. Voyez les détails relatifs à l'ornementation du jardin, à l'usage qu'on peut faire des courants d'air pour produire des sons plus ou moins harmonieux à l'aide de flajols préparés à cet effet. Même dans la disposition des carrés de son jardin, des berceaux et des grottes, Palissy suit son devancier. Lisez dans l'édition de M. Claudius Popelin, *Description du fini de son ornementation bien travaillée*, page 67 : chapiteaux, colonnes, statues, cariatides, et ce luxe prodigieux de sentences et d'inscriptions; et page 113, l'énumération des plantes; et page 130 : « Les petits poissons variés artistement rendus en mosaïque, imitant les écailles et luttant avec le naturel, semblaient vivre et nager. C'étaient des trigles, des mulets, des mustelles, des lamproies... et de brillantes conques de Vénus. » On peut répéter ce mot d'Albert Jacquemard (1) : « Palissy n'a pas plus découvert en Poitou l'émail stannique que Luca della Robia ne l'avait inventé à Florence. Avant lui les fours à faïence existaient, bien qu'il ait dû les créer à son tour. »

*
* *

Ce qui, plus encore que ses longues recherches, causa de nombreux ennuis et de graves tracas à maître Bernard, ce fut son changement de religion. Hardi novateur dans l'art, il accueillit avec empressement, comme une nouveauté, les idées de Luther et de Calvin qui, vers ce temps-là (1545), commen-

(1) *Gazette des beaux arts*, 1867, xxiii, p. 72 : *La céramique à l'exposition universelle.*

çaient à pénétrer en Saintonge et se répandaient dans les provinces de l'ouest (1). Toutefois les vexations particulières qu'il endura et quelques mois de prison que son prosélytisme lui valut, jeu dangereux où il pouvait laisser sa tête comme tant d'autres, furent compensés par de si hautes protections et par de si importants témoignages d'intérêt, qu'on se demande si la persécution ne lui a pas été plus avantageuse et lucrative; plus tard une auréole de martyr, avec empressement décernée, et la gloire de père ou fondateur de l'église réformée en Saintonge, trop indulgemment accordée, ont fait de lui un personnage important dont s'est emparé l'esprit de parti. Les douleurs très réelles dans la recherche de l'émail lui donnèrent une saine popularité; la persécution assez bénigne lui mérita une fort belle niche dans le panthéon des illustrations protestantes, même une place dans le supplément au martyrologe de Crespin.

Bien des gens ne connaissent de lui que la scène du four, où l'ouvrier, l'artiste, dans la fièvre de l'enfantement, faute de bois, brisant ses meubles, arrachant jusqu'au plancher de sa chambre et jetant tout au feu pour achever la fusion désirée (2); pour d'autres il n'est guère que le prédicant huguenot, le néophyte zélé, l'historien des débuts de la primitive église renouvelée, le chrétien qui faillit trois fois périr de male mort, et le prison-

_____

(1) « 1534. Aucuns des habitans de cette ville (La Rochelle) commencèrent d'en (doctrine de Luther) avoir cognoissance en cette année..... en laquelle une servante nommée Belaudelle, vulgairement appelée Gaborite, ayant été instruite par son maistre du Voyer, de son salut, sellon ladite religion réformée, comme elle se retira aux Essards, en Poitou, lieu de sa naissance, voulant enseigner ung cordellier et qu'il ne preschoit point selon la parole de Dieu, les juges de Fontenay la condampnèrent d'estre bruslée, ce qui est confirmé par arrest de cette année et exécutée, comme il se voit dans le recueil du martyr, despuis laquelle il s'est tous jours remarqué que quelques ungs de cette ville ont faict profession de la dite religion. » Amos Barbot, *Histoire de la Rochelle.*

(2) On compte le même fait de Benvenuto Cellini. Le sculpteur florentin, pendant la fonte de sa fameuse statue de Persée, s'aperçut avec désespoir que le bronze allait manquer, et dans un moment de fièvre jeta au creuset sa vaisselle et tous ses objets d'argenterie les plus précieux.

nier décédé à la Bastille. Palissy a eu tous les bonh   .s le four et la geôle qui connaîtrait l'artiste, le savan   :mar- quable, si supérieur à son temps, chimiste, agronome et géo- logue ?

Bernard Palissy a pris plaisir à narrer par le menû les débuts de la réforme à Saintes, et c'est une face de son talent d'écrivain ; il y joua un certain rôle, qu'il n'oublie pas du reste. Son récit où, fait singulier, les noms de Luther ou de Calvin ne sont pas une seule fois cités, même à côté des plus obscurs ministres, est important par l'histoire particulière. J'ai, chapitres VIII-XI (1), examiné et discuté son texte, contrôlé ses affirmations, jugé ses faits, et remis les événements sous leur vrai jour. L'écrivain a souffert ; il est aigri ; il a pris part, une très grande part, aux incidents qu'il narre ; de là un enthousiasme qui n'a rien à faire avec l'austérité froide de l'historien ; même quand il raconte, il prêche, il est apologiste. L'impartialité lui fait défaut. On doit donc lire avec défiance ses appréciations, mais retenir les faits.

Les premiers prédicants parurent en Saintonge vers 1545. Ce fut d'abord Philibert Hamelin, natif de Tours. Il était un grand ami de Palissy et des Parthenay, puisqu'en 1554, d'après une lettre de Jean d'Aubeterre, seigneur de Saint-Martin de La Couldre, à sa sœur Antoinette, femme de Jean de Parthenay-Soubise, Hamelin et Palissy réglaient un différend entre elle et ses vassaux (2). Hamelin, « qui s'estoit desprestré », parcourait les campagnes, semant la doctrine de Calvin dans les bourgs et villages écartés, surtout sur les côtes et dans les îles. Hubert

---

(1) *Bernard Palissy. Etude sur sa vie et ses travaux*, pp. 135-204. Voir aussi *Revue des provinces*, t. IV, 15 juillet et 15 août 1864, *Bernard Palissy, historien de la réforme*.

(2) « Monsieur Hamelin et Palissy y ont besoigné cinq jours durant et esté d'avys qu'il fut faict ainsy que partout l'on a accoustumé faire. Par le devys que a dressé Palissy verrez ce qui raisonnablement est desparty à ceux de Soubize ; et comme iceluy Palissy et Hamelin sont hommes entendus dans ceste affaire, et aultant portez de justices qu'aultres hommes justes, devez estre asseurez que procès ne s'en suivra. » FILLON, *Lettres écrites de la Vendée*, 46.

Robin, de l'ordre des dominicains, prêchait à Saint-Denis d'Oleron, et Nicole dans l'île d'Arvert; d'autres moines défroqués « se faisoient de mestier » ou régentoient en quelque village; « et parce que les isles d'Olleron, de Marennes et d'Allevert sont loin des chemins publics, il se retira en ces isles-là quelque nombre des dits moines, ayans trouvé divers moyens de vivre sans estre cogneus. » (T. I, p. 116.) Un vicaire général de Saintes les favorisait secrètement, et les laissait même prêcher dans les églises. Collardeau, procureur fiscal, avertit l'évêque, Charles de Bourbon (1544-1550), que les ligueurs (1589) firent un instant roi, et aussi le parlement de Bordeaux. Commissionné et subventionné par l'évêque et le parlement, Collardeau arrêta Hubert Robin, clerc tonsuré, frère Nicole, et un troisième qui, à Gemozac, « tenoit eschole la semaine et preschoit le dimanche ». Jean Navières, chanoine et théologal du chapitre de Saintes (1), essaya de les ramener à de meilleurs sentiments, mais en vain. Robin subit la dégradation, en appela au parlement qui rejeta son pourvoi. Enfermé avec ses compagnons et Hamelin dans la prison de l'évêché de Saintes, il s'évada, malgré les chiens que le grand vicaire Sellières avait lâchés dans la cour pour les garder. Hamelin repentant abjura ses erreurs. Les deux autres « furent bruslez (t. I, p. 119), l'un en ceste ville de Xaintes, et l'autre à Libourne à cause que le parlement de Bourdeaux s'en estoit là fuy, pour raison de la peste qui estoit lors en la ville de Bourdeaux... l'an 1546, au mois d'aoust. »

D'un autre côté, un prêtre de Saintes, Jehannet Couhe, accusé d'hérésie par le procureur général en la sénéchaussée, fut incarcéré le 10 décembre 1545; puis Nicolas Clinet, âgé de 60 ans, maître d'école, qui fut brûlé en effigie, se retira à Paris où il devint ancien et périt cette fois réellement. Philippe Barat, convaincu d'avoir prêché les nouvelles doctrines, fut condamné

---

(1) Contrat d'eschange faict entre maistre Jehan Navières, chanoine et théologal de l'église de Saint-Pierre de Xaintes... et M. Lamoureux, 27 septembre 1558, reçu par Bourgeoys, notaire royal à Xaintes, dont maistre Jehan Bouys, notaire royal, a le registre, qui se tient au faubourg des Dames. TABOURIN, f° 82, verso.

à faire amende honorable devant l'église de Saint-Just, près de Marennes, battu de verges jusqu'à effusion du sang et banni de la sénéchaussée, 30 janvier 1546, En Angoumois, on condamnait au feu en 1547 Guillaume Oubert, de Saint-Claud, qui s'échappa pendant qu'on le conduisait au supplice à Angoulême. Il est étonnant le nombre de ceux qui parvenaient à se soustraire à la peine infligée. Il y avait certainement connivence ; les cours étaient sévères, surtout celle du parlement de Bordeaux, et les lois terribles ; les mœurs étaient moins cruelles ; et, complicité ou tolérance, les inculpés trouvaient aisément en haut ou en bas des protecteurs avoués ou des appuis anonymes.

Hamelin reparut en 1557. Depuis 1549 (1) il était à Genève où il avait été reçu habitant le 19 juillet, s'y était fait libraire et imprimeur. Le 5 janvier 1553, il présentait à la compagnie des pasteurs la bible en cinq volumes et le premier livre des commentaires de Calvin. Calvin, le 12 octobre 1553, le renvoya en Saintonge, le recommandant comme un « homme craignant Dieu, qui a conversé, disait-il, avec nous saintement et sans reproche ». Il était à Arvert en septembre 1555, où il baptisa, avec son de cloches et prédications, un fils de Jean de Vaux. Devant cet esclandre les magistrats, tolérants par nature, ne peuvent rester désarmés. On l'arrête près de Gemozac, et on l'amène à Saintes (2). Palissy montra pour lui un vrai dévouement. Il pria les juges, obtint qu'il fût traité avec les plus grands égards, alla même jusqu'à préparer son évasion sans qu'on voulût rien

(1) Marié à Marguerite Cheusse quand il arriva à Genève, il y fit baptiser : 1° le 21 août 1552, à Saint-Pierre, Marthe ; 2° à la Madeleine, le 24 août 1556, Loyse. Le 5 novembre 1570, sa fille Sara épousa Jacques Couvé ; et sa fille Louise, le 22 juin 1572, Françoys Jacquinet, « fille de feu M. Philibert Hamelin, martyr. » *Bulletin de la société du protestantisme français*, 1863, p. 470.

(2) Il y a certainement erreur. Hamelin renvoyé dans la Saintonge en 1553 était en Poitou en 1555, comme nous le voyons par la lettre de Jean d'Aubeterre. Il revint à Genève à la fin de cette année, puisqu'il fait baptiser un de ses enfants au mois d'août 1556. C'est à la fin de 1556 qu'il se sera fait arrêter en Saintonge et non pas à la suite du prêche à Arvert, si ce prêche eut lieu en 1555 ; ne faudrait-il pas le mettre à la fin de 1556 ?

voir. Le prisonnier refusa de fuir. Pour s'en débarrasser, on s'avisa qu'il était prêtre et qu'il relevait directement d'une juridiction supérieure. Il fut conduit à Bordeaux ; un jour, il renversa dans sa prison les objets disposés pour la messe qu'on allait célébrer afin de le ramener encore au culte catholique. Il fut condamné, le 18 avril 1557, et pendu.

Palissy s'est plu à nous peindre la petite église naissante. Sa description est une idylle au fort de la guerre civile. Pendant que les provinces de France sont troublées du fracas des armes, qu'ailleurs on pille, pend et tue, les maisons et les prairies de Saintes ne retentissent que du chant des psaumes de Marot; on s'aime, on se secourt, on fraternise. Plus de blasphèmes, plus de procès, plus de débauches. « Les jeux, danses, ballades, banquets et superfluitez de coiffures et dorures avoyent presque toutes cessé. » Saintes était devenue cette Genève rêvée par Calvin, où les dames ne pouvaient même porter des rubans. Au lieu de chansons, les cantiques ; du cabaret, la promenade dans les « boscages ou autres lieux plaisans »; les jeunes filles s'allaient asseoir par troupes dans les jardins, et « se délectoyent à chanter toutes choses sainctes (1) »; les pédagogues « avoyent si bien instruit la jeunesse » que pour les gamins « mesme il n'y avoit plus de geste puérile, ains une constance virile. » Les particuliers se réformant, les magistrats réformaient aussi. « Il estoit défendu aux hosteliers de ne tenir jeux ni de donner à boire et à manger à gens domiciliés. » C'était merveilleux ; l'âge d'or refleurissait, et l'innocence du paradis terrestre, en plein seizième siècle.

Au début l'église était peu importante. Il y eut « telle assemblée que le nombre n'estoit que de cinq seulement ». On pensait assez mal de ces néo-chrétiens qui se réunissaient en cachette; les uns disaient que c'était « pour paillarder et que les femmes étaient communes »; les autres qu'ils allaient « baiser

(1) « J'entendis chanter une compagnie que je supposai formée de demoiselles gracieuses et belles, s'ébattant parmi les herbes fleuries, sous de plaisans et frais ombrages, folatrant. » *Songe de Polyphile*, p. 115, édition Popelin.

le cul au diable, avec de la chandelle de rosine » (t. I, p. 125). Les ministres étaient mal vus et même tenus de près par leurs coreligionnaires. Après Hamelin, vint de Paris André Mazière, de Bordeaux, sous le nom de Pierre de La Place, celui qui à La Rochelle, en 1574, s'emporta dans un conseil jusqu'à souffleter le brave La Noue. Il déplut à la paisible population des bords de la Charente, et par sa violence et par son parasitisme auprès des seigneurs « qui l'appeloyent souvent ». On le remplaça par un gentilhomme du Dauphiné, Claude de La Boissière, ministre à Aix, qui arrivait de Genève (1558). Il lui fut interdit de quitter « la ville sans congé pour servir la noblesse » ; et comme ses paroissiens étaient moins que riches et ne lui pouvaient payer ses gages, « le pauvre homme estoit reclus comme un prisonnier et bien souvent mangeoit des pommes et buvoit l'eau à son disner ; et par faute de nape, il mettoit bien souvent son disner sur une chemise ». C'est lui qui osa le premier prêcher en public. Profitant du séjour de deux ans à Toulouse de « deux des principaux chefs » de la ville, c'est-à-dire l'évêque Tristan de Bizet et le sénéchal Charles Guitard des Brousses, il prit la halle en 1561. Grand émoi. Le maire accourt ; mais c'est Pierre Lamoureux, médecin, ami de Palissy et qui fut plus tard condamné platoniquement à mort en 1569 par le parlement de Bordeaux comme hérétique, avec 575 autres qui ne s'en portèrent pas plus mal, et pendu en 1574, cette fois réellement, pour avoir voulu livrer sa ville aux ennemis.

Le grand vicaire, représentant l'évêque qui sollicitait son procès à Toulouse, accourt ; mais c'est Geoffroy d'Angliers, chanoine et chantre de Saint-Pierre, vicaire de Tristan de Bizet et son procureur fiscal (1563), qui déjà dans son prieuré de Mortagne-sur-Gironde, avait répandu les doctrines calvinistes et y fit plus tard venir Jean de Chasteigner, de Montrichard, ministre de Saint-Seurin d'Uzet. Fort de cette connivence, La Boissière continua ; ses confrères l'imitèrent. Or, d'après une de ses lettres à Calvin (6 mars 1561), les pasteurs étaient plus de trente-huit en Saintonge ; ils tinrent un synode à Saintes le 6 mars de cette année, et le 25 décembre à Tonnay-Charente.

L'église de Marennes, dispersée en 1559 par Burie, se reforma aussitôt après son départ, sous un ministre venu de Genève, Charles Léopard. A Aunay, une assemblée de deux à trois mille personnes entendait un « prédicateur qui avoit une très mauvaise réputation », malgré le curé qui ne le put chasser de son église. Un mois après, deux ministres, envoyés par Calvin, prêchèrent publiquement au milieu d'une telle affluence que les officiers du roi ne s'osèrent montrer. Le roi de Navarre écrivait au roi : « Dedans les isles de Marennes, il y avoit bon nombre de peuple qui soubz le nom de tenir quelque secte de religion à part faisoient force assemblées... tendantz plus tost à sédition qu'à religion. » Le jour de la toussaint, les catholiques de Marennes ne purent entendre la messe dans leur propre église, dont s'étaient emparés les protestants, qu'après l'office calviniste. Théodore de Bèze et le ministre Campaigne parcouraient la Saintonge et l'Aunis. Le roi envoya le maréchal de Thermes, Paul de Labarthe , avec ordre de « nettoyer le pays d'une infinité de canailles qui ne servent que de troubler le monde ».

La Chaussée s'empare de l'église Saint-Martin à Cognac et y prêche devant une nombreuse assemblée que les officiers du roi déclarent (lettre du 1er avril 1560) n'avoir pu empêcher « par le grand nombre de personnes rassemblées tant de ceste ville que aultres lieux et villes circonvoisines, où assistaient des gentilshommes du pays, gens de la bourgeoisie, bourgeois et échevins de la présente ville ». Le succès l'engage à recommencer; la ville est « en grande combustion »; les représentants du roi, tellement « intimidés et menacés qu'ils n'osoient partir de leurs maisons ». A Marennes, l'huissier chargé d'exécuter les arrêts du parlement de Bordeaux, trouve trois mille hommes réunis pour le prêche et de telles dispositions qu'il n'ose remplir sa mission (lettre de d'Escars au duc de Guise, 12 juin 1560). L'agitation était partout. En 1572, il y avait cinquante-cinq pasteurs dans la seule ville de La Rochelle. A l'édit de Nantes, les catholiques ne formaient que le vingtième de la population ; aujourd'hui les protestants sont six cents sur vingt mille ; il y en a dix-huit mille dans tout le département.

L'audace grandissait avec le nombre; on en vint à la violence.

Palissy a raconté les déboires qu'il eut à subir pendant deux mois, « voyant que les portefaix et bélistreaux estoyent devenus seigneurs aux despens de ceux de l'église réformée », et entendant près du lieu où il était caché « certains petits enfans de la ville », bien changés depuis qu'il nous les dépeignait si doux, si modestes, jurer et blasphémer « le plus exécrablement que jamais homme ouyt parler : « Par le sang, mort, teste, double « teste, triple teste (1) »; puis les vexations des catholiques qui « s'en allèrent de maison en maison, prendre, piller, saccager, gourmander, rire, moquer et gaudir avec toutes dissolutions et paroles de blasphesmes contre Dieu et les hommes... : car ils disoyent que Agimus avait gagné Père éternel (2), surtout certains petits diablotins du chasteau de Taillebourg, qui faisoyent plus de mal que non pas ceux qui estoyent diables d'ancienneté. »

---

(1) « Ah! teste! mort! tu es de mes amis! » *Jodelet ou les vieillards dupés*, acte III, scène II. — On sait que c'est la pièce primitive des *Fourberies de Scapin*.

(2) *Agimus*, premier mot de la prière dite après le repas et que nous appelons *les grâces* : « Agimus tibi gratias, omnipotens Deus, pro universis beneficiis tuis... » comme le *Benedicite* est la prière avant le repas. Pierre de L'Estoile raconte qu'au mariage du duc de Joyeuse et de Marguerite de Lorraine, ce fut le cardinal de Joyeuse qui dit au banquet le *Benedicite* et l'*Agimus*. Agimus, mot latin, prière catholique, langue de l'église, a désigné par dérision les catholiques; c'est probablement pour cela qu'il a été remplacé par *les grâces*, pendant qu'on conservait *Benedicite*. On dit encore des *Benedicamus* pour des enfants de chœur; des *Te igitur* pour des cartons d'autel.

Père éternel, expression employée parce que les calvinistes prétendaient rendre à Dieu le père le rang que les papistes semblaient attacher au fils, désignait les huguenots. L'Estoile raconte qu'on donna au dauphin (Louis XIII) pour nourrice Poncet, « fille d'une bonne mère dévote, ligueuse, nommée Hottoman, qu'on appeloit la mère des Seize », et pour médecin, Jean Hérouard, le futur auteur du *Journal*. « Et parce que ledit Erouard estoit de la religion, on disoit qu'on avoit voulu marier *Père éternel* et *Agimus* ensemble. » Voir dans le *Bulletin du protestantisme*, 1863, p. 242, une intéressante dissertation de M. Anatole de Montaiglon sur cette locution.

C'est bien. Mais l'historien peu impartial n'a pas dit que ces malheurs et le meurtre d'un « Parisien en la rue » étaient des représailles ; et que si, au mois d'octobre 1562, les huguenots eurent à souffrir quelques dégâts dans leurs maisons de la part des catholiques, c'est qu'en juin de la même année les protestants, maîtres de Saintes, grâce à la trahison du maire Lamoureux, avaient dévasté les églises, renversé les autels, déchiré les tableaux et les livres qui « estoient tout garnis d'argent, le couvercle et le dedans écrits en velin », transformé en temples Saint-Pierre et Saint-Eutrope, assommé des chanoines et des prêtres, et que les habitants, indignés de cette manière de prêcher l'évangile et de ramener le culte à la simplicité de la primitive église, avaient chassé la garnison protestante du comte de La Rochefoucauld, et ouvert leurs portes à Nogaret qui occupait Taillebourg : « Ceste défaite et le soudain despartement de La Rochefoucauld estonnèrent merveilleusement tout le pays et notamment la ville de Xaintes, de laquelle estant sortis ceux de la religion, et s'estant écoulés çà et là, un nommé Nogeret, tenant auparavant garnison à Taillebourg, homme très détestable, portant en sa devise ces mots : « Double mort ! Dieu a « vaincu, certes ! » entendant par ces mots ceux de la religion qui condamnent ces juremens et blasphesmes, y entra, ce qui fut cause de la mort de plusieurs, s'y employant entre autres le lieutenant particulier nommé Blanchard (1). »

Son parti défait, ses coreligionnaires en fuite pour le moment, Palissy, qui les avait chaudement favorisés et hautement patronnés, Palissy, un des fondateurs de la petite église, devait subir les conséquences de ses actes et du mauvais succès de la prise d'armes. Il fut menacé, inquiété et inquiet. On le jeta même en prison. C'est parmi les chefs catholiques qu'il trouva de puissants protecteurs. Louis de Bourbon, duc de Montpensier, qui avait succédé en 1562 à Antoine de Navarre, dans le gouvernement général des provinces maritimes d'Aquitaine,

(1) THÉODORE DE BÈZE, *Histoire ecclésiastique des églises réformées*, livre IX, à la fin.

parut en Saintonge pour remettre l'ordre dans ces provinces troublées. C'était un prince éclairé, ami des arts. Il acheva la Sainte-Chapelle de Champigny commencée en 1508 par son père, un chef-d'œuvre, seul reste du magnifique château des Montpensier détruit par Richelieu, et où l'on admire les vitraux de Robert Pinagrier, les plus beaux que nous a laissés la renaissance. Peut-être maître Bernard y avait-il travaillé. Montpensier d'ailleurs était cousin issu de germain d'Antoinette d'Aubeterre, dame de Soubize, belle-sœur d'Anne de Pons. Il ne voulut pas que son prosélytisme fît tort à l'artiste; il lui donna une sauvegarde (1), et défendit qu'on le molestât en quelque façon.

Montpensier avait pour lieutenant général un gentilhomme saintongeais, Charles de Coucis, seigneur de Burie, compagnon d'armes de Jean de Parthenay l'Archevêque qui était frère de la dame de Pons et mari d'Antoinette d'Aubeterre. Infatigable batailleur, Burie est toujours armé, et toujours guerroyant en Italie et en France. Son nom est à toutes les pages des mémoires du temps et dans toutes les correspondances; pas un combat, pas un assaut où il n'assiste. Toute l'Aquitaine retentit de ses coups d'épée, et nul historien n'a encore raconté sa vie, dégagé ses exploits, montré ce rude guerrier catholique sous un jour particulier. Il est partout, et il n'est nulle part. N'était-il pas aussi lui touché de la passion de l'art? Il y a au musée de Saintes de délicieuses statuettes renaissance venant de son château démoli de Burie. J'imagine que cette décoration de sa demeure lui est due. Il devait apprécier Palissy; il fut un de ses soutiens les plus fidèles et les plus immédiats.

Guy Chabot de Jarnac en fut un autre. Maire perpétuel de Bordeaux, gouverneur de La Rochelle et pays d'Aunis, plus célèbre par son duel avec François Vivonne de La Châtaigneraie,

(1) « Je me fusse très bien donné garde de tomber entre leurs mains sanguinaires, n'eust esté que j'avois espérance qu'ils auroyent esgard à vostre œuvre et à l'invitation de Monseigneur le Duc de Montpensier, lequel me donna une sauve-garde, leur interdisant de non cognoistre ni entreprendre sur moy, ni sur ma maison. » (T. i, p. 17.)

il avait d'abord favorisé secrètement les protestants, et c'est son fils Léonor Chabot qui, après avoir abjuré devant trois mille personnes, avait brisé les statues de saints, les idoles, dans l'église de Jarnac. Mais il n'avait pas tardé à se repentir, et lui-même réclamait (8 juin 1561) de Catherine de Médicis la répression des mutineries et révoltes.

On ne s'étonnera pas de voir le chef des réformés en Saintonge parmi les défenseurs du potier huguenot. Le lieutenant du prince de Condé, François III de La Rochefoucauld, gouverneur de Guyenne, Saintonge et Poitou, était fils de ce François II et d'Anne de Polignac qui avaient reconstruit avec tant de goût ce beau château de La Rochefoucauld. Il devait aimer les œuvres d'art, habitué à admirer les splendeurs architecturales de sa demeure patronymique. Il se déclara le protecteur du protégé de son ennemi, le connétable Anne de Montmorency (1).

Antoine de Pons se joignit à eux. Il n'était plus aussi ardent calviniste qu'à son retour de Ferrare; sa docte et huguenote épouse, Anne de Parthenay, était morte d'un cancer, à Paris en 1549, et il l'avait remplacée par Marie de Montchenu, dame de Guercheville, qui n'était point tendre pour la nouvelle secte. En outre, après le synode de Saint-Jean-d'Angély (25 mars 1562), où les pasteurs avaient décidé que les vassaux peuvent lever la lance contre leur seigneur pour cause de religion, il vit marcher contre lui La Rochefoucauld et son lieutenant, François de Pons de Mirambeau; sa ville fut prise (2 octobre) et livrée au pillage; lui-même n'échappa à la mort peut-être que par l'arrivée de Montpensier. Pourtant il se souvint de l'émailleur qui lui façonnait en Saintonge ses belles majoliques ferraraises (2).

(1) « Monsieur le Comte de la Roche-Foucault, combien que, pour lors, il tenoit le parti de vos adversaires, ce néanmoins il porta tel honneur à vostre grandeur, qu'il ne voulut jamais qu'aucune ouverture fust faite en mon hastelier, à cause de vostre œuvre. » (Tome I, page 18.)

(2) « Aussi estant entre leurs mains prisonnier, le seigneur de Burie, et le seigneur de Jarnac, et le seigneur de Pons, prindrent bonne peine pour me faire délivrer. » (Tome I, page 18.)

Tous ensemble intercédèrent pour le prisonnier. Le présidial resta sourd à tant de sollicitations et de recommandations. Le parlement de Bordeaux avait tiré de leur sommeil, on pourrait dire de l'oubli, des lettres patentes de juin 1559 qui recommandaient aux magistrats la plus grande sévérité, leur abandonnant sans appel la vie des accusés et leur défendant de faire grâce ou de modérer la peine. De nuit les juges de Saintes, que Palissy accuse de haine particulière, le firent partir pour Bordeaux.

Le corps de ville, qui lui avait accordé une des tours de la ville pour agrandir ses ateliers et travailler à l'œuvre du connétable, irrité sans doute d'avoir fourni un local pour des réunions clandestines et illégales, lui retira cette faveur ; peut-être eut-il besoin de la tour et de la petite place y attenant pour la défense de la cité. C'est ce qu'il faut comprendre par cette phrase de Palissy : « Ils firent ouverture et lieu public de partie de mon hastelier. » Ils allèrent plus loin, et délibérèrent de jeter bas tout l'atelier. Antoine de Pons et madame de Pons intervinrent ; ils représentèrent qu'il avait été construit en partie aux frais du connétable ; et ce dessein, s'il fut vraiment arrêté, ce dont je doute, ne fut point exécuté.

L'atelier épargné, il fallait préserver le maître. Montmorency averti eut recours à la reine mère. Catherine de Médicis lui fit délivrer le brevet d'inventeur des rustiques figulines du roi. Palissy désormais échappait à la juridiction du parlement de Bordeaux. Sa religion avait failli le perdre ; son art le sauvait. La paix d'Amboise (19 mars 1563) lui permit de se livrer en toute sécurité à son travail, à ses recherches, à ses fructueuses méditations.

* * *

En songeant aux dangers évités et aux désastres de la guerre, maître Bernard conçut le plan « de la ville de forteresse », imprenable « par multitude de gens, par multitude de coups de canon, par feu, par mine, par eschelles, par famine, par trahison, par sapes ». Jacques du Cerceau, Vitruve, Sebastiano del Piombc n'avaient rien fait de bon en ce genre ; lui, avait une recette toute prête : « il n'y a qu'à édifier la ville sur le modèle de la coquille du pourpre, à peu de chose près ; et l'on se moquera du canon même. Et il offre gravement son spécifique, moyennant récompense. Il y a plus d'un rêve dans Palissy. A toute objection il a réponse prête : « S'il a pleu à Dieu de me distribuer de ses dons en l'art de terre (t. I, p. 13), qui voudra nier qu'il ne soit aussi puissant de me donner d'entendre quelque chose en l'art militaire, lequel est plus apprins par nature, ou sens naturel, que non pas par pratique? » En l'entendant vanter ses petits talents, on croit voir un autre homme, au moins aussi encyclopédique, Léonard de Vinci, peintre, c'est son meilleur titre de gloire, musicien, improvisateur, géomètre, ingénieur, qui, à trente ans, désespérant avec tous ses talents de faire fortune à Florence, expose, en 1483, à Ludovic Sforza, duc de Milan, ses divers moyens de le servir, s'il veut l'employer : construire des ponts portatifs, brûler ceux des ennemis, ruiner les forteresses à l'abri des bombes, faire des chars volants et inattaquables (1).

La forteresse de refuge et l'histoire de l'église réformée de Saintes formaient une partie de l'ouvrage, la *Recepte véritable*,

_____

(1) « J'ai une manière de faire des ponts très légiers et faciles à porter, pour suivre et parfois mettre en fuite les ennemis..... en outre une manière de brûler et détruire ceux des ennemis. Si, par hauteur des remparts, on ne peut dans un siège employer les bombardes, j'ai le moyen de ruiner toute roche ou autre forteresse.

« J'ai des moyens par souterrains et boyaux faits sans aucun bruit d'arriver à un point donné quand même il faudrait passer sous des fossés et sous un fleuve. Je fais des chars volants et inattaquables, lesquels entrant dans les rangs de l'ennemi avec leur artillerie, il n'y a si grande multitude qu'ils ne rompent. Et si les choses se passent sur mer, il y a encore des secrets pour détruire les flottes adverses. Ce n'est pas tout. En temps de paix, il bâtira, sculptera bronze ou marbre, il peindra, « et si aucune des dites choses paraît impossible et infaisable à quelques unes, je m'offre et suis prêt à en faire l'épreuve dans votre parc. »

qui parut en 1563 chez Barthélemy Berton, imprimeur calviniste à La Rochelle, dont les presses étaient déjà en pleine activité, en attendant les remarquables produits des Haultin. Le succès en fut considérable et « tel que les plus anciens catalogues des foires de Francfort le mentionnent tous sans exception et en donnent le long titre *in extenso*, honneur qu'ils ne font qu'à un bien petit nombre d'ouvrages français (1) ». Dut-il cette vogue à son titre un peu charlatanesque ou aux excellentes idées qu'il contenait? offrir à « tous les hommes » une recette pour « apprendre à multiplier et augmenter leurs thrésors », c'est exciter à la fois leur curiosité et éveiller leur convoitise. L'éditeur de mon premier ouvrage sur Palissy, M. Fontanier, a vendu de l'*Immense trésor des sciences et des arts, ou les secrets de l'industrie dévoilés contenant 840 recettes et procédés nouveaux inédits*, plus de cinquante-cinq mille exemplaires, et ce n'est pas fini.

Dans ce livre où sont traitées à peu près toutes les questions, agriculture et fumiers, chimie et sels, géologie et fossiles, formation des pierres et pétrification des bois, essence des métaux et or potable, philosophie et phrénologie, histoire et fortifications, théologie et géométrie, l'écrivain s'est étendu plus longuement sur un projet de jardin. C'était un prospectus qu'il rédigeait, et il s'est plu à le faire complet. D'abord il choisit son terrain sur le bord d'un fleuve, Loire, Gironde, Lot ou Tarn, au pied « de quelque montagne ou haut terrier (2) »; il veut une fontaine ou ruisseau qui passe au milieu; et s'il n'y en a pas, la colline voisine lui en fournira.

Il divise l'espace en quatre par deux larges allées se croisant à angles égaux. A toutes les extrémités il construira un cabinet, de forme et de matériaux divers. Ici le rocher, là la pierre émaillée, plus loin des arbres taillés; des eaux distribuées par-

<hr/>

(1) PIERRE DESCHAMPS, *Dictionnaire de géographie ancienne et moderne*, article RUPELLA.

(2) *Terrier* est un terme saintongeais qui désigne une élévation, une colline, une motte, un tertre.

tout en abondance courront dans les carrés, suinteront des rochers, tomberont des voûtes, jailliront du sol, et pressées dans des tuyaux inégaux joueront des airs de cantique. Puis des statues de toutes espèces décoreront les cabinets, termes pour soutenir les toits, grotesques pour effrayer ou faire rire ; des pierres de nuances variées orneront les murs ; il y aura aussi des animaux vivants, poissons, grenouilles, et tout à côté des poissons et des grenouilles émaillés, que l'œil ne distinguera pas d'abord, puis des lezards, des « langrottes », des vipères, des couleuvres, rampant, glissant, ondulant sur toutes les parois, qui feront pousser de petits cris aux visiteurs ; des plantes, des arbres, des fleurs de toutes les variétés, qui parfumeront l'air et réjouiront les yeux, naturelles ou factices pour plus de charme. Des oiseaux attirés par des arbustes qu'on plantera pour eux, en picorant, feront entendre des gazouillements qui s'uniront au murmure des ruisseaux.

De ces cabinets ainsi tapissés, arrosés, embellis par la nature et l'art, les uns serviront de salles à manger et de boudoirs, les autres de serres, de greniers même, ou de chambres à serrer les « pau-fourches, les vismes ,les outils et les fruits ». Il n'a garde d'oublier les sentences de l'écriture, qu'il cite à tout propos. Il en mettra partout qui, gravées en creux ou tracées en cailloux coloriés, rappelleront à chaque pas les maximes de la sagesse éternelle. Palissy reconnaît que l'idée première de son jardin lui venait de la bible. C'est sur le psaume civ (d'après Marot; le ciiie d'après le psautier catholique) qu'il a voulu « ériger » son jardin : *Benedic, anima mea, Domino; Domine, Deus meus, magnificatus es vehementer*, « là où le Prophète descrit les œuvres excellentes et merveilleuses de Dieu, et, en le contemplant, il s'humilie devant luy et commande à son âme de louer le Seigneur en toutes ses merveilles. » On y trouve tout ce qu'a inventé Palissy, des sources où des bêtes sauvages viennent se désaltérer, des arbrisseaux où des oiseaux font résonner leurs chants, les ruisseaux qui passent et murmurent au bas des montagnes, « les chèvres, biches et chevreaux, les conils jouans, sautans et penadans (1) le long de la montagne (2). »

Singulier mélange, ou plutôt amalgame étrange ! Il croit rajeunir l'antique en l'imprégnant de protestantisme. Dans ses cabinets il met (p. 73) des chapiteaux, « plusieurs figures de termes qui serviront de colomnes... et au dessus... un architrave, frise et corniche, qui régnera à l'entour, et au dedans de la frise, plusieurs grandes lettres antiques : DIEU N'A PRINS PLAISIR EN RIEN, SINON EN L'HOMME AUQUEL HABITE SAPIENCE ; et LA CRAINTE DE DIEU EST COMMENCEMENT DE SAPIENCE ; et SANS SAPIENCE IL EST IMPOSSIBLE DE PLAIRE A DIEU », etc. C'est peut-être de la piété, mais c'est aussi de la bizarrerie.

Palissy mariait la nature à l'art, et c'était un grand progrès. A la symétrie française, à ces charmes ou ces ormeaux taillés, à ces arbres forcés de représenter toutes espèces d'animaux, grue, coq, oie, même « certaines gens d'arme à cheval et à pied », traditions anciennes dont il ne peut encore s'affranchir complètement, il mêlera les grottes, les rochers, les constructions disséminées régulièrement et d'aspects variés. Puis après le jardin il étend de vastes prés qui augmentent la perspective, fait

---

(1) *Penader*, expression encore usitée en Saintonge pour « prendre ses ébats, se promener », ne s'applique pas aux seuls lapins, *cuniculus, counils* et *conils*. Rabelais l'a employée. Au XVIIe siècle, Mme de Sévigné disait *panader*, et Lafontaine :

« Puis parmi d'autres geais tout fier se panada. »

Aujourd'hui les geais se pavanent, de *pavo*, paon.

(2) Dessus et près de ces ruisseaux courans
   Les oiselets du ciel sont demeurans,
   Qui, du milieu des feuilles et des branches,
   Font résouner leurs voix nettes et franches.

   Par ta bonté, les monts droits et hautains
   Sont le refuge aux chèvres et aux daims ;
   Et aux conils et lièvres qui vont vistes
   Les rochers creux sont ordonnez pour gistes.

   CLÉMENT MAROT.

couler non loin un fleuve ou une rivière, et place tout près une colline qui crée un horizon pour le plaisir des yeux. Un peu plus d'audace, et il trouvait le jardin moderne. Aux deux expressions dont il se sert, « édifier » ou « construire », et « dessiner » un jardin, qui caractérisent d'une part le style italien, *ædificare hortos*, à cause des cabinets et des berceaux, de l'autre l'art français qui trace plutôt et dessine, manque la troisième, planter un parc à l'anglaise avec ses échappées de vue, que Palissy devina sans l'oser appliquer résolùment, retenu sans doute par ses préoccupations d'émailleur et le désir de placer ses rustiques figulines.

Il y a dans notre édition deux rédactions de ce « dessein d'un jardin, autant délectable et d'utile invention qu'il en fut oncques veu ». Benjamin Fillon a cru que le *Devis d'une grotte pour la Royne, mère du Roy*, était l'idée première du chapitre de la *Recepte*. J'y verrais plus volontiers un abrégé destiné à être mis sous les yeux de Catherine de Médicis, et en même temps une offre de services : « La Royne Mère m'a donné charge entendre si vous lui sçauriez donner quelque devis, ou portraict, ou modelle de quelque ordonnance et façon estrange d'une grotte, qu'elle a vouloir faire construire en quelque lieu délectable de ses terres... — S'il plaist à la Royne me commander luy fère service à tel chose, je luy donneray la plus rare invention de grotte que jusqu'icy aye esté inventée, et si ne sera en rien semblable à celle de Mudon (1) » (t. I, p. 3). Catherine de Médicis ne devait pas résister à des promesses si alléchantes.

(1) La grotte de Meudon avait été bâtie par Philibert de l'Orme en 1556 pour Charles de Guise, cardinal de Lorraine. Ronsard, *Eglogue* III, l'a chantée à propos du mariage (février 1558) de Charles de Lorraine et de Claude de France, fille de Henri II :

> La grotte de Meudon,
> La grotte que Charlot (Charlot de qui le nom,
> Est saint par les forêts) a fait creuser si belle
> Pour être des neufs Sœurs la demeure éternelle...

Voir aussi une description tirée d'un manuscrit de la bibliothèque nationale et publiée dans les *Lettres écrites de la Vendée*.

Il avait déjà, dans une épître à la reine, en tête de la *Recepte*, offert sa bonne volonté (t. 1, p. 16) : « Il y a des choses escrites en ce livre qui pourront beaucoup servir à l'édification de vostre jardin de Chenonceaux ; et, quand il vous plaira me commander vous y faire service, je ne fauldray m'y employer. » Il insiste dans le *Devis* (p. 5), parce que la reine n'a pas voulu comprendre : « S'il plaisoit à la Royne me commander une grotte, je la voudrois faire en forme d'une grande caverne d'un rochier... »

On s'est demandé si le rêve était devenu réalité : si David, paraphrasé par Marot, avait été traduit en fait par Palissy (1). Maître Bernard avait proposé au connétable d'exécuter sur le sol le plan de son jardin si poétiquement tracé sur le papier, et à Catherine de Médicis de lui transformer en « jardin délectable » son parc de Chenonceaux. On a dit qu'après avoir orné Ecouen de terres émaillées pour le connétable de Montmorency, il l'avait embelli d'un magnifique jardin pour le maréchal. On a dit qu'il avait dessiné le parc de Chaulnes, en Normandie, que devait chanter Gresset.

Pour Chenonceaux, il y a certitude, d'après M. l'abbé Chevalier, qui a si scrupuleusement et si utilement compulsé les archives du château : « Quoique nous manquions de titres authentiques à ce sujet, dit-il, c'est Bernard Palissy qui a créé les jardins de Médicis à Chenonceaux, et nous lui attribuons particulièrement le jardin de la rive gauche du Cher, la volière et la fontaine du Rocher. Le jardin du parc de Francueil répond exactement aux conditions posées par Palissy ; il est situé entre le coteau et le Cher, et limité par des prairies ; le ruisseau de Vestin y décrit des ondulations, et deux belles fontaines l'arrosent ; le coteau est percé de caves et de grottes ; enfin le jardin bas communique avec le sommet de la petite colline par un amphithéâtre, et une allée haute domine le tout. Les traits prin-

---

(1) « J'ay trouvé bon de vous désigner l'ordonnance d'un jardin autant beau qu'il en fut jamais au monde, horsmis celuy de Paradis terrestre, lequel dessein de jardin je m'asseure que trouverez de bonne invention. » (T. I, p. 12.)

cipaux du jardin délectable s'y retrouvent encore d'une manière manifeste ; et ce jardin avec ses compartiments, ses eaux et ses mouvements de terrain, ressemble à un jardin français à demi transformé en jardin anglais; idée la plus simple qu'on puisse donner du genre imaginé par Palissy. » Or le livre de Palissy est de 1563. Le papier terrier de la châtellenie de Chenonceaux, rédigé en 1565, parle des jardins *nouvellement construits*. « A cette date, ajoute M. Chevalier. Palissy seul pouvait en être le créateur. »

Chenonceaux fut très probablement le seul endroit où ce prédécesseur de Le Nôtre pût exercer son talent de dessinateur de jardins en toute liberté et avec tout l'espace nécessaire. Il n'est pas sûr qu'il ait construit ou tracé d'autre « jardin délectable ». Mais il a certainement bâti des grottes à Ecouen et aux Tuileries.

A-t-il fait autre chose à Ecouen? On lui a attribué sans preuve, puis retiré pour ce motif, deux tableaux en grisaille de la chapelle, *la Nativité* et *la Circoncision*, « peints par Palissy sur le dessin de Primatice », puis quarante et quelques panneaux en grisaille qui ornaient l'une des deux grandes galeries latérales du château, représentant toute l'histoire de Psyché. Firmin Didot les revendique pour Jean Cousin. Ferdinand de Lasteyrie (*Le connétable de Montmorency* dans la *Gazette des beaux arts*, 1879, XIX, 305) serait tout disposé à en donner la paternité à Palissy, à cause de la protection constante du connétable pour lui, de l'atelier qu'il lui érigea à Saintes, ce qui suppose apparamment de grands travaux exécutés par lui. Mais les dates sont un obstacle. Une édition des *Amours de Psyché*, gravures sur bois avec les huitains, attribués à Jean Maugin, qui ornent les panneaux d'Ecouen, parut en 1546 ; les panneaux sont donc antérieurs: il n'est pas supposable qu'on ait copié des vers quand le connétable pouvait en demander d'originaux. Or à cette date (1544-1546) Palissy était en Saintonge cherchant l'émail ou levant les plans des marais salants, après avoir renoncé à la vitrerie. Si, avant sa découverte de l'émail, il avait jamais travaillé pour Anne de Montmorency, il aurait eu constamment du travail à Ecouen, et partant nul besoin d'entreprendre un autre métier. Il faudrait avoir quelque document positif.

Je ne crois pas que Palissy ait connu le connétable avant 1548. En cette année, Anne de Montmorency fut envoyé dans la Guyenne pour y soumettre les révoltés de la gabelle, on sait avec quelle rigueur. Il traversa au mois de novembre la Saintonge en se rendant de Bordeaux à Poitiers, s'il n'y séjourna pas. Palissy a dû le voir ici ou là. Montmorency avait commencé Ecouen avant 1540 (1) avec Jean Bullant et Jean Goujon. Dès 1542 on y travaillait activement, puisque Rouen chauffait déjà ses fours pour lui. Sur la foi de Peiresc qui écrivait en 1606 : « Il y a les galleries et le château renfermant plusieurs marbres précieux et de ces belles poteries inventées par maître Bernard des Tuileries. Il y a deux galleries toutes peintes fort doctement par un maestro Nicolo. Aux verrières, les fables qui y sont le mieux représentées, c'est celle de Proserpine à l'une, et celle du banquet des dieux, celle de Psyché à l'autre. Le pavé d'icelles est aussi du susdit maître Bernard, » on a cru que le céramiste saintongeais avait fait à Ecouen tout cela ; or, une plaque du château d'Ecouen que possède le musée céramique de Rouen, don de M. Lejeune, architecte de la légion d'honneur, porte cette inscription : *Fait à Rouen 1542*, avec les deux épées du connétable. Ces mots prouvent d'abord que Rouen fabriquait avant Nevers, ensuite que ces dallages d'Ecouen ont été faussement attribués au céramiste saintongeais. En 1542, Palissy avait à peine commencé ses recherches interrompues en 1544 par sa commission dans les marais salants de Saintonge. D'ailleurs, il parle de la grotte ; eût-il manqué de mentionner les dallages, les verrières, les statues ?

La vérité est que la plaque du château d'Ecouen ainsi que les pavés des châteaux de Madrid et d'Ecouen sont l'œuvre de Massot Abaquesne qui, dès 1543, qualifié de « bourgeois, marchand, esmailleur de terre », prend des apprentis ; qui en 1548

_____

(1) Voir *Le connétable de Montmorency*, par Ferdinand de Lasteyrie, dans la *Gazette des beaux arts*, XIX, 305, et XX, 97, avril et août 1879.

fournit des carreaux émaillés pour le connétable de Montmorency, et en 1553 lui en avait fourni environ quatorze mille
expédiés à Ecouen (1).

Mais il est hors de doute que Palissy travailla pour Ecouen.
A quoi? Ce passage est clair: « Il a pleu à Monseigneur le
Connestable me faire l'honneur de m'employer à son service à
l'édification d'une admirable grotte rustique de nouvelle invention. » La grotte dont on ne connaît que l'existence, n'eut aussi
qu'une durée éphémère. Elle devait être considérable à en
juger par les sommes que recevait l'artiste.

Une pièce trouvée par M. Ulysse Robert à la bibliothèque
nationale et communiquée par lui à M. Anatole de Montaiglon
qui l'a publiée dans les *Nouvelles archives de l'art français* (t. VI,
p. 16, 1876), nous prouve que le traitement de Palissy était de
douze cents livres par an. C'est une quittance de cent livres pour
le mois de février 1564 donnée à Charles Guitard, sénéchal et
lieutenant général de la sénéchaussée de Saintonge et doyen du
chapitre de Saintes, « ayant charge du sieur connestable ». A cet
acte signent deux de ses fils Pierre et Mathurin Palissy.

« Je, Bernard Pallizis, architecteur et ynventeur des grotes
figulines de monseigneur le connestable, confesse avoir heu et
receu de noble homme et sage maistre Charles Guytard, seigneur des Brousses, conseiller du roy, son séneschal en Xaintonge , et comme aiant charge dudict sieur connestable , la
somme de cens livres pour le présant mois de febvrier, et ce par
les mains de demoiselle Marie du Lion, femme dudict sieur
séneschal, en dix huit engeletz, et le reste en bonne monnaie,
faisant en tout ladicte somme de cent livres, qu'il a prinse,
receue, comptée et nombrée, et en a quicté et quicte lesdicts
sieur séneschal et du Lion ondict nom, et promis jamais ne leur
en faire question ne demande et les en faire tenir quicte envers
qui il appartiendra. En tesmoing de quoy en a signé et fait
signer le présent acquit au notaire royal soubzsegné, à sa

(1) *Gazette des beaux arts*, 2ᵉ période, t. III, p. 187.

requeste. A Xaintes, le premier de febvrier mil cinq cens soixante quatre, ès présence de Pierre et Mathurin Pallizis, ses
enffens, Jean Martin, Nicollas Theroulde, demeurans en ladicte
ville. JEAN MARTIN. BERNARD PALISSY. THEROULDE.
M. PALISSY. PALISSY. VOYER, *notaire royal à Xainctes, à la
requeste dudict Pallizis.* »

Palissy ne devait pas jouir longtemps de la bienveillante protection du connétable qui fut tué en 1567 à la bataille de Saint-
Denis. Il dut regretter vivement ce terrible rabroueur, si bon
pour lui, ce guerrier qui protégeait si généreusement les artistes,
ce catholique austère qui tirait des mains de la justice les « par-
paillots » les plus compromis. Mais Montmorency l'avait légué à
Médicis : Ecouen le menait aux Tuileries.

Ce ne fut qu'après 1564 que Palissy quitta sa province. Le
premier février, il signe à Saintes une quittance de cent livres
pour ses gages du mois. Le 11 août, à La Rochelle, il emprunte
quatre écus, remboursés le 30, à Jacques Imbert de Boislambert,
avocat, depuis grand bailli du fief d'Aunis, dont la fille Esther
fut aimée du roi de Navarre, puis empoisonnée, croit-on, par
Gabrielle d'Estrées. L'année suivante (1565), le roi parcourut
les provinces de l'ouest avec toute sa cour. Il est à Saintes le
premier septembre et y passe les journées des 2, 7, 8 et 9. Le
chancelier L'Hospital profita du séjour pour aller visiter à
sept kilomètres l'aqueduc romain du Douhet. Il y a tout lieu de
penser que c'est alors que le connétable de Montmorency, qui
accompagnait la cour, présenta le céramiste à Catherine de
Médicis et que du voyage à Saintes, où très certainement
Palissy, avec son savoir-faire, ne manqua pas d'étaler ses émaux
et de montrer ses talents aux illustres seigneurs du cortège
royal, date la faveur particulière dont il fut honoré par la reine-
mère.

Catherine de Médicis, politique comme une Italienne, mais
artiste comme une Florentine, a prouvé son goût par les
admirables monuments qu'elle a créés et par la protection
éclairée qu'elle a accordée aux peintres, sculpteurs, poètes. Si

elle enrichit Philibert de l'Orme, abbé d'Ivry, au diocèse d'Evreux, et de Noyon, puis de Geneston, quand il eut (1560) résigné Ivry à Jacques de Poitiers, père de Diane ; si elle sauva Ambroise Paré de la Saint-Barthélemy, elle devait accorder sa faveur à cet artisan, inventeur d'une décoration splendide pour ses palais. Son projet était de créer une merveille : en plaçant à proximité du Louvre les Tuileries, dont elle commença en 1564 les fondations et dont Charles IX posa la première pierre le 11 janvier 1566, elle rêvait de réunir les deux édifices par une vaste galerie, idée grandiose que notre siècle a enfin réalisée ; et nous avons pu admirer le plus harmonieux entassement de palais qui soit au monde, peu de temps, il est vrai, puisque quelques années seulement après l'achèvement, nous avons vu brûler, puis, pendant qu'on reconstruisait l'hôtel de ville aussi incendié, démolir pierre à pierre, anéantir jusqu'en ses fondements l'œuvre de Philibert de l'Orme.

Palissy était à Paris en 1567 : car, le 4 octobre, il empruntait de l'argent à François Barbot, bourgeois et marchand de La Rochelle, sur laquelle somme, le 20 novembre 1570, il lui devait encore quarante-cinq livres tournois (1), ce qui prouve

---

(1) « Personnellement establiy sire François Barbot, marchand et bourgeois de La Rochelle, lequel a constitué son procureur général (*le nom est resté en blanc*), auquel il a donné pouvoir de demander, prendre et recepvoir de Bernard Palissy, inventeur des rustiques figulines, de présent demeurant à Paris, la somme de 45 livres tournois restant de plus grande somme que ledit Palissy debvoit audit constituant, par obligation passée à Paris le vendredy quart jour d'octobre 1567, par devant Yvert et Vassart, notaires royaulx, et de sa réception en bailler acquitz, et au cas où ledit Palissy seroyt refusant de payer, icelluy contraindre par toutes voyes de justice deues et raisonnables, faire mettre à exécution ladite obligation selon sa forme et teneur, et si besoing est, de plaider et procéder par devant tous juges, et faire toutes manières de demandes, deffenses, oppositions, protestations et appellations quelconques, etc., et faire toutes les choses susdites et toutes les autres choses requises et que ledit constituant feroit et faire pourroyst, si présent de sa personne y estoit, jaçoit que mesme plus, s'il y convient ; promettant ledit constituant avoir agréable...

« Fait à ladite Rochelle, en présence de Jacques Neil, clerc, et sire Patris Heus, marchand et bourgeois de ladite Rochelle, le 20e jour de no-

que même à Paris, et au plus fort de sa célébrité, il était toujours besogneux.

On a cherché où Palissy avait habité à Paris. Lui nous a dit
d'une façon vague, vis-à-vis la Seine: et comme cette indication
paraissait insuffisante, il renvoyait le lecteur « par devers l'imprimeur; il lui dira le lieu de *sa* demeurance ». La tradition s'est
fixée sur la petite rue du Dragon, et c'est ce qui détermina la
municipalité parisienne à dresser sa statue sur la place voisine
de Saint-Germain-des-Prés. Au numéro 24, une plaque de
faïence émaillée, représentant Samson qui déchire un lion, « Au
fort Samson », s'y voyait jusqu'à ces derniers temps où le propriétaire l'a vendue à un collectionneur. Ce bas-relief est-il du
maître? Indiquait-il son domicile? N'était-ce pas une de nos
vieilles enseignes, qui aura subsisté grâce à son caractère artistique et à son encastrement dans la muraille? Cette maison,
pour être vieille, datait-elle du milieu du XVIᵉ siècle?

Il est bien probable qu'il aura habité aux Tuileries, au moins
pendant qu'il y avait ses fours (1). Une fois la cuisson commencée, il ne pouvait s'éloigner; il fallait donc qu'il fût toujours là,
dans son atelier, près de ses fours, surveillant nuit et jour la
cuisson de ses poteries et la fusion de ses émaux.

Dès 1592, S. Géraud Langrois, dans son *Globe du monde*,
l'appelle « ci devant gouverneur des Tuileries », expression qui
n'a rien de surprenant si l'on donne au mot *gouverneur* le sens
qu'il avait aussi alors de *concierge*, ou si l'on veut entendre qu'il
était chargé de diriger les travaux des jardins du palais (2). Un

vembre 1570. F. BARBOT. JACQUES NFIL. HEUS. P. THANAZON, *notaire.* »
Page 279. *Bernard Palissy, étude sur sa vie.* (Paris. Didier. 1868.)
Ce François Barbot, « maistre priseur et enquenteur de meubles » à La
Rochelle, était, si c'est le même que Jean-François Barbot, le grand-père,
ou le grand-oncle de l'historien Rochelais Amos Barbot. Voir *Archives
historiques de la Saintonge et de l'Aunis*, t. XIV, *Histoire de La Rochelle*,
t. Iᵉʳ, p. 4.

(1) Au commencement de Louis XIV un plan des Tuileries montre encore
dans les cours des fours et des baraques.

(2) Boileau a dit, *Épître* XI, vers 3ᵉ:

Antoine, gouverneur de mon jardin d'Auteuil.

exemplaire de la *Recepte véritable* à la bibliothèque nationale
porte ce titre, d'une écriture contemporaine : « Le livre de
maître Bernard des Thuileries. » Nous avons vu que Fabry
de Peiresc en 1606 ne l'appelait que « maître Bernard des
Tuileries ».

Bernard devait aux Tuileries se trouver sous la direction de
Philibert de l'Orme. Il eut sans doute à se plaindre de lui. On
connaît sa morgue et sa hauteur. Abbé d'Ivry, grâce à Diane de
Poitiers pour laquelle il avait construit Anet, puis intendant des
bâtiments royaux, de l'Orme (1), qui s'était attiré de Ronsard
une sanglante satire, *La truelle crossée*, n'est pas ménagé par ce
potier qui triomphe peu charitablement de son échec à Meudon
où il avait en vain voulu faire monter l'eau. Il raille « monsieur
l'architecte de la Royne qui avoit hanté l'Italie et qui avoit
gaigné une auctorité et commandement sur tous les artisans de
ladite Dame (2) », et plus haut cet « architecte françois qui se
faisoit quasi appeler le dieu des maçons ou architectes, et d'autant qu'il possédoit vingt mil en bénéfices et qu'il se sçavoit bien
accommoder à la court... La despence de ces choses fust si
grande... qu'elle montoit à quarante mil francs combien que la
chose ne valust jamais rien (3) », piteux échec dont le père
Rapin s'est agréablement moqué dans son poème des *Jardins*,
livre III (4), et que déplorait vivement le cardinal Charles de
Lorraine.

Il y avait un autre intendant des Tuileries; c'était une femme.
Un dessin, de la collection d'Hippolyte Destailleurs, porte en
caractères cursifs du XVIᵉ siècle : « Le portrait de la grotte

(1) Né à Lyon vers 1515, mort à Paris en 1577, de l'Orme est très souvent
désigné par ces mots « monsieur d'Ivry », et il a signé « P. Delorme, abbé
d'Ivry ».
(2) *Discours admirables* ; Œuvres de maistre Bernard Palissy, t. II. p. 20.
(3) *Id.*, t. II, p. 11.
(4) *Bernard Palissy* (Didier, 1868), p. 272.

  L'architecte a beau faire ; et dans ses rêveries
  Il voit bien une source arroser les prairies ;
  L'or coule à flots ; mais l'eau ne coule point, hélas !

rustique qui sera en terre environ quinze piets, et le tout sera faict de rustiques tant les anymaults que la massonnerye, et laquelle grotte a esté inventé par madame la grand. » M. Sauzay (*Monographie de l'œuvre de Palissy*) qui a lu *pour*, croit à l'existence d'une dame Legrand ou Lagrand, et promet sur elle une pièce importante qu'il n'a pas donnée. M. Anatole de Montaiglon, qui a publié le croquis (1), pense que c'est l'abréviation de « madame la grande écuyère, la grande maîtresse, la grande sénéchale »; ainsi se nommait « madame la grand », Françoise de Brosse, deuxième femme de Claude Gouffier, grand écuyer de France (1546), et sans doute aussi deux autres de ses cinq femmes, Claude de Baume-Semblancay, qu'il épousa en 1567, ou Antoinette de la Tour-Landry (1568), morte en 1570.

Mais on ne peut hésiter. Dans un marché passé le 8 décembre 1566 devant Nicolas Vassart, notaire à Paris, entre Claude Penelle, « maistre couvreur de maison », et madame du Peron, on lit: « Haulte et puissante dame madame Marie de Pierrevive, dame du Peron et d'Armentières (2), dame ordinaire de la

(1) *Archives de l'art français*, 7e année, p. 14

(2) Marie de Pierrevive (Marie-*Madeleine* selon le père Anselme, ailleurs Marie-*Catherine*), fille de Nicolas de Pierrevive, seigneur de Lezigny, maître d'hôtel ordinaire du roi, épousa, le 20 janvier 1516, Antoine de Gondy, marchand florentin réfugié à Lyon, qui, le 16 février 1520, acheta, moyennant 4060 livres, de Claude Besson, chevalier, citoyen de Lyon, le château et la terre du Peron, à sept kilomètres de Lyon, entre Oullins et Saint-Genis de Laval, dont il prit le nom. Femme célèbre par sa beauté, son esprit, son savoir, et les qualités les plus rares, madame du Peron charma Catherine de Médicis, qui la vit à Lyon en 1533, la retint auprès d'elle, en fit sa confidente la plus intime et la nomma gouvernante des enfants de France. « Ce comte de Rais, dit Lestoile (*Journal de Henri III*, année 1574, 1, p. 37), était fils aisné d'un banquier florentin de Lion, nommé Gondi, seigneur du Péron, duquel la femme italienne avoit trouvé moien d'entrer au service de la raine Katherine de Médicis et avoit heu charge de la nourriture des enfans du roi Henri et d'elle, en leur maillot et enfance. » De là vint la fortune des Gondi. Les fils du banquier lyonnais, Albert et Pierre de Gondi furent l'un duc de Retz, pair et maréchal de France, l'autre évêque de Langres, de Paris, et cardinal en 1587, avec chacun cent mille livres de rente, sans compter l'argent comptant, eux « qui, au jour du décès du roi Henri, n'avoient pas tous ensemble deux mil livres de revenu et de patrimoine, leurs dettes paiées, cent sols vaillant. »

chambre de la royne, commise par sa majesté à l'achapt des maisons et terres pour l'œuvre et bastimens des palais et parc de sa majesté lès le Louvre... » Un autre acte, du 19 juillet même année, nous montre Guillaume de Chapponay, « controleur des bastimens des Tuilleries », et madame du Péron, « intendante des bastimens de la royne ». En outre, dans le t. cxxxi, fᵒ 10 de la collection Delamare à la bibliothèque nationale, se trouve cette note : « Dame Marie de Pierrevive, dame du Péron, l'une des dames ordinaires de la chambre de la reyne mère, ordonnait des bastimens du chasteau des Tuilleries, suivant l'avis de Mᵉ Philibert de Lorme, qu'elle avait commis pour visiter lesdits bastimens. » Enfin c'est elle qui ordonnance les paiements : « Autre despense faicte par ce dit présent comptable à cause de la grotte de terre émaillée. Paiement faict à cause de la dite grotte en vertu des ordonnances particulières de la dite dame du Péron. A Bernard, Nicolas et Mathurin Palissis, sculpteurs en terre... »

S'il n'y a plus de doute sur l'ordonnatrice et l'intendant des travaux, il en existe encore sur les travaux eux-mêmes et sur leur emplacement. Etait-ce une grotte? Etait-ce une fontaine? Il y avait dans le jardin des Tuileries une fontaine dont l'eau venait de Saint-Cloud. Mais une fontaine n'est pas une grotte, quoique, d'après la langue du xvıᵉ siècle et même du xvııᵉ, une grotte ait toujours une fontaine. Palissy n'a jamais compris un jardin sans ruisseau ni une grotte ou cabinet sans eau; il veut, p. 6, « un nombre infiny de pisseures d'eau qui tombroient du rochier dans le fossé », et p. 71, que de chacun de ses cabinets « sorte plus de cent pisseures d'eau ». Du reste il fallait de l'eau pour ses animaux aquatiques, grenouilles, couleuvres, chancres, écrevisses « et vraignes de mer ».

Cette grotte des Tuileries, dit Berty (1). « était certainement un ouvrage très remarquable, tant par l'originalité de la conception que par l'éclat des matériaux. En 1570, on travaillait

_____

(1) *Topographie historique du vieux Paris. Région du Louvre et des Tuileries.* T. ıı, p. 40.

aux quatre ponts qui en faisaient partie ; elle n'était donc point terminée alors. Le fut-elle jamais? Il est permis d'en douter et de supposer que son état d'inachèvement est la principale cause pour laquelle elle a disparu si vite malgré sa magnificence. On ne la voit sur aucun plan du XVIIe siècle, et si l'on croit la distinguer sur le plan de du Cerceau, c'est seulement depuis que la découverte de certain dessin dont nous allons parler est venue suggérer des idées sur sa disposition probable.

« M. H. Destailleurs possède, parmi les dessins de sa belle collection, un croquis du XVIe siècle, exécuté à la plume et légèrement lavé au bistre, représentant la coupe d'un édifice circulaire placé en contre-bas du sol. Cet édifice est incontestablement une grotte décorée d'émaux, puisqu'on lit au bas du dessin : « Le portrait de la grotte rustique qui sera en terre environ quinze piet, et le tout sera faict de rustique, tant les anymault que la massonnerye; et ladicte grotte a esté inventé par « Madame la Grant »; et ailleurs : « La place là où l'on peult « mestre des émailles de terre cuytte ». M. de Montaiglon, qui a signalé et étudié le dessin, n'hésite pas à déclarer que c'est celui de la grotte des Tuileries. Pour justifier son opinion, il commence par faire observer que le dessin émane évidemment de Palissy ou d'un de ses parents. « La façon, dit-il, dont « figurent, dans la décoration, des coquillages, des homards, des « écrevisses et des serpents, l'importance que l'artiste donne à « leur emploi, puisqu'il met les animaux à l'égal de la maçonnerie, « le mot de rustique nous montrent que nous avons devant les « yeux une œuvre de l'inventeur des rustiques figulines, de l'au- « teur de l'admirable grotte rustique de nouvelle invention, faite « pour le connétable de Montmorency, et que l'émail devait, sinon « recouvrir le tout, au moins y jouer un grand rôle. Le dessin et « l'écriture sont-ils de Palissy lui-même? L'absence de termes de « comparaison ne permet pas de l'affirmer, et il se peut que le « tout soit de la main de Nicolas ou de Mathurin, ses fils, ses « élèves et ses aides..... mais, pour l'invention, il n'y a pas à en « douter ; elle n'est l'œuvre que du grand, du seul Palissy : car, « lui mort, ses héritiers ont été encore plus indignes de lui que ne

« l'avaient été de Luca ceux des Della Robia qui ont prétendu le
« continuer. » Décrivant ensuite le dessin, et établissant qu'il
est en parfaite conformité avec les idées exprimées par Palissy,
M. de Montaiglon conclut que Palissy ou l'un des siens en est
nécessairement l'auteur. Toutes les probabilités se réunissent
pour donner raison à M. de Montaiglon sur ce premier point;
mais sur la question de savoir si le dessin représente véritablement la grotte des Tuileries, les arguments de M. de Montaiglon
sont moins décisifs, et, parmi ceux qu'il emploie, un seul nous
paraît militer fortement en faveur de l'affirmative; c'est cette
phrase : « Ladicte grotte a été inventé par Madame la Grant »,
qui ne peut être que Marie du Perron ou du moins et infaillible-
ment l'une des deux dernières femmes de Claude Greffier en
1567.

    « Il est, au surplus, un excellent argument subsidiaire à invo-
quer à l'appui du sentiment de M. de Montaiglon, qui en a
d'ailleurs entrevu la portée. Sur le plan de du Cerceau l'on
n'aperçoit que deux endroits où il y ait apparence d'une grotte;
l'un est situé près et au nord de l'allée centrale, à un peu plus
de deux cents mètres du palais; l'autre, distant du double, est
un parterre carré de douze compartiments. En ces deux places
figure un cercle d'environ trois toises ou dix-huit pieds de diamètre; or, en restituant l'échelle du dessin d'après cette note,
« la grotte..... sera en terre environ quinze piet », on trouve
que le diamètre de la grotte est justement de dix-sept pieds et
demi. Il serait difficile de ne voir encore là qu'une coïncidence
fortuite. Nous croyons donc, pour notre part, que le dessin est
très vraisemblablement un projet, exécuté ou non, de la grotte
des Tuileries, et que, dans tous les cas, il nous renseigne très
heureusement sur ce que put être l'édifice réellement construit.
Nous pensons en outre que ce dernier est l'objet que du Cerceau a voulu reproduire par les deux cercles concentriques qu'il
a placés dans le parterre de douze compartiments, à l'intersec-
tion de deux petites allées faites pour inspirer l'idée des quatre
ponts dont il est certain que la grotte était munie. »

Est-ce bien la grotte de Palissy que reproduit le dessin de

Destailleurs? D'abord les rustiques figulines à cette époque étaient assez en vogue pour qu'elles ne fussent pas restées le monopole de l'artiste. Puis le plan ne répond pas du tout au devis tracé par Palissy dans ses livres. Enfin dans les comptes « à cause de la grotte émaillée » publiés par Champollion-Figeac en 1842 et reproduits par M. de Montaiglon dans les *Archives de l'art français*, il s'agit seulement des ponts qui conduisaient de la terre ferme à l'îlot où s'élevait la grotte.

« Paiement fait à cause de la dite grotte en vertu des ordonnances particulières de la dite dame du Peron. A Bernard, Nicolas et Mathurin Palissis, sculteurs en terre, la somme de 400 livres tournoys à eux ordonnée par la dite dame du Péron en son ordonnance signée de sa main le vingt-deuxiesme jour de janvier 1570 sur et tout moings de la somme de 2,600 livres tournoys pour tous les ouvrages de terre cuite esmaillée qui restoient à faire pour parfaire et parachever les quatre pons de dedans de la grotte encommencée pour la royne en son palais, à Paris... »

Le 22 février, il lui est donné pareille somme de 400 livres dans les mêmes termes et pour les mêmes motifs; et enfin, à une date non indiquée, mais sans doute le 22 mars, « en vertu de certification dudit de Chapponay, ordonnance non signée et quictances cy après rendues », une autre somme de 200 livres lui est versée « en outre et par dessus les autres sommes de deniers qu'ils ont par cy devant receues... »

On a cru voir la grotte de Palissy dans la fontaine du jardin de la reine dont parlent les ambassadeurs de la nation helvétique racontant leur voyage en France (1555-1557). Le 11 mai, ils se rendent au jardin de la reine nommé La Tuilerie pour y présenter leurs lettres de créances et solliciter la paix. Description. Ils signalent surtout une fontaine remarquable, un rocher sur lequel courent divers reptiles, limaçons, tortues, lézards,

(1) *Archives de l'histoire de la Suisse* (Zurich. 1864). Un fragment de cette relation a été publié par la société des antiquaires de France dans ses *Mémoires*, t. XXIX, p. 83.

crapauds, grenouilles et toute espèce d'animaux aquatiques (1).
Et pourtant, parce que personne n'en prend soin, la destruction
est imminente (2). Or, comment une grotte, qui menaçait ruine
en 1555, aurait-elle pu, malgré les rustiques qui la décorent, être
l'œuvre de Palissy, à cette époque encore inconnu et à peine
parvenu à trouver l'émail?

Pour les fours de Palissy nous sommes fixés d'une manière
certaine. Trois ont été trouvés ; le premier rencontré par la
pioche des ouvriers ne fut pas examiné ; mais en juillet 1865,
une tranchée ouverte dans la cour d'honneur des Tuileries pour
la fondation de la nouvelle salle des états destinée à faire partie
de la galerie restaurée du Louvre et des Tuileries, à vingt
mètres de la porte située à gauche de l'arc de triomphe du
Carrousel, mit à découvert deux autres fours de potier, et certainement de Palissy : car on ne pouvait s'arrêter à la pensée que
Catherine de Médicis, ils étaient de cette époque, eût toléré, à
la porte de son palais, des constructions de cette sorte qui ne lui
eussent pas servi. « L'un d'eux, écrit Berty, nous fournit
les éléments d'une démonstration péremptoire : il contenait des
débris de ces manchons ou gazettes que Palissy passe pour
avoir inventés, et qui servent à la cuisson des pièces fines ; des
morceaux de grès céramique et des carreaux rouges d'une
finesse de pâte remarquable ; des fragments de ces poteries
émaillées, si connues, qui ont fait la célébrité du maître ; des
empreintes d'ornements discoïdes et en pointes de diamant ; enfin
les moules, malheureusement endommagés, de figures en haut-
relief, dont deux sont décrites par Palissy lui-même dans le
« devis d'une grotte ».

« Ces moules étaient saturés d'humidité, et le plâtre dont ils
sont composés se désagrégeait. Après les avoir laissés séjourner,

(1) « Sed inter cæteros fuit exstructus fons instar rupis in qua rupe ex
opere figulinario erant confecta varia animalia, veluti serpentes, cochlæ,
testudines, lacerti, crapones, ranæ et omnis generis animalia. » *Mémoires
de la société nationale des antiquaires de France*, t. xxix, p. 83.

(2) Hæc maximis impensis et miro artificio fuerant parata ; nunc autem,
quia nemo excolit, ruinam minantur.

on en a pris avec précaution des estampages qui ont produit des reliefs. Il y a eu, en tout, onze fragments recueillis. Quatre appartiennent à une figure d'homme dont on possède ainsi la tête incomplète, ainsi que les épaules, les jambes qui sont croisées, les talons et la région lombaire. Le torse est recouvert d'une draperie rayée, au-dessous de laquelle on aperçoit un tissu grossier comme du canevas. Le nu a été moulé sur le cadavre, et les étoffes l'ont également été sur nature, afin de réaliser la pensée que Palissy énonce en ces termes : « Item, pour faire « esmerveiller les hommes, je en vouldrois faire trois ou quatre « (termes) vestus et coiffés de modes estranges, lesquels habille- « mens et coiffures seroient de divers linges, toiles ou substances « rayées, si très approchant de la nature, qu'il n'y auroit homme « qui ne pensast que ce fust la mesme chose que l'ouvrier auroit « voulu imyter... Je y vouldrois fère certaines figures après « le naturel, voire imitant de si près la nature, jusqu'aux petits « poilz de barbes et des soursilz, de la mesme grosseur qui est en « la nature. » Toutes ces particularités se reconnaissent immédia- tement dans la figure dont nous parlons, et néanmoins il en est une autre plus caractéristique : car c'est celle d'une sorte de monstre, dont le corps est composé de coquilles, y compris les yeux ; or Palissy dit : « Item, il y en auroit un aultre (terme) qui « seroit tout formé de diverses coquilles maritimes ; sçavoir, est « les deux yeux de deux coquilles ; le nez, bouche, menton, front, « joues, le tout de coquilles, voire tout le résidu du corps. » Il existe un morceau d'un second modèle du même masque avec plusieurs modifications indiquant les tâtonnements de l'artiste. Puis viennent une main, aussi moulée sur nature, et tenant une épée de forme ancienne ; des cuisses de femme, auxquelles adhère une mince draperie ; des spécimens différents de piédou- ches formés de coquillages agglomérés ; en outre, mêlées aux moules ou jetées dans les terres du remblai, une dizaine d'em- preintes de feuilles de fougères, qui appartiennent précisément aux espèces appelées adiante, cheveu de Vénus, polytric et sco- lopendre, que Palissy se proposait d'utiliser dans la décoration de la grotte. Enfin le sol des environs du four contenait le creux d'un petit cartouche d'orfèvrerie et un charmant médaillon rond représentant un buste de femme au sein découvert. Ce médaillon rappelle le style de Germain Pilon, et décèle trop d'art pour être attribué au potier de Saintes qui ne fut vraisemblablement chargé que de l'exécuter en émail (1).»

En 1878 , dans les travaux faits pour l'établissement au Carrousel du ballon captif, on a trouvé de nombreux fragments d'une statue de grandeur naturelle. D'après M. Darcel (*Gazette des beaux arts*, décembre 1878, t. XVIII, p. 982; *Les faïences du Trocadéro*), ces débris proviennent de l'atelier où Palissy fabriquait sa grotte.

Mais où était la grotte? Trois documents en parlent : les comptes de Catherine de Médicis, la relation des ambassadeurs suisses et l'*Inventaire des meubles de Catherine de Médicis en 1589* (Paris, Aubry, 1874), récemment publié d'après un manuscrit de la bibliothèque nationale par « M. Bonaffé, amateur aussi ingénieux qu'érudit ». Les deux premiers, nous l'avons vu, ne fixent rien. Le dernier, qui contredit le dessin de Destailleurs, peut circonscrire le terrain des recherches.

D'après ce document, au 25 août 1589, il y avait dans le jardin du château, qu'on avait laissé inachevé, « une marbrerie », c'est-à-dire un atelier où l'on travaillait les marbres précieux, et où Germain Pilon, entre autres, fit voir trois colonnes de marbre mixte rouge et blanc, « lesquelles étaient gravées pour incruster des branches de chêne et de laurier ».

Le texte ajoute (p. 213) : « Outre ce, il y avoit encore la grotte de poterie qui estoit près de la dicte marbrerie, que nous pourrions voir si elle valoit inventorier. » Et puis : « Du dict lieu de la marbrerie nous nous sommes transportés en la maison et loge où est la grotte qui nous a esté déclarée... en laquelle nous n'avons trouvé que quelques figures de terre fragile et de peu de valeur, que nous n'avons estimé estre d'assez pour invento-

---

(1) Voir aussi le *Journal des débats* du 6 août 1865, *Un four de Bernard Palissy à Paris*, par M. Charles Read, article reproduit dans la *Chronique des arts et de la curiosité* du 10 août et l'*Année littéraire* de Figuier (1866).

rier » (p. 218). Enfin on constate cent quarante pièces ainsi
désignées : « Bassin façon de jaspe, plats goderonnés en terre
bleue, tasses goffrées à jour, salières, escritoires, esguierres en
faïence. » Ces pièces de faïence étaient-elles de Palissy ? Peut-
être; mais rien ne le prouve évidemment. La grotte était-elle de
Palissy ? Etait-ce simplement un magasin où, dit M. Burty, on
aurait transporté quelques pièces plus cassantes que le reste ?
Le problème est encore à résoudre.

Cette marbrerie était « dans le jardin des Tuileries, joignant
la porte qui va au bâtiment ». « Elle faisait, dit M. de Montaiglon
(*Archives de l'art français*, t. VI, p. 16, 1876), partie du groupe
de bâtiments, entourés d'une muraille, qui étaient à gauche, un
peu plus loin que le palais, au-delà de la rue qui, d'après tous
les plans, a séparé le jardin du palais jusqu'au XVIIIᵉ siècle; le
long du quai et au commencement de la terrasse actuelle du
bord de l'eau, à peu près jusqu'à la hauteur du pont de la Légion
d'honneur, et du côté du palais, il y avait, en effet, une porte
qui faisait communiquer ces dépendances avec « le bâtiment »,
c'est-à-dire le palais. Alors la grotte serait à gauche du jardin.
En même temps, bien que le dessin offre deux moitiés, c'est-à-
dire, présente deux projets à choisir et soit par conséquent
antérieur à l'exécution qui a pu être entièrement changée, la
concordance avec le compte de paiement, surtout celle du rocher
central, et des quatre ponts sur le bassin qui entourait ce rocher,
est trop grande pour ne pas disposer à continuer de croire que
la grotte était en creux. Il est vrai qu'elle pouvait même dans ce
cas être recouverte d'une construction à arcades supportant un
toit.

« Palissy aurait-il fait deux ouvrages dans le jardin des Tuileries ? Du reste, quand on sait dans quel état de dégradation la
grotte était en 1575, ne serait-il pas possible de faire en 1589,
c'est-à-dire quatre ans plus tard, une autre supposition ? Ne
pourrait-on pas croire qu'elle avait été démolie et que ses meilleurs fragments auraient été, ou simplement emmagasinés, ou
remontés plus simplement dans une maison ou loge, près de la
marbrerie, c'est-à-dire à gauche, et, en tout cas, en dehors

d'elle ? De plus, le jardin est bien peu large, et ce qui aurait été
à droite serait encore assez près de la marbrerie; mais pour
accepter cette dernière explication, il faudrait avoir de véritables
preuves. »

La grotte du dessin de Destailleurs, reproduit encore par
M. Ch. Burty dans son livre *Bernard Palissy* (p. 17, Rouam, 1886),
a existé sur les bords de la mer, au Veillon, près de Talmond-
Vendée. Fillon en a donné le plan, p. 142 de l'*Art de terre*,
et l'a décrite suffisamment. Que l'on veuille comparer le dessin

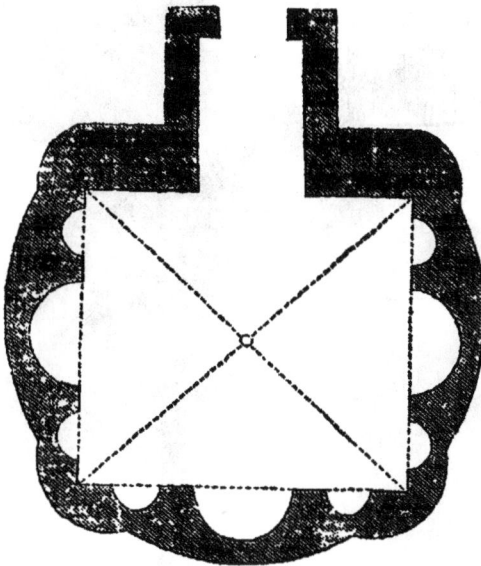

que nous en donnons ici avec celui de Destailleurs publié par
Berty, et l'on verra que les lignes principales sont exactement
semblables, quoique les ornements soient beaucoup moindres
au Veillon. Le genre de décoration est le même, statues émaillées, coquillages, cailloux, mascarons dans le genre de Palissy.

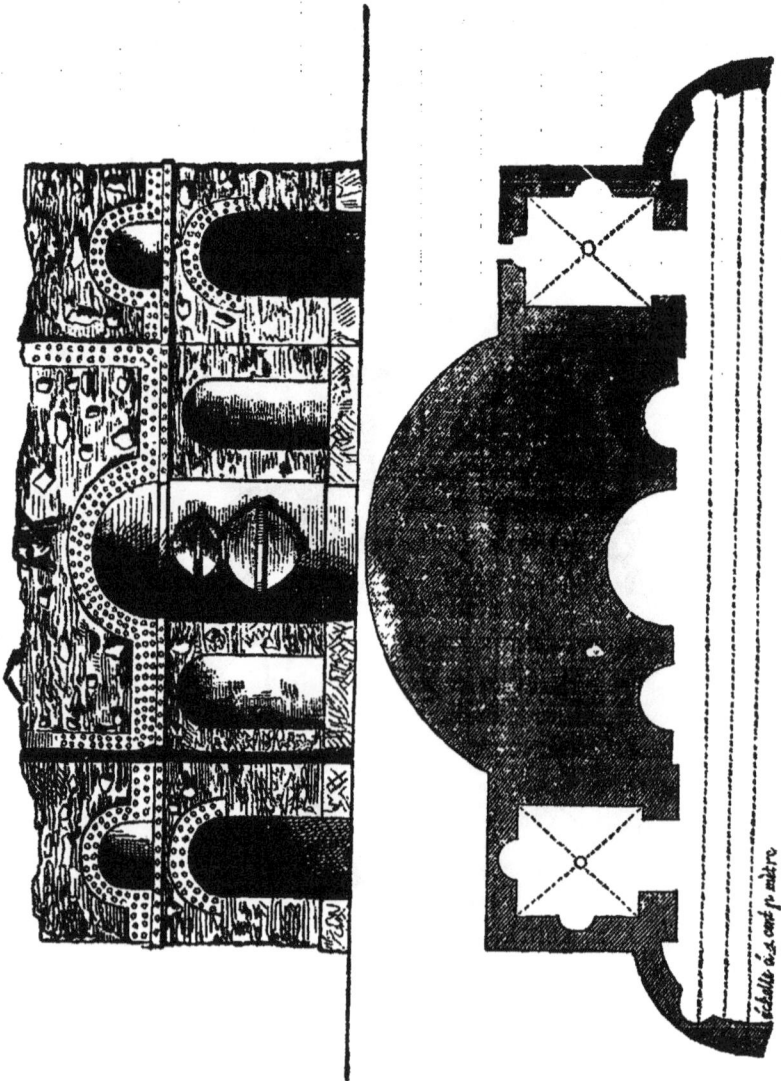

GROTTE DU VEILLON EN VENDÉE.

Fillon, d'après un fragment de poterie où se voit la lettre H surmontée d'une couronne royale et aussi d'après le style des

ornements en relief figurés sur les autres débris, attribue au règne de Henri IV ces constructions rustiques. M. A. de Montaiglon les croit antérieures à Palissy (1).

*
* *

Palissy à Paris, artiste et protestant, eut des amis en grand nombre, et quelques uns importants. J'ai montré plus haut autour de lui la société calviniste du temps, Philibert Hamelin, son ami et le premier pasteur de la Saintonge, André de Maizières, Laplace, Léopard, et dans mon livre sur Palissy (2), fait revivre le petit monde de lettrés de Saintes et de La Rochelle: un Pierre Babaud, « advocat, homme fameux et amateur des lettres et arts (3) »; Samuel Veyrel, d'une famille de Péri-

(1) *Revue des sociétés savantes*, janvier-mars 1877.
(2) *Bernard Palissy*, Paris, Didier, 1868, p. 206.
(3) « En sa qualité d'amateur, Babaud était ignorant; il prétendait que les fossiles étaient faits de main d'homme. Palissy lui démontrait qu'ils

gueux, père de l'antiquaire saintongeais Samuel Veyrel; sans
doute Nicolas Alain, médecin, à qui il emprunta sans scrupule
son traité *De factura salis*, qu'il copie sans vergogne; Pierre
Sauxay, le poète qui a chanté les rustiques figulines en tête de
la *Recepte véritable*, apothicaire et pasteur, si j'en juge par la
conformité de nom et de date (1); François Bauldouyn, sieur de
l'Ouaille, conseiller du roi au présidial, pair et échevin de
La Rochelle, qu'Olivier Poupard, de Saint-Maixent, médecin
à La Rochelle, appelle « un grand luminaire de littérature »,
et à qui j'attribue le huitain « à M. Bernard Palissy, son
singulier et parfait ami », en tête de la *Recepte*, signé F. B.,
initiales qui ne peuvent, en 1563, signifier comme l'ont pensé
Gobet et Cap, « François Beroalde de Verville », né en 1558,
alors âgé de cinq ans; le bourgeois Lhermite, qui avait donné
à Palissy « deux coquilles bien grosses »; François Barbot,
marchand, « maistre priseur et enquesteur de meubles », qui
lui prêtait de l'argent (2); Jacques Imbert, seigneur de Boislambert, avocat, que son gendre de la main gauche, Henri
de Navarre, fit grand bailli du fief d'Aunis; l'imprimeur

étaient bel et bien naturels. Lui soutenait le contraire, et maître Bernard ne
se fâchait pas trop de lui voir soutenir une mauvaise cause ; il était avocat. »

(1) En 1568, Pierre Sauxay avait exercé passagèrement à La Rochelle.
Sa fille reçut le baptême du poète de Pons, Yves Rouspeau, pasteur à
Saujon. Sur les registres du temple de Saintes, je lis : « Le trentiesme jour
de may 1572, a esté baptisé par Mᵉ Pierre Sauxay, ministre de la parole de
Dieu, Daniel, fils de Nicolas Vallée du Douhet ». Le 5 janvier, il baptise
Pierre Veyrel, et le 8 avril 1576, il signe avec « Jeanne de Gontaulx de
Biron, dame de Brizambourg, marraine ». Tabourin écrit, folio 19 : « Item
la confirmation de certain arrentement fait par Mᵉ Jehan Vincent, chanoine
de Xainctes, curé de Saint-Frion de Xainctes, et audit nom du curé a
arranté à M. François Sauxay, maistre apothicaire de Xainctes, certain mas
de terre comme il est porté sur le contrat d'arrentement receu par Ma-
rionneau, notaire royal audit Xainctes, le xvi octobre 1570, pour 15 sols de
rente. »

(2) Il était de la famille, et grand-père ou grand-oncle d'Amos Barbot,
dont la société des archives historiques de la Saintonge et de l'Aunis a
publié, t. xiv, l'*Histoire de La Rochelle*, premier volume. (Voir plus haut,
page LVIII.)

Barthélemy Berton; et le plus important, le plus dévoué des amis du potier, Pierre Lamoureux (1).

Palissy parle avec éloges de « M. l'Amoureux, lequel m'a secouru de ses biens et du labeur de son art. » Maire en 1561 et 1563, dates probables, il fut, en 1572, remplacé dans sa charge d'échevin par un catholique. Brisson, *Histoire et vray discours des guerres civiles*, raconte comment fut surprise une lettre de lui où il faisait connaître à Plassac, gouverneur de Pons, combien il lui serait facile de s'emparer de Saintes. On lui fit son procès; Mathurin Gillebert, son beau-frère, était lieutenant général en la sénéchaussée de Saintonge. Il était protégé par le gouverneur de Saintonge, Armand de Gontaut, baron de Biron, plus tard maréchal de France. « On avait envoyé, disent (30 juillet 1574) les registres des délibérations du corps de ville (*Documents relatifs à la ville de Saintes*, p. 234), à M. de Biron le procès criminel fait à Lamoureux et à ses serviteurs (l'un se nommait Guillaume Lecomte), pour le regard et conspiration par lui faite contre la ville et habitans d'icelle, ensemble la sentence qui en avait été donnée par MM. les officiers du roy en cette ville, lequel Biron avait écrit à M. de La Gombaudière, notre gouverneur, qu'il voulait et entendait que ledit procès soit rejugé, attendu que les juges qui l'avaient jugé étaient récusés. » La lutte dura quelque temps entre l'échevinage et Biron. « 7 août. Requette sera présentée au gouverneur pour contraindre Lamoureux de payer à la maison de céans la somme de deux cens livres d'amende; sera escript au procureur général de Bourdeaulx.....

---

(1) On lit dans le registre du chanoine Tabourin, p. 81 : « Item, une chapellanie..... qui appartient *pleno jure* à M. de Xainctes, et il y avoit une maison en la présente ville de Xainctes, là où se tient à présent M. Dreux (un des ancêtres du marquis de Brézé), qui feut à M. Lamoureux, laquelle maison ledit Lamoureux eschangea avec feu M. Jehan Navières, théologal de Saint-Pierre de Xainctes, chappellain, pour deux quartiers de prez près la pré de la Gaillarde, contract passé par André Bourgeois, le 27 septembre 1558..... Il y a une maison en la rue des Balays; c'est la maison de M. Dreux. »

touchant les traistres qui ont conspiré contre la ville et lesqueulz restent exemptés. » La Gombaudière, gouverneur de Saintes, déclare qu'il ne demeurera en ville « si ledit Lamoureux n'estait pugny ». Le 31 août, la cour ordonne à Savary Guyet, prévôt des maréchaux, de mettre à exécution la sentence (1). Enfin Etienne Carré, lieutenant du prévôt, vient à Saintes, loge chez « Jehan Brelay, hoste du logis où pend pour enseigne les *Trois Rois* », et pend Lamoureux. Coût, 166 écus 2/3, que Brelay, sur lettres patentes (1579), veut faire payer à la ville qui refuse. Louis de Bourbon, duc de Montpensier, enjoignit (28 janvier 1575) au receveur du domaine de Saintes de payer 1200 livres, frais du procès suivi par Carré contre Lamoureux. Le 25 février, Carré reconnaît devoir à Brelay 500 livres pour ses dépenses et celles de ses archers ; le 3 mai, le roi ordonne au trésorier de France établi à Poitiers, sénéchal de Saintonge, de faire vendre les biens « qui sont grands » de Lamoureux, et en payer 1200 livres à Carré, lequel Carré, au lieu de ces 1200 livres, reçut, et à son grand plaisir, l'office de second maître jaugeur, visiteur et marqueur général de futailles et tâteur de vins entrant tant à Poitiers qu'en toutes les autres villes et lieux des pays de Poitou et de Mirebalais, créé pour lui par édit de Henri III (octobre 1577).

On pourrait reconstituer la société du savant à Paris. Un de ses biographes nous le montre entouré de Merlin, aumônier de Coligny, d'Ambroise Paré, d'Androuet du Cerceau, de Jean Viret et de Pierre Sauxay. Qu'en sait-il ? Ce sont des noms arbitrairement groupés, et la fantaisie y joue un rôle qu'on ne lui peut disputer. Prenons seulement quelques uns de ceux que l'écrivain nous indique ; ce sera bien assez, sans en nommer d'imaginaires.

Henri de Mesmes, chevalier, seigneur de Roissy et de Malassise (1532-1596), guerrier intrépide, habile politique, protecteur des Turnèbe et des Lambin, lui ouvrait son cabinet et lui montrait, p. 219, des coquilles de poissons métallisées.

---

(1) Voir pp. 237-240, 254, 257, 289 et 302, du même ouvrage, *Documents*, divers incidents.

Puis Nicolas Rasse des Nœux, « chirurgien à Paris, dit Le Laboureur (1), l'un des plus passionnez de son temps pour le party hérétique. » Il avait pour père Rasse des Nœux, né vers 1480 en Belgique, chirurgien des rois François Ier, Henri II, François II et Charles IX, mort en 1552 — suivant Faujas de Saint-Fond ; en 1560, suivant Prosper Tarbé, qui le confond avec son frère François Rasse — après avoir eu de sa femme Catherine Juvénal cinq fils, dont l'un, Nicolas, succéda à son père comme chirurgien du roi ; un autre François fut chirurgien de la reine de Navarre. Nicolas avait formé un vaste « *Recueil des libelles des huguenots* », dont Prosper Tarbé a tiré (Reims, 1866, in-8°) un *Recueil de poésies calvinistes*, relatif aux premières hostilités des protestants contre la maison de Lorraine. « Erudit, lettré, dit-il, lancé dans le grand monde, un pied à la cour, l'autre dans le tourbillon de la vie active, François Rasse des Nœux, qui fut chirurgien de la reine de Navarre, prit sa part des événements de son siècle (2) ». Outre une bibliothèque considérable il possédait un cabinet plein de curiosités. « Au cabinet de monsieur Race, chirurgien fameux de ceste ville de Paris, dit Palissy, p. 219, y a une pierre de mine d'airain où il y avoit un poisson de mesme matière. » Et plus loin, p. 283 : « Monsieur Race, chirurgien fameux et excellent, m'a montré un cancre tout entier pétrifié », fossile assez rare ; « il m'a aussi montré un poisson pétrifié et plusieurs plantes d'une certaine herbe, aussi pétrifiée. »

Nommons Bertrand de Salignac de La Mothe-Fénelon, secrétaire du roi de Navarre, guerrier, diplomate, écrivain. Il a écrit la relation du siège de Metz, auquel il assista, et celles des campagnes de Henri II dans les Pays-Bas. Ambassadeur en Angleterre, en Espagne (3), il rendit de grands services par ses

(1) *Additions aux mémoires de Castelnau*, livre III, p. 787.
(2) J'ignore de quel Rasse parle Pierre de l'Estoille, *Journal de Henri IV*, p. 590 : « Le 21 de ce mois (décembre 1597), je reçus la nouvelle de la mort de M. de Nœuds, mon ancien ami et compagnon, décédé en ce même mois, à Saumur, âgé de 50 ans environ. »
(3) Teulet a imprimé, en 1846, sept volumes in-8° de sa *Correspondance diplomatique*. La bibliothèque de Saintes en possédait au moins un

travaux à la guerre et sa prudence dans les conseils. Il était amateur d'histoire naturelle, et passant par Saintes, il fit présent à Palissy d'un morceau de bois pétrifié, « sachant bien à la vérité que j'estois curieux de telles choses.

Que d'autres noms nous aurions à citer si nous voulions prendre la liste des auditeurs de ses conférences!

Arrive la Saint-Barthélemy. Palissy échappa au massacre; il avait déjà échappé aux prisons du parlement de Bordeaux, et non sans peine. Comment? Fuite ou protection? Catherine de Médicis sauva-t-elle encore une fois son inventeur des rustiques figulines, comme elle sauva Ambroise Paré et Robert de La Marck et d'autres, comme elle aurait sans doute sauvé Jean Goujon, s'il n'était pas déjà mort à cette époque (1).

Toutefois Palissy sans doute comprit qu'il était prudent de ne pas s'exposer au coup de poignard d'un fanatique; il s'éloigna. Sedan était alors un asile assuré aux réformés persécutés. Henri-Robert de La Marck, à l'abri de ses hautes murailles, bravait et les édits et le tocsin du massacre. Les Terres-Souveraines reçurent un nombre considérable de huguenots, gens de sciences et de lettres, jurisconsultes et philosophes, ministres et pauvres diables. Maître Bernard n'était pas là un inconnu. La princesse de Sedan était la fille de ce Louis II de Bourbon, comte de Montpensier, qui l'avait déjà protégé en Saintonge. Très probablement elle avait reçu comme héritage ce patronage artistique; le père avait protégé le potier huguenot; elle, protégeait le huguenot potier.

L'orage passa. Robert de La Marck lui-même prit du service

---

autre, lettres originales et inédites, qui venaient de l'archevêque de Cambrai, Fénelon. Le tout a péri dans l'incendie de l'hôtel de ville de Saintes, en novembre 1871.

(1) On a voulu qu'elle ait aussi sauvé Jean Goujon, le grand artiste que tous les faiseurs d'anas font tuer le jour de la Saint-Barthélemy, sur son échafaudage du Louvre, et des mains de Charles IX encore, lui qui avait quitté la France dès 1562, pour Bologne où il était mort vers 1568. Voir l'article concluant de M. Anatole de Montaiglon dans la *Gazette des beaux arts*, du 1er janvier 1885.

(1573) dans l'armée du duc d'Anjou qui assiégeait La Rochelle calviniste. Le prince, dit Brantôme, « s'estoit mis huguenot comme plusieurs autres en France, et ce, par charité bonne qui estoit en lui. » Il mourut du reste bientôt après (9 février 1574). C'était un appui de moins pour maître Bernard. Il revint à Paris enrichi de nouvelles observations faites dans les Ardennes, en Picardie, en Normandie, en Allemagne, sur les bords du Rhin, et avec plus de maturité d'ailleurs que dans ses voyages du tour de France. Retrouva-t-il ses fours en activité, et l'engouement qui avait accueilli ses rustiques figulines ? Esprit novateur, un peu inquiet, chercha-t-il une voie autre à son avidité de connaître, un champ plus vaste qu'un atelier d'émailleur à son activité ? C'est le savant qui paraît alors ; c'est le géologue, le physicien, le chimiste, qui dominent chez lui. Après son excursion dans les Ardennes et l'Allemagne, les faïences qu'il exécute sont toutes des imitations de pièces d'orfévrerie. Ce style lui fut imposé par le goût du public qui avait usé presque exclusivement jusque-là de vaisselle de métal; ces œuvres d'ailleurs étaient destinées à remplacer celles des orfèvres dans l'ornement des dressoirs.

Ce serait ici le lieu de montrer l'artiste avant de présenter le savant. Mais que n'a-t-on pas dit sur sa méthode, ses procédés, son style, son mérite? Quel est l'écrivain céramiste qui ne l'a apprécié? Qui n'a exalté son talent ou fait ressortir ses défauts ? On l'a tour à tour déprécié outre mesure ou loué sans borne. Pour les uns, c'est un artiste éminent, original, élevé ; pour les autres un assez pauvre ouvrier qui copie, moule, et vise au trompe l'œil. On s'est étendu avec complaisance sur ses élèves, ses successeurs, ses rivaux. On a suivi sa descendance céramique jusque dans notre temps, et étudié les ateliers divers qui ont pu subir son influence soit à Paris et dans les environs, soit dans la Saintonge, l'Aunis et le Poitou. Faut-il recommencer le classement de ses pièces et distinguer ses trois manières, les essais, les rustiques figulines, les sujets humains ? Les maîtres ont traité tous ces points et avec quelle compétence! M. Anatole de Montaiglon, Benjamin Fillon, Tainturier, Berty, Burty, Jacquemart, Darcel, Sauzay, Garnier.

Moi-même après eux j'ai essayé déjà de résumer leurs opinions et leurs discussions, et présenté la synthèse. Recommencer
serait bien long, et il y aurait peu de nouveau à dire (1).

Le genre de Palissy périt avec lui, on peut le dire. Créé par
lui, il ne pouvait lui survivre que dans quelques imitateurs et
dans quelques élèves immédiats. Et puis c'était une mode, et la
mode est changeante de sa nature. On a cité quelques uns de
ses successeurs, un peu problématiques. Il eut assurément ses
enfants. On a vu dans l'acte du 1er février 1564 figurer deux de
ses fils, Pierre et Mathurin. Mathurin fut certainement associé
à l'œuvre de son père. Même quand Charles IX est mort
(30 mai 1574), il est encore « grottier et architecte du roy et
de la reyne sa mère ». La pièce assez intéressante, découverte à
Tours par M. le docteur Giraudet, nous montre que Mathurin
Palissy, tout artiste qu'il était, savait rendre des services et se
les faisait payer :

« Le huictiesme jour de novembre 1574, en la court du roy
nostre sire, à Tours, personnellement estably et soubsmis honorable personne maistre Guy Savary, procureur au siège présidial de Saintes en Saintonge, lequel a congneu et confessé
debvoir à sire Mathurin Palissi, grotier et architecte des
rustiques figulines du roy et de la royne demourant à Paris, à
ce présent, la somme de quarante escus sol, restant de cinquante escus, à cause et pour raison de l'expédition faite au
privé conseil du roy de certaines lettres patentes impétrées au
nom de Savary, dattées du 28 septembre dernier passé,
signées: par le roy en son conseil, de La Hersandière, et
scellées du grand scel sur simple queue; lesquelles lectres
ledict Pallissi a présentement baillées et délivrées audict
Savary, dont il s'est contanté; laquelle somme de quarante
escus sol ledict Savary a promis et promect par ces présentes
paier audict Palissi ou au porteur de la présente, dedans la
my caresme prochain venant; et à ce faire ledict s'oblige,

_____

(1) *Bernard Palissy*. Voir surtout les chapitres IV, V, VII, XV, XVI-XVIII.

mesmement son corps, à tenir prison fermée. Faict audict
Tours, en présence de Loys Duplet, marchand, et Joachim
Marchant, clerc.

« SAVARY. DUPLET. DIGOYS. M. PALLISSI » (1).

Il est difficile de dire à quoi ce document fait allusion et
quelles étaient ces lettres patentes, ou encore si ces cinquante
écus sol devaient payer seulement les soins et peines de Mathurin ou bien les frais de chancellerie. On ne peut que hasarder
une conjecture tirée du personnage. Guy Savary, procureur au
siège présidial de Saintes, avait été deux fois condamné à mort
comme huguenot par le parlement de Bordeaux, le 6 avril 1569
et le 6 mars 1570, ce qui prouve que ces terribles arrêts de
mort ne causaient pas grand mal. Le 9 mars 1575 avec Jehan
Corbineau, Nicolas Girard, Jehan Pichon « et aultres particuliers de la religion réformée », il se plaint à M. de La Chapelle,
lieutenant du roi en Saintonge, qui renvoie la supplique au
baron d'Ars, gouverneur de Saintes, que le maire Ythier Senné
les force eux seuls à loger des soldats. Le 29 septembre de la
même année, le corps de ville décide « que les plus suspects
huguenots vuideront la ville, mesmement Guy Savary le procureur (2) ». Ce procureur à l'humeur batailleuse s'était sans
doute encore mis dans quelque mauvais cas; pour s'en tirer, il
aura eu besoin de son compatriote et coreligionnaire Palissy,
qui aura mis à son service et son influence et ses connaissances.
Et puis l'on ne sait plus rien de la descendance du grand céramiste.

On a suivi quelque temps les traces de ses imitateurs, et l'on
cite Barthélemy Prieur, premier sculpteur du roi (décédé le
20 octobre 1611), qui a joui d'une grande célébrité en son temps
Il est porté sur les états de la maison du roi, de 1598 à 1611,
parmi les artistes et artisans non valets de chambre aux gages
de trente livres. Huguenot comme Palissy, qui le qualifie

(1) *Archives historiques de la Saintonge et de l'Aunis*, tome VIII, p. 419.
(2) *Extraits et documents relatifs à la ville de Saintes*, par M. Louis
Audiat, p. 98, 240, 263, 270.

« homme expérimenté ès arts ». il était un des auditeurs de ses cours, et lui sculpta sa remarquable *Madeleine au désert*, et sans doute d'autres sujets. Sa fille Madeleine, à 30 ans, vers 1600, épousa Guillaume Dupré, le sculpteur graveur en médailles; et un de ses fils, Paul Prieur, fut maître lapidaire;

Puis François Briot (1) qui lui prêta pour un surmoulage le célèbre plat de ses *Éléments* avec l'aiguière (2), et qui même fabriqua des terres sigillées, commerce redoutable, qui força vraisemblablement Palissy à renoncer aux rustiques figulines un peu démodées, à traiter des sujets à figures pris un peu partout, et à hâter sa fabrication.

C'est le monogramme de François Briot que les uns ont voulu voir dans deux lettres assez mal tracées sur quelques objets de terre émaillée; d'autres ont transformé l'F en P pour y lire Bernard Palissy; ceux-ci ont reconnu Barthélemy Prieur, et ceux-là, allant plus loin, ont épelé G. D., ce qui voulait dire Guillaume Dupré. En effet, le *Journal* d'Hérouard montre « Guillaume Dupré, natif de Sissonne près de Laon », moulant le dauphin Louis XIII « en terre de poterie » à Fontainebleau où existaient les fours d'Avon qui livraient ces mille petits objets, « des chiens, des renards, des bléreaux, des bœufs, des vaches, des escurieux, des anges jouant de la musette, des chiens couchez, des moutons ». Or Guillaume Dupré, graveur estimé de nombreuses médailles sous Henri III, Henri IV et Louis XIII (3), a bien pu mouler en terre l'enfant de Henri IV

(1) Il y a à cette époque Isaac, Nicolas, François et Guillaume Briot, tous artistes, tous protestants, sans qu'on puisse déterminer leur parenté. Madeleine Prieur, femme de Guillaume Dupré, fut marraine en 1610 de Louis, fils d'Isaac Briot.

(2) Le comte Basilewsky et M. Alphonse de Rothschild possèdent chacun une reproduction du bassin de François Briot. Un amateur du Mans avait l'aiguière qui le complète. De là, lutte pour obtenir l'aiguière. M. de Rothschild fut le plus osé, et, dit M. Alfred Darcel (*Gazette des beaux arts*, décembre 1878, t. xviii, p. 982) « 25,000 francs sont un joli denier pour une aiguière quelque peu endommagée, et que les dates ne permettent pas, croyons-nous, d'attribuer à Palissy ».

(3) Le *Trésor de numismatique* a recueilli soixante-dix-neuf médailles et portraits dus à son burin, dont trente-deux sont signées, la dernière de 1643.

sans avoir été ouvrier en terre et continuateur de Palissy.

M. de Montaiglon a cru que dans la double lettre B il fallait voir Claude Berthélemy, peintre émailleur sur terre, natif de Blénod, diocèse de Toul, à qui Henri IV (novembre 1602) accorde des lettres de naturalisation enregistrées au bailliage de Melun en 1603, probablement grand-père d'Antoine Berthélemy, peintre de portraits, né à Fontainebleau, reçu à l'académie de peinture et sculpture en 1663, mort le 11 juin 1669, à trente-six ans. Claude, puisque ses lettres sont enregistrées à Melun, devait travailler non à Paris mais à Fontainebleau, comme rival ou collaborateur d'Antoine Clericy, de Marseille. Le BB serait soit l'initiale de son nom redoublée, comme il arrive souvent, soit celle de son nom et de sa ville *Berthélemy, Blénod*.

De plus, un document de Benjamin Fillon (6 février 1624), permet d'attribuer à Claude Berthélemy, « peintre et esmailleur de terre audit Fontainebleau », la paternité des pièces en question : car le B initial de la signature est presque identique à la marque tracée à main levée sous les faïences, dit M. Darcel (*Gazette des beaux arts*, décembre 1878, p. 983.); on peut légitimement admettre que Berthélemy s'est inspiré de Bernard.

Antoine de Clericy, de Marseille « ouvrier en terre sigillée », semble aussi avoir subi l'influence de Palissy. Il fut autorisé par lettres patentes de mars 1640, à fonder une verrerie non loin de Fontainebleau, et de la faïencerie voisine d'Avon, où très probablement il avait travaillé. On a un plat ovale où est représentée une chasse à l'ours d'après Antoine Tempesta, signé « Gaspard Viry fecit à Moustiers chez Clerissy (1) ».

Jean Chipault père et fils, et Jehan Biot, dit Mercure, travaillèrent la terre émaillée en même temps que Palissy, comme le prouve le « compte des despenses faites par maistre Jehan de Verdun, clerc des œuvres du roy » (Voir *Archives de l'art fran-*

---

(1) *Gazette des beaux arts*, 1er novembre 1878, t. XVIII, p. 760. Voir pour plus de détails sur les Clericy, *Histoire des faïences de Moustiers, Marseille...* par Davillier, (1863); *Histoire des poteries*, par Marryat (1866), et *Antoine Clericy, ouvrier du roi en terre sigillée (1612-1653)*, par M. A. Milet (1876-1880).

çais), et de 1599 à 1609 ils reçoivent trente livres de gages par
an. Appartinrent-ils à l'atelier de maître Bernard ?

Il était assurément de son école, ce Jacques de Fonteny,
poète parisien, confrère de la passion, émailleur et boiteux, dont
on voit au Louvre, marquée d'un grand F, une assiette de fruits
émaillés. « Le vendredy (janvier 1607, dit Pierre de l'Estoile
dans son *Journal*. Fonteny m'a donné pour mes étrennes un
plat de marrons de sa façon dans un petit plat de faience, qu'il
n'y a celui qui ne les prenne pour naturels, tant ils sont bien
contrefaits près du naturel. » Plus tard, le 23 février : « Fonteny le boiteux m'a donné ce jour un plat artificiel de poires
cuites au four, qui est bien la chose la mieux faite et la plus
approchante du naturel qui se puisse voir. »

Un Jean Grillet est qualifié « émailleur ordinaire de la reyne »
dans le privilège (4 janvier 1647) de son livre, *La beauté des
plus belles dames de la cour, les actions héroïques des plus vaillants hommes de ce temps...* (Paris, Dehain, 1647, in 4°); et
c'était un poète admis à l'hôtel Rambouillet; il eut cela de
commun avec Palissy, qu'il fit un volume, mais en vers, et eut
une femme aussi acariâtre.

Les poteries de Palissy ont été imitées à Nevers, au commencement du xvii° siècle, par Augustin Conrade, ouvrier d'origine
italienne, témoin le plat de la collection Mordret, d'Angers,
décrit par M. Alfred Darcel dans la *Chronique des arts* du
10 août 1864. Ce plat a des reptiles et des coquillages; il est
signé au revers en caractères tracés à la pointe en grandes capi-
tales cursives : AGOSTINO CORADO A NEVERS 59. C'est une imitation grossière de la fabrique de Ligron (Sarthe), canton
de Malicorne, dont un échantillon est au musée du Mans.
Le musée de Sèvres a un autre plat très mauvais qui sort aussi
de Nevers.

Avec les Conrade travaillait Jacques Boulard, maître potier
en vaisselle de faïence, dont Fillon a gravé la marque.

Nous devons une mention particulière à un jeune céramiste de talent, M. Jouneau, de Parthenay, qui de nos jours ressuscite l'art des faïenciers d'Oiron et de Palissy. Etabli à quelques kilomètres seulement d'Oiron, dit M. Edouard Garnier (*Gazette des beaux arts*, 1er janvier 1885, p. 35), et ayant à sa disposition l'argile si pure et si fine avec laquelle les artistes dirigés par Hélène de Hangest avaient fabriqué ces œuvres charmantes que l'on ne peut se lasser d'admirer, M. Jouneau a eu l'heureuse idée d'appliquer également à la décoration de ses produits les procédés d'incrustations colorées dont s'étaient servi ses habiles devanciers du xvie siècle. Mais c'est seulement par l'emploi de ce procédé que ses faïences ressemblent à celles d'Oiron ; elles ont en effet une originalité de forme et d'ornementation qui les distingue absolument de tout ce qui a été fait jusqu'à présent en céramique, et qui témoigne d'un sentiment décoratif très particulier. M. Jouneau a dû adjoindre à ce procédé celui des pâtes blanches auxquelles il est arrivé, par une extrême délicatesse et une grande habileté de facture, à donner de la transparence malgré l'opacité de l'argile, et dans l'association de ces deux modes de décoration il a dû trouver des effets nouveaux d'un art distingué, et qui promettent des résultats remarquables.

Sur la foi de de Thou (*Histoire universelle*, t. xiv, p. 142 ; année 1603), Mézeray, Hénault, Brongniart et les autres ont fixé à 1603 le commencement de la fabrique de Brisambourg : « On établit aussi, dit-il, des manufactures de tapisserie au fauxbourg Saint-Marceau... on en établit de même pour la fayence tant blanche que peinte en plusieurs endroits du royaume, à Paris, à Nevers, à Brissambourg en Saintonge, où l'on en fit d'aussi belle que celle qu'on faisoit venir d'Italie. » Une pièce transcrite par Fillon, *Art de terre*, p. 134, prouve qu'elle existait déjà en 1600. L'acte passé le 3 mars, en présence de Jacques Maron, écuyer, sieur de la Croix, et Loys Dupas, marchand à Chermignac, au logis de Jehan Richard, chapelain de la chappelle des Guillebaud en l'église Saint-Pierre de Saintes, et devant H. Moreau, notaire royal, montre qu'on y livrait de la faïence armoriée. Le musée de Sèvres possède un spécimen de cette « vaisselle impressée », donné par Fillon qui le tenait de l'abbé Lacurie. Lui-même en avait trouvé un autre au village de Conches, commune de La Tranche (Vendée), où il avait été apporté par un habitant de Tonnay-Charente. Brisambourg exportait ses produits assez loin: car dans l'inventaire des meubles du château de Fénelon, paroisse de Sainte-Mondane, en Périgord, dressé après le décès de Pons de Salignac, père de l'auteur de *Télémaque*, 1669, dont un extrait a été publié par le *Bulletin du bouquiniste* d'Auguste Aubry en 1869, p. 215, on lit: « Plus autre petit vase en terre de Brizambourg. »

Saintes, qui doit sa gloire au céramiste Palissy ne conserva pas les traditions de l'artiste; c'est d'ailleurs le lieu où l'on oublia plus vite et le potier et ses chefs-d'œuvre. En 1840, ses moules en très grand nombre furent jetés à la Charente par un orfèvre dont ils encombraient le grenier. C'est aussi au grenier, sous quinze centimètres de poussière, que fut déterré en 1833, pendant un encan, dans une vieille maison de la Bertonnière, avec diverses friperies, un magnifique plat à rustiques qui a appartenu à Charrier, juge de paix, et que M. Charles Dangibeaud a reproduit. Dès 1631, l'inventaire de Pierre Coterousse, médecin à Saintes, mentionne dans son cabinet « six plats de Venise »; dans un appartement, « un bahut, façon de Flandre », et dans son grenier, au milieu de chaudrons, poëlonnes, marmites de rebut, « un beau bassin de terre historié en son fonds d'animaux, avec son potet aussi de terre ».

Fillon, *Art de terre*, p. 150, n'a cité de Saintes qu'une bouteille de chasse en faïence blanche aplatie sur les côtés avec décors bleus, des roses et des tulipes, une couronne de feuillage qui porte en lettres noires violacées ALEXANDRE BESCHET, et du côté opposé cette marque :

Hercule Fleurimon, quelques années avant cette date, tenait l'hôtellerie du faubourg Saint-Pallais « à l'image de Notre-Dame ».

A part un Louis Latillais « marchand et seculteur en verre », dit sa veuve le 18 janvier 1652, et qui a pu aussi être céramiste, on ne rencontre de faïenciers à Saintes qu'au XVIIIe siècle. Louis Sazerac, de l'Angoumois, établi à Saintes avant 1705, comme fondeur de cloches, transforme, l'an 1731, son usine en « manufacture de faïence », aux Roches, paroisse Saint-Eutrope. Peu céramiste, il va à Bordeaux à la manufacture de Hustin, et le 8 juin forme avec Jacques Crouzat « fayancier, habitant du bourg et paroisse Saint-Seurin-les-Bordeaux ..... qui luy a fait entendre être expert en cella », une association éphémère, dissoute deux ans après (14 février 1733). Il fit venir des ouvriers de Toulouse, et craignant une concurrence de la part de son ancien associé, il sollicita le monopole de la faïencerie, dans toute la sénéchaussée de Saintonge, et n'obtint (lettres patentes du 22 décembre 1739) que l'autorisation d'élever sa manufacture. A sa mort (16 décembre 1754), ses six enfants la licitèrent. Bernard l'obtint pour 9,000 livres. Comme il était déjà avec son frère Louis propriétaire de faïenceries à Angoulême, paroisses Saint-André et Saint-Jacques de Lhoumeau. il l'afferma (27 juin 1755) pour neuf ans au prix annuel de neuf cents livres, à Claude Dury, originaire de la paroisse de Saint-Genès de Nevers et déjà peintre dans la faïencerie des Roches depuis 1745. qui s'associa Claude Viard jusqu'en 1763. où Viard s'établit à son compte. Dury, mort en 1772. sa veuve Marguerite Caillaud continua l'exploitation sou la direction de ses deux gendres André Her, de Nevers. et Louis Rougé. de Bordeaux, fils de Louis, marchaud faïencier demourant à Bordeaux, et frère de Jean-François. marchaud faïencier à la Bertonnière.

Les fils de Dury. après le décès de leur mère mars 1781), continuèrent l'exploitation sous la direction de Louis Rougé, qui racheta successivement à ses beaux-frères leur part de succession. Il fut ruiné par le traité de 1786 qui permettait l'introduction en France de la porcelaine, de la faïence, de la poterie, et en surcreît par la révolution. Simon Sazerac. fabricant de papier à

Montagne-Charente, ci-devant Angoulème, fils de Bernard, vendit (8 ventôse an III) à Pierre Foucauld, négociant à Terrefort, la faïencerie fondée par son grand-père, moyennant soixante mille livres.

L'atelier de Jacques Crouzat, créé en 1733 aux Roches près de Sazerac, fut transféré en 1750 au faubourg Saint-Pallais, « au bout du pont », par son fils Pierre Crouzat qui s'intitule « directeur de la manufacture de fayencerie », et périt à la mort (2 juillet 1813) de Paul Crouzat, petit-fils du fondateur, et père de Marie-Hélène, décédée à Saintes le 8 octobre 1866, la dernière de la famille (1).

Il y avait d'autres fabriques puisque l'*Almanach général du commerce* pour 1788 en compte quatre. M. Dangibeaud a relevé dans les actes notariés une foule de faïenciers du XVIII° siècle : Claude Viard, Pierre Bussière, Arnaud Dejoie, Pierre Bonnilleau, les deux La Chapelle, etc. Nous avons des faïenciers, beaucoup de faïenciers, et pas de faïence. Cependant il existe un plat daté, appartenant à M. Abel Mestreau : FAIT A SAINCTE CE QUATRE AOUST 1772. C'est une des nombreuses éditions de l'arbre d'amour, si populaire à cette époque. Emile de Thezac avait un autre plat, aussi polychrome, représentant un séducteur, une femme qui lui résiste, pendant qu'un chinois lance un chien et une flèche à un cerf au repos. Au dessous : LA CHAPELLE. Il l'a acheté à Marie Lachapelle morte en 1876 à Saintes, fille de Jean-Baptiste, nièce de Jean, tous deux peintres sur faïence à la Bertonnière (acte du 24 juin 1793). Il est décoré des quatre couleurs reconnues pour être de Saintes, violet de manganèse, bleu pâle, vert olive et jaune.

Enfin M. Marcel Geay a un plat de dix centimètres sur cinquante, octogone, décoré en camaïeu bleu pâle, sans manganèse dans le dessin, rappelant les fleurons de Rouen et certaines bordures de Moustier, émail très beau, bords épais comme toute la faïence saintongeaise, pâte jaune blanchâtre, très sonore; on

(1) *Notes sur les potiers, faïenciers et verriers de la Saintonge*, par Charles Dangibeaud, Saintes, 1884, petit in-8°, 75 p.

lit : GVERRY. LA. PENODIERE, nom d'un marchand des Roches en 1742, voisin de Jacques Crouzat, qui a très probablement fabriqué l'objet, puisqu'on y reconnaît l'ornementation de Rouen imitée par Bordeaux, où Crouzat avait appris son métier (1).

Notre plan n'est pas de faire l'histoire de chacun de nos centres céramiques, ni même de tous les lieux où en Saintonge-Aunis on a fabriqué des plats ou des assiettes. Nous nommons certains endroits déjà indiqués ou étudiés pour y ajouter quelques détails. A La Rochelle, on créa dans l'hospice Saint-Louis, fondé en 1673, une faïencerie qui travailla six ans (1722-1728). L'industrie privée en avait dressé précédemment une autre, qui avait vécu fort peu de temps (2). Une troisième tentative eut lieu au commencement du xviiie siècle : « M. Jean Briqueville établit une faïence à La Rochelle, en 1743, après avoir acheté le fonds de celle d'un sieur Jacques Bornier, fermée depuis 1735 (3). » Il faut attribuer à l'un de ces individus la marque en bleu I. B. qu'on voit sur plusieurs pièces médiocrement décorées en bleu et qui se rencontrent surtout à La Rochelle.

Après 1750, une faïencerie, née de celle de Marans, s'établit à La Rochelle et n'éteignit ses feux qu'en 1787 (4). Fillon dit que, le 15 août 1866, il vit à Poitiers, chez le sieur Plat, marchand fripier, plusieurs spécimens de faïences de La Rochelle récemment rapportées par lui de cette ville. Il y avait entre autres un groupe de Bélisaire aveugle conduit par un éphèbe, décoré en vert, rouge, jaune et noir, qui était très caractéristique; les traits du visage étaient indiqués par de petites touches noires ; ce

(1) Voir tous ces détails dans le *Bulletin* de la société des archives historiques de la Saintonge et de l'Aunis, t. iv, p. 351, avril 1884, *Les céramistes saintongeais*, et dans les *Notes sur les potiers de la Saintonge*, par M. Charles Dangibeaud

(2) *Histoire des faïenceries rochelaises* par M. Georges Musset.

(3) Consultation imprimée donnée à Marie Briqueville, fille de Jean Pervinquière, avocat à Fontenay, en janvier 1789. Jean Briqueville mourut en 1745 laissant deux enfants de Flavie Moren sa femme, savoir Marie et Flavie, qui épousa Joseph Durand. Marie et son beau-frère eurent un long procès à soutenir, 1788-99.

(4) *Histoire des faïenceries rochelaises*.

groupe était d'une mauvaise exécution, tandis que deux petites jardinières offrent des détails d'un goût passable. M. Admirault, receveur particulier à Fontenay, dont la famille est de La Rochelle, possède aussi des jardinières tout-à-fait semblables. Un autre brocanteur de Poitiers avait une sorte de cornet, genre Strasbourg, décoré d'un Chinois et de fleurs, avec cette marque : FAIT A LA ROCHELLE EN NOVEMBRE.

Marans avait une fabrique sur la place actuelle du marché. A la vente Mathieu Meusnier (5 décembre 1864) parut, raconte la *Chronique des arts* du 11 décembre, un grand et beau vase de galerie, forme balustre, orné de guirlandes et de feuilles d'acanthe en relief, décor polychrome, école de Rouen, de la plus grande finesse ; hauteur, quatre-vingts centimètres ; adjugé quatre cent soixante-dix francs ; fabrique de Marans. Cette provenance nous est révélée par une fontaine en tout semblable comme décor, pâte, etc. Cette fontaine, aujourd'hui au musée de Sèvres, est signée en noir : MARAN 1754 IPR ;

l'émail blanc est décoré de fins lambrequins et arabesques fleuris, bleus, rouges et jaunes. Des feuilles aussi en relief et d'un vert sourd, avec filets noirs aux côtes, ornent la base du bassin. La marque est celle de Jean-Pierre Roussencq, mort le 17 mai 1756, chez le petit-fils duquel l'objet a été acheté. Il marquait aussi M. R. (Marans Roussencq). La société qui existait entre lui et deux Rochelais ayant été dissoute en 1751, la manufacture de La Rochelle fut créée, et celle de Marans démolit ses fours en 1756. M. Monti, marchand à La Rochelle, avait, en novembre 1864, un vase décoratif avec branches de vigne et roses en relief, daté de 1779 et certainement de la fabrique de La Rochelle. Fillon ignore, p. 167, si l'on peut attribuer à Marans un bénitier représentant l'enfant Jésus au cou de la Vierge, coloré en bleu, rouge, jaune et noir, avec cette inscription : N. D. DE CHARON 1753. M. Philippe Cappon qui prépare une histoire des faïenceries marandaises est plus affirmatif. Charon est une abbaye voisine de Marans.

On voit que Palissy n'a pas fait école en Saintonge. De nos jours, les Pull, les Barbizet, les Avisseau ont fait refleurir les rustiques figulines.

* *
*

Ce serait une grave erreur de le considérer uniquement comme un artiste. Il a d'autres titres à la renommée. Si sa gloire la plus populaire est celle d'émailleur et de faïencier, il faut cependant reconnaître qu'il est un savant des plus remarquables pour son époque. Novateur dans l'art, novateur dans la religion, il l'était aussi dans la science, où d'ailleurs les innovations sont quotidiennes, et où la vérité du jour devient l'erreur de demain. Il inventa les conférences publiques qui devaient, deux cent quatre-vingt-dix ans plus tard, contribuer à l'érection de sa statue. Considérant « la couleur de sa barbe », songeant « au peu de jours qui lui restoyent », et ne voulant pas « cacher en terre les talens qu'il a pleu à Dieu de lui distribuer », il fit, pendant le carême de 1575, afficher par tous les carrefours de Paris, que maître Bernard, l'inventeur des rustiques figulines du roi et de la reine sa mère, expliquerait tout ce qu'il avait appris « des fontaines, métaux et autres natures », moyennant un écu. Il voulait par cette rétribution écarter les désœuvrés pour n'avoir que les plus savants. Du reste, il promettait que, si ses théories étaient trouvées fausses en quelque endroit, il rendrait le quadruple du prix d'entrée. Les auditeurs furent nombreux et choisis. Palissy nous a laissé les noms de trente-trois d'entre eux.

L'orateur, au milieu de cette savante assemblée, traita succes-

sivement : 1° des eaux, qui ne montent jamais plus haut que
l'endroit d'où elles viennent ; de leur influence sur la santé, de
leur origine, de l'infiltration des eaux pluviales qui produisent
les sources, et pénétrant dans le sein de la terre causent les
volcans et les tremblements de terre; du drainage, de l'ébulli-
tion, de la dilatation des gaz, de la glace et de sa formation ;
2° des métaux, corps simples, et de leur transmutation impossible, de leur formation : des alchimistes et de leurs jongleries;
de la cristallisation, de l'arc-en-ciel, de l'or potable, de l'antimoine, du mithridate, de la thériaque; 3° du sel, qui n'est autre
chose que l'affinité et la cohésion ; du sel dans la végétation, du
sel commun et de la manière de le faire, où il a copié le *De
factura salis* de Nicolas Alain, publié pourtant après la mort de
Palissy; 4° des pierres, de leur formation, de leur densité, de
la cristallisation, qui diffère de la formation de la glace, des
stalactites, du bois pétrifié, des fossiles qui ont été formés sur
place, des fossiles humains, des pétrifications et de la coloration
des pierres, de l'argile, de l'art de terre, de la marne et de ses
propriétés, de la terre sigillée, de la stratification, etc.

Ces cours durent être intéressants, puisqu'ils retenaient ceux
qu'avait attirés l'affiche; et c'étaient les plus doctes esprits de la
capitale: Ambroise Paré, premier chirurgien du roi ; Barthélemy
Prieur, le sculpteur: des médecins: Denis Courtin, calviniste,
seigneur de Nermon-en-Nalliers, près de Luçon ; Alexandre
Champier, médecin de François duc d'Alençon, et neveu du
célèbre naturaliste Symphorien Champier; Pierre Pena, de
Moustiers en Provence, médecin secret de Henri III, et mort
fort riche et en grande réputation; Guillaume Pacard, de Saint-
Amour ; Philibert Gilles, de Nuits en Bourgogne; Jean du Pont,
du diocèse d'Aire, premier médecin de la reine de Navarre;
Jean de La Salle, de Mont de Marsan ; Clément, de Dieppe;
Drouin, natif de Bretagne, peut-être Gabriel Drouin qui sou-
tint ses thèses à Paris en 1583, et a écrit *Le royal sirop de
pommes*; enfin François Mizières, de Fontenay-le-Comte,
docteur-médecin, qui habitait Niort en 1596 et a publié (Niort,
Thomas Portau, 1596, in-16) les Œuvres de Clément Marot, de
Cahors, en Quercy, " grand amateur de livres, d'objets d'art,

de médailles et d'histoire naturelle, dit Fillon (*Archives de l'art français*, septembre 1852 . Son inventaire fait foi du profit qu'il avait tiré des leçons de maître Bernard. » Son frère, Nicolas Mizières, était notaire à Fontenay ; puis les avocats Nicolas Bergeron, « homme docte et expert aux mathémathiques », disciple de La Ramée, dont il publia les œuvres en 1577 ; Jean du Chony, du diocèse de Rennes ; puis des chirurgiens : Richard Hubert, chirurgien ordinaire du roi, qui avait été autorisé (24 août 1555 à faire des dissections publiques d'anatomie sur les corps des suppliciés et de ceux qu'il pourrait recevoir de l'Hôtel-Dieu ; puis des apothicaires : Pajot et Guérin ; puis des amateurs : Michel Saget, « homme de jugement et de bon engin » ; Philippe Olivin, « gouverneur du seigneur du Château-Brési » ; Jean Viret, du Devens, au duché de Chablais, sur le lac de Léman, « homme docte ès-langues, dit La Croix du Maine, et savant aux mathématiques et en philosophie », fils peut-être d'un ami zélé de Calvin, Pierre Viret, qui publia (Genève. 1545), *Dialogues du désordre qui est à présent au monde*, avec cette devise : « Non veni pacem mittere in terram sed gladium » ; Brunel de Saint-Jacques, licencié ès-lois, de Salies, diocèse de Dax ; Jean Poirier, étudiant en droit ; Jean Brachet, seigneur de Port-Morant, en Orléanais, secrétaire du roi ; du Mont, peut-être Nicolas du Mont, de Saumur, correcteur de la *Bibliothèque* de La Croix du Maine ; Jacques de La Primaudaye, gentilhomme angevin ; de Camas, gentilhomme provençal ; La Roche-Laurier, gentilhomme tourangeau ; Marc Lordin, de Saligny, en Bourbonnais, baron de La Mothe-Saint-Jean, chevalier de l'ordre du roi et l'un des cent gentilshommes de sa maison ; Jacques de Narbonne, grand chantre de l'église cathédrale de Narbonne ; l'abbé Alphonse del Bene, ami de Passerat et de Ronsard ; son frère, Barthélemy del Bene, « poète italien excellent », dit Ronsard.

Un tel auditoire était difficile à contenter. Palissy le comprenait, comme il le déclare lui-même, « sachant bien que si je mentois, il y en auroit de grecs et de latins qui me résisteroyent en face et qui ne m'espargneroyent point tant à cause de l'escu que j'aurois pris de chascun que pour le temps que je les eusse amusez. » Or il y en eut bien peu « qui n'eussent profité de quelque chose » pendant le temps qu'ils assistaient à ces leçons. Et nul ne le contredit. Palissy avait écrit sur ses affiches la promesse de rendre le quadruple du prix d'entrée s'il avançait quelque théorie qui ne fût véritable. Personne ne réclama. C'est assurément, après l'originalité du procédé, le plus remarquable succès qu'orateur ou savant ait obtenu.

Je n'entreprendrai pas d'exposer les différentes théories de Palissy ni même d'analyser ses divers traités. Je l'ai fait et longuement, aux chapitres XX-XXIV. Je me contente de reproduire le résumé de ses principales découvertes en physique, en chimie, en géologie :

« Il est assurément le premier à cette époque qui ait porté sur la nature une main hardie pour en sonder les entrailles. A la renaissance, on se mit à étudier les sciences physiques, mais dans les livres. Aristote et Pline furent encore les grands naturalistes ; seulement on les lut davantage. Ulysse Aldrovandre, de Padoue, ajouta à son savoir acquis dans les livres celui qu'il acquit dans ses voyages, et écrivit en latin. « La France, dit « fort bien Villemain (*Cours de littérature française au* XVIIIe *siècle*, « II, p. 189), la France eut dès lors la gloire de produire des « observateurs de la nature qui voyaient et pensaient par eux-« mêmes, tels que Belon, le savant voyageur, un des écrivains « les plus expressifs de notre vieille langue descriptive, et « Bernard de Palissy, ce pauvre potier, sans éducation et sans « lettres, qui, par ses essais opiniâtres, parvint à fabriquer le « plus bel émail, conçut les premières théories sur l'état anté-« rieur du globe, et écrivit avec génie l'histoire de ses souffrances « et de ses découvertes. »

« Palissy est ennemi acharné de la théorie et de la routine. Devançant d'un siècle Bâcon et Descartes, il pose ce grand principe qu'il ne faut s'en rapporter qu'à soi. « Je ne veux aucu-« nement estre imitateur de mes prédécesseurs sinon en ce qu'ils « auront fait selon l'ordonnance de Dieu » ; il se défie de ces savants de cabinet qui donnent des conseils et croient qu'avec de l'imagination on se tire de tout. Paracelse aussi raillait ces chimistes en gants et en habits de velours, qui se contentent de

formules prises dans les traités. Il voulait des savants en tabliers
de cuir, en culottes de peau, sachant se mettre les doigts dans
le charbon, tout enfumés, noirs comme des forgerons. Palissy
réalise l'idéal de Paracelse. Il met hardiment les mains à la
pâte. Il ramasse stalactites et coquilles, fossiles et argile, et
explique tout cela à une foule émerveillée. Il fait plus ; dans ses
dialogues il met aux prises Théorique et Pratique. Et la victoire, est-il besoin de le dire ? est toujours du côté de la dernière. Théorique y joue le rôle du diable dans les mystères du
moyen âge, toujours battue et presque aussi souvent contente.
Maître Bernard abuse peut-être un peu de son avantage de
garder pour lui le dernier mot. Mais on ne peut contester qu'il
y ait là un principe fécond, l'examen, l'observation mise à la
place de l'autorité.

« En indiquant et en suivant lui-même la méthode d'expéri-
mentation, que plus tard Bacon érigera en loi, le potier faisait
des découvertes bien propres à en assurer le succès. La pratique confirmait et montrait l'excellence de la théorie. Parmi les
idées jetées pêle-mêle par maître Bernard, il en est dont l'expérience a montré la fausseté et qui prêtent même à rire, si l'on
ne songe pas que du chaos où il a porté la lumière, il a dû
s'échapper des ténèbres pour égarer les mains qui tenaient le
flambeau. D'autres sont repoussées aujourd'hui, que peut-être
on accueillera demain, comme on a rejeté celles qu'on a depuis
adoptées. Enfin l'éclat et la nouveauté des découvertes pouvait
faire oublier les erreurs de celui qui à la fois avait à créer et la
science et la langue scientifique.

« Palissy en physique a très nettement indiqué en maint endroit la porosité. « Toutes choses, dit-il (p. 374), quelque com-
« pactes et alizes qu'elles soient, sont poreuses. » La pesanteur
n'a pas sa théorie comme la donneront Pascal et Toricelli ; mais
elle est révélée. Ne lui parlez pas de l'axiome : la nature a
horreur du vide ; il affirme qu' « il n'y a rien de vide sous le ciel »
(p. 167). Il connaît très bien la loi de l'écoulement des liquides,
que les eaux ne montent jamais plus haut que l'endroit d'où elles
viennent, et qu'elles tendent à y remonter. Le premier il
attribue les sources aux infiltrations pluviales. Il examine les

phénomènes qui accompagnent la formation de la glace et prouve qu'elle ne se forme pas au fond de l'eau. Il sait que la chaleur augmente le volume des corps et dilate les gaz; et s'il n'a pas, comme un de ses biographes le lui a reproché, inventé la vapeur, il nous en a décrit hautement la puissance, témoin ce vaisseau de terre ou de fer qui, rempli « d'une matière spirituelle ou « exhalative » et approché du feu, crèvera s'il n'a que quelques trous pour laisser échapper la vapeur d'eau; témoins ces éoly-piles destinés à activer la combustion du charbon; témoin encore la croûte terrestre que fait rouler, trembler et crevasser l'air enclos dans le sein du globe et chauffé par un feu central. De là l'explication juste et fort poétique des volcans et des trem-blements de terre. Pour le feu souterrain il devance le système de Verner, de Biot, de Poisson, de Lyell, de Davy, de Johnston et de Liais. Newton pourra lui emprunter quelque chose de son explication de la décomposition de la lumière et de l'arc-en-ciel. Il a aussi un peu étudié l'électricité et a remarqué que l'ambre attire le fétu de paille, comme l'aimant le fer.

« Le chimiste est encore plus remarquable. Il commence par se dégager des préjugés qui l'environnent de toutes parts. On ne sait pas assez la force de caractère et la sûreté d'intelligence qu'il faut pour échapper aux idées régnantes. Palissy démasque les charlatans, les fripons, qui, sous le nom d'alchimistes, abu-saient de la crédulité publique, et dévoile les supercheries de ces escamoteurs éhontés dont l'ignorance n'avait d'égale que la sottise des niais qui les écoutaient. Le terrain ainsi débarrassé il veut construire. Pour fondement au nouvel édifice il donne la simplicité et la fixité des métaux. Il en explique l'origine et la formation; et l'école Neptuniste lui prendra ses idées. Il signale les principaux phénomènes de la cristallisation par voie humide et reconnaît qu'elle est soumise à des lois constantes. Il distingue très nettement la cristallisation de la formation de la glace. Que de vérités encore! C'est l'importance de la marne, du calcaire et des engrais dans l'agriculture; l'action de l'eau en communica-tion avec la chaux, source de calorique; les propriétés de l'alun comme mordant et de la soude comme dissolvant; le rôle des sels dans la végétation, leur présence dans la cendre des végétaux, l'écorce des arbres, les eaux salpêtrées, qui expliquent le blanchiment du linge, la fabrication du nitre, le tannage des cuirs, la conservation des corps, et des momies égyptiennes. Enfin, nommons ce grand principe de l'attraction qu'il découvre et que, par un effort surprenant de génie, il parvient à distinguer de l'affinité. Il semble que Boyle et Newton ont puisé à pleines mains chez Palissy, et que Lavoisier lui a emprunté ce dogme scientifique que rien ne se perd dans la nature. D'autres viendront; ils approfondiront ces données; ils modifieront ces théories, compléteront ces observations. Pour cela il aura fallu que Palissy les indiquât. Aussi ne faut-il pas s'étonner si le savant Dumas l'a mis au nombre des créateurs de la chimie.

« Où en serait sans lui la géologie? Peut-être Buffon et Cuvier tâtonneraient-ils encore. Le premier, maître Bernard explique la circulation et la distribution des eaux dans la terre. Il entrevoit l'hydroscopie et prévoit le drainage. Il donne la raison des stalactites et des pétrifications. C'est lui qui écrivit la théorie du sondage des terres et de la stratification du globe. Les puits artésiens n'auront plus qu'à se creuser; il les a montrés. Des pierres lui ont dit le secret de leur origine et de leur formation, et comment elles s'accroissent par une simple juxtaposition, tandis que les corps organiques s'accroissent par intussusception. La théorie de l'origine des fossiles eût suffi à illustrer un nom. Et que de découvertes prodigieuses il a ajoutées. »

Trois séances devaient suffire à l'exposition de ses doctrines scientifiques. Le succès sans doute engagea l'orateur à les multiplier. Son livre, *Discours admirables*, publié en 1580, prouve bien qu'elles continuaient; aurait-il pris la précaution de donner son adresse et d'indiquer son cabinet à ceux de ses auditeurs que sa parole aurait laissés incrédules? En effet, elles duraient encore en 1584, puisqu'à cette date La Croix du Maine écrivait de lui: « Philosophe naturel et homme d'un esprit naturellement prompt et aigu: il a écrit quelques traités touchant l'agriculture ou labourage, imprimés l'an 1562 ou environ. Il florit à Paris, âgé de soixante ans et plus, et fait des leçons de sa science et profession. » Dix ans d'enseignement scientifique; dix ans de cours publics. C'est un spectacle assurément étrange, étonnant. On a accusé, et violemment, Palissy d'avoir gardé pour lui le secret de l'émail, dont il a pourtant donné la composition dans ses livres, se réservant le dosage, parce qu'il ne voulait pas que le premier venu lui enlevât son gagne-pain, formant d'ailleurs dans ses ateliers des ouvriers, des praticiens, des élèves qui surent bien répandre ses inventions. Et le voilà divulguant à tout Paris le résultat de ses observations et de ses découvertes. Devant l'éclat de ses cours et le retentissement qu'eut la parole du conférencier, comment Jules Michelet (*Histoire de France*, XII, pp. 41 et 53, édition de 1877), a-t-il pu écrire de Palissy, qu'il appelle « un inventeur, un simple, un saint », cette phrase singulière : « Je vois ici caché dans les fossés des Tuileries, ce bon potier de terre qui enseigne avec si peu de bruit, si humble, tellement à voix basse que l'on entend à peine » (1)? N'est-il pas en outre admirable de voir un simple potier de terre grouper autour de sa chaire des savants, des médecins, des grands seigneurs, un parent de Coligny (2), un Ambroise Paré! et instructif d'entendre, au lendemain des massacres de la Saint-Barthélemy, à la veille des fureurs de la Ligue, un parpaillot se faire écouter du grand chantre de l'église de Narbonne, « precenteur », et de l'abbé del Bene, et parler librement, sans permission, sans obstacle! Et je songe qu'en 1866 mille entraves ont été apportées par l'administration à des conférences publiques sur et pour ce Palissy qui les avait créées! et que, si j'ai pu parler à Paris, à Saintes, à La Rochelle, je n'ai pu ouvrir la bouche à Rochefort et à Saint-Jean d'Angély.

Palissy, qui s'est constamment moqué de théorie, avait très bien compris que des démonstrations orales devaient être

(1) Plus loin, p. 384, il cite ce mot de lui : « *La nature, la grande ouvrière; l'homme, ouvrier comme elle* »; et il ajoute : « *Non, non, le XVIe siècle n'a pas été perdu, puisqu'il finit par un tel mot* ». *La poésie est-elle aussi la muse de l'histoire ?*

(2) Cap, p. 271, a écrit : « Lordin, *Marc de Saligny en Bourbonnais* », ce qui n'a pas de sens ; la présente édition, II, p. 160, porte : « Lordin, *marquis* de Saligny en Bourbonnais », ce qui est une erreur; Saligny, canton de Dompierre (Allier), était alors baronnie; de plus, comme je l'ai montré, p. 425 de mon livre, d'après une inscription de l'église il faut lire : « Lordin-*Marc* de Saligny... »

appuyées sur des faits. Il avait donc formé un cabinet d'histoire naturelle et mis sur chaque objet une étiquette qui le décrivait. Son livre contient, en effet, p. 258, « Coppie des escrits qui sont miz au dessouz des choses merueilleuses que l'autheur de ce livre a préparées et mis par ordre en son cabinet, pour prouver toutes les choses contenues en ce livre, par ce qu'aucuns ne voudroyent croire, afin d'asseurer ceux qui voudront prendre la peine de les venir voir en son cabinet, et les ayant veu, s'en iront certains de toutes choses escrites en ce livre ». Le titre est long et la phrase est lourde ; mais l'idée est nette et caractéristique. Enfin pour plus de clarté encore, il a fait un résumé de ses plus importantes propositions, « Extraict des sentences principales contenues au présent livre »; espèce de table des matières, fort utile surtout à cause du peu d'ordre de ses divers traités, des digressions, et d'un certain laisser aller qu'autorisait la forme adoptée, le dialogue à la façon de Platon et de Lucien.

Ce livre, composé de morceaux écrits en différents temps et lieux, sans liaison entre eux, parut en 1580 chez Martin le jeune, « rue Sainct-Jean de Latran, à l'enseigne du Serpent, devant le collège de Cambray. » Il a été goûté de tous, des illettrés mêmes, par son *Art de terre*, où l'auteur peint d'une façon si émouvante ses longues souffrances, et apprécié des savants qui ont loué ses idées neuves, hardies, profondes, Brongniart et Réaumur, Cuvier et Chevreul, Flourens et Bertrand, Marcel de Serres et Isidore Geoffroy Saint-Hilaire.

Sont-ce ces cours qui attirèrent sur lui plus particulièrement l'attention ? Fut-il dénoncé par quelque jaloux ou quelque rival ? Fut-il victime du fanatisme du moment ou d'une inimitié particulière ? Ramus, pour avoir médit d'Aristote, avait été mis en pièces à la Saint-Barthélemy par ses élèves qu'avait ameutés son ennemi Charpentier. Maître Bernard n'a pas ménagé ses adversaires dans ses livres. Les épargnait-il plus dans ses discours ? Il fut arrêté et jeté à la Bastille.

Ici se place un épisode souvent raconté et qui sera encore répété, comme tous ces prétendus mots historiques imaginés après coup, qu'on sait faux et qu'on redit parce qu'ils peignent une situation. C'est la visite de Henri III à la Bastille et sa conversation avec maître Bernard. J'ai démontré que tout cela était une invention d'Agrippa d'Aubigné, et ma dissertation a été déclarée victorieuse par ceux qui sans parti pris l'ont bien voulu examiner. D'Aubigné a fait deux fois le même récit et deux fois avec des variantes singulièrement contradictoires. D'Aubigné n'est pas un témoin oculaire ; il est loin de Paris pendant les trois années qui précèdent la mort de son quasi-compatriote. D'Aubigné est un huguenot militant, et même quand il est impartial il trouve moyen d'être favorable à ses coreligionnaires. D'Aubigné a des erreurs de faits, de noms, de dates, qui enlèvent tout crédit à sa narration ; de plus, outre le ton général des paroles qui n'est pas celui de Palissy, il y a un alibi parfaitement établi ; enfin Lestoile qui connaît parfaitement maître Bernard, qui est en relations avec lui et les siens, qui raconte les détails de sa mort et la visite de Henri III aux prisons, est complètement muet sur les incidents très particuliers décrits par d'Aubigné, loin de Paris, en Saintonge et en Poitou.

Henri III quitte Paris après la journée des Barricades (13 mai 1588) ; il faudrait supposer que Palissy est déjà en prison à cette époque ; il y aurait donc passé deux ans, c'est beaucoup pour un homme qui en a quatre-vingt-dix, surtout plongé dans un cachot, accablé de misère et de mauvais traitements, mourant de faim, comme on nous le représente. Les deux sœurs, les Foucaudes, que d'Aubigné met près de lui, n'ont jamais été qu'au Châtelet et à la Conciergerie ; et quand Lestoile raconte la visite que leur fit le roi, en janvier 1588, il ne lui en eût pas coûté davantage de mentionner Palissy. Le fait est donc complètement apocryphe.

Ce qui ne l'est pas, c'est la fin déplorable du grand artiste et du grand savant. Un homme deux fois renégat, Mathieu de Launay, un des Seize, qui de prêtre s'était fait ministre et était redevenu catholique, s'acharnait contre le malheureux vieillard ; il voulait son supplice immédiat. Le duc de Mayenne, chef de la Ligue, lui-même, se fit son protecteur. « Dans un siècle désacoustumé aux bruslements », selon l'expression de d'Aubigné, Mayenne craignait d'encourir le blâme et d'entacher son nom d'une cruauté inutile. Il n'osa pas toutefois mettre le captif en liberté ; mais s'opposant aux impatients il fit traîner le procès en longueur, espérant qu'on l'oublierait. La mort ne l'oublia pas.

« En ce mesme an (1590), raconte Pierre de Lestoile (*Journal de Henri III*, II, p. 115, collection Michaud, mourut aux cachots de la Bastille de Bussi, maistre Bernard Palissy, prisonnier pour la religion, aagé de quatre-vingts ans, et mourut de misère, nécessité et mauvais traitements, et avec lui trois autres personnes détenues prisonnières pour la même cause de religion, que la faim et la vermine estranglèrent.

« Ce bon homme en mourant me laissa une pierre qu'il appeloit sa pierre philosophale, qu'il assuroit estre une teste de mort, que la longueur du temps avoit convertie en pierre, avec une autre qui lui servoit à travailler en ses ouvrages ; lesquelles deux pierres sont en mon cabinet, que j'aime et garde soigneusement en mémoire de ce bon vieillard que j'ai aimé et soulagé en sa nécessité, non comme j'eusse bien voulu, mais comme j'ai pu.

« La tante de ce bon homme, qui m'apporta lesdites pierres y estant retournée le lendemain voir comme il se portoit, trouva qu'il estoit mort ; et lui dit Bussi que, si elle le vouloit voir, elle le trouveroit avec ses chiens sur le rempart, où il l'avoit fait traisner comme un chien qu'il estoit. »

Après ce texte aussi formel on ne s'explique pas comment Diderot, dans une note de son *Histoire de la chymie*, publiée par M. Charles Henry (*Revue scientifique*, 26 juillet 1884) ait pu dire : « On apprend par un registre de la chambre des comptes que le malheureux Bernard Palissy, s'étant trouvé lié dans une société de gens qui faisoient de la fausse monnoye, subit le sort qu'ils méritoient, c'est-à-dire qu'il fut pendu »; et on s'explique encore moins qu'après tant d'ouvrages et de notices, un écrivain ait pu, en 1865, (*La Gironde*, du 29 octobre 1865, *Exposition des objets d'art ancien, les poteries de Bernard Palissy*) imprimer cette phrase : « Le potier, qui était au service de la famille royale depuis quarante-cinq ans, fut brûlé peu de jours après ».

II.

BIBLIOGRAPHIE RAISONNÉE

DES

ŒUVRES DE BERNARD PALISSY

----

§ 1.

ÉDITIONS DE PALISSY.

La bibliographie est à la mode : nous faisons la bibliographie de Palissy. Dès 1862-1866, la *Monographie de l'œuvre de Bernard Palissy*, par MM. Delange et Sauzay, l'avait promise; les éditeurs n'ont pas tenu parole. Nous même l'avions jadis entreprise dans une revue locale (*Revue d'Aunis et Saintonge* des 25 mai, 25 juin, 25 juillet 1866), qui a depuis longtemps disparu, et dont la collection est aujourd'hui fort rare. Ces sortes de travaux sont très utiles et on les recherche avec raison. Il est bon de savoir ce qui a été dit sur un personnage, qu'on veuille le connaître ou le faire connaître. D'abord cette longue liste d'écrits peut effrayer l'apprenti biographe qui n'aurait pas une foi robuste, une ardeur virile, une persévérance digne de maître Bernard; et ce serait fort bien. Puis elle montrera à l'écrivain sérieux ce qu'il doit lire avant de songer à faire, soit une compilation, soit une œuvre originale, résumer ce qu'on a dit ou dire ce qui ne l'a pas été.

On se borne généralement à dresser un catalogue qu'on s'efforce de faire exact et complet : description du livre, nombre de feuillets et d'éditions, dimensions des pages, dates et millésimes, caractères extérieurs; mais du livre lui-même, pas un mot. Est-il bon? Est-il mauvais? *De minimis non curat prætor.* Le bibliographe a des yeux pour lire, et il ne lit pas; c'est bien assez de voir. Est-ce qu'un bon collectionneur a jamais ouvert les livres qui lui coûtent si cher? Souvent il y aurait de l'outrecuidance à apprendre que *le Cid* ou *Athalie* sont des chefsd'œuvre, ou que *Ruy Blas* ou *Le roi s'amuse* ne les égalent peutêtre pas. D'autre part exigerait-t-on que l'auteur du *Répertoire des sources historiques du moyen âge*, la plus considérable œuvre de bibliographie qui ait jamais été faite, ce gigantesque travail qui serait la vie d'un homme, si M. l'abbé Ulysse Chevalier, par sa prodigieuse activité, n'avait réalisé le problème de travailler vingt-quatre heures en douze, exigerait-on qu'il ait lu tout ce qu'il décrit pour en dire son sentiment? L'article DANTE forme à lui seul quatre pages et demie d'un in-4° à deux colonnes de cent lignes chacune en style télégraphique et avec les abréviations poussées à la cinquième puissance; JEANNE D'ARC en a autant, et JÉSUS-CHRIST quatorze.

Maître Bernard n'est pas Dante. La tâche était plus simple. Nous avons donc éclairé la lanterne. Au lieu d'une nomenclature aride, d'une sèche description extérieure et matérielle, nous avons exprimé notre sentiment sur le contenu, à nos risques et périls. M. Champfleury l'a fait déjà un peu dans sa *Bibliographie céramique*, mais insuffisamment; nous avons brisé l'os pour en offrir la moëlle. Je sais bien que c'est ôter au lecteur le plaisir de trouver dans l'ouvrage une idée ignorée ou nouvelle; c'est aussi lui éviter bien souvent une déception. La peine prise pour lire notices et articles, volumes et brochures, ne sera peutêtre pas perdue, et l'expérience personnellement faite servira à autrui. Notre héros en voulait beaucoup à certains ouvrages de son temps qui lui avaient fait « gratter la terre, l'espace de quarante ans ». La série des bévues commises sur un personnage assez connu, et commises même depuis qu'on les a signalées, sera un avertissement : *cave canem*, prenez garde. Si elle montre avec quelle légèreté les faiseurs de biographies traitent leur sujet et aussi le public, d'ailleurs fort indulgent, elle pourra rendre plus attentifs ceux qui viendront, leur épargner des recherches longues, des vérifications pénibles, des tâtonnements ennuyeux et des erreurs toujours fâcheuses. Celui qui sera pressé saura quels ouvrages le dispenseront des autres.

Fallait-il, d'après un usage généralement suivi, se borner aux ouvrages gros ou petits, et ne point citer les articles de revues ou les biographies réunies à d'autres biographies dans un même volume? Or beaucoup de mémoires, et importants, sont restés dans le « recueil » natal. L'article de Haag, dans *la France protestante*, est beaucoup plus considérable que bien des brochures spéciales; et Lamartine a inséré une notice dans le IIᵉ volume de sa *Vie des grands hommes*. Faudrait-il oublier Haag, passer sous silence Lamartine, pour citer Martelet ou Jonain? Toutefois qu'on ne s'attende pas à trouver ici l'indication de tous les articles de revues, de journaux, de dictionnaires. Palissy est mentionné dans tous les ouvrages de biographie, depuis Moreri, Michaud, Didot et Larousse, sauf Bayle, jusqu'aux classiques Bouillet, Grégoire, Dezobry et Lalanne. Il serait bien superflu de signaler au lecteur ces manuels et ces encyclopédies. Nous avons nommé seulement ceux qu'il est surtout bon de consulter; d'ailleurs ces fragments disséminés çà et là, publiés en différents lieux et temps, donnent une note assez claire et font connaître la marche de l'opinion.

Ce qui, mieux que tous les biographes, fait connaître Bernard Palissy, c'est Bernard Palissy lui-même. Les événements de sa vie si agitée sont dans ses deux volumes en grande partie. Et puis, c'est par eux que le souvenir nous est resté de ses luttes, de ses douleurs, de ses efforts pour la découverte de l'émail; c'est par eux que nous connaissons ses théories scientifiques si remarquables, c'est par eux, plus que par ses rustiques figulines, que nous sommes à même d'apprécier son génie. Par lui donc nous commencerons la bibliographie de Bernard Palissy.

Alphonse de Lamartine pense que c'est à la Bastille que

Palissy écrivit ses ouvrages. « Hélas! s'écrie-t-il, c'était dans les murs et dans les fossés d'une prison, séparé de sa femme par le tombeau et de ses enfants par la captivité, des horizons de la Seine par la proscription, des outils et du travail de son art par la vieillesse, de ses frères en religion par le martyre, que Palissy écrivait ces choses et se consolait dans sa pensée de sa ruine, du cachot et de sa mort prochaine. »

N'en déplaise au grand poète, ce n'est pas dans le cachot de la Bastille que maître Bernard composa en 1590 les deux volumes qu'il publia en 1563 et en 1580. S'il y a écrit quelque chose, ce qui est fort douteux, nous ne l'avons pas. Contentons-nous donc de ces pages vraiment authentiques.

.*.

I. — Le premier volume de Palissy parut en 1563, chez Barthélemy Berton, imprimeur à La Rochelle. Il est intitulé :

RECEPTE VERITABLE, par laqvelle tovs les hommes de la France povrront apprendre a mvltiplier et avgmenter levrs thresors. Item, ceux qui n'ont iamais eu cognoissance des lettres pourront apprendre vne philosophie necessaire à tovs les habitans de la terre. Item, en ce livre est contenv le desein d'vn iardin autant délectable et d'vtile inuention, qu'il en fut onques veu. Item, le desein et ordonnance d'vne Ville de forteresse, la plus imprenable qu'homme ouyt iamais parler, compose par Maistre Bernard Palissy, ouurier de terre, et inuenteur des Rustiques Figulines du Roy, et de Mōseigneur le duc de Montmorancy, Pair et Connestable de France, demeurant en la ville de Xaintes. *A La Rochelle, de l'Imprimerie de Barthelemy Berton, 1563.*

Aucun exemplaire de cette édition, petit in-4° de 66 feuillets non chiffrés, n'existe ni à la bibliothèque de La Rochelle, ni à celle de Saintes, ni peut-être dans le département de la Charente-Inférieure. On en trouve un à la bibliothèque nationale et à la bibliothèque de l'arsenal.

L'ouvrage est précédé (1er f° verso) d'un huitain adressé à Palissy et d'un dixain au lecteur. Puis vient (2e f°) une dédicace : « A Monseigneur le Mareschal de Montmorancy, chevalier de l'ordre du Roy, capitaine de cinquante lances, gouverneur de Paris et de l'Isle de France; » c'est le fils du connétable Anne de Montmorency. Une seconde dédicace (3e f° verso) est adressée : « A ma très chère et honorée dame, Madame la Roine Mère, » Catherine de Médicis. Selon le goût de l'époque elle se termine typographiquement en pyramide renversée.

Et quand il vous plaira me commander vous y faire seruice
ie ne faudray m'y employer. Et s'il vous venoit à gré
de ce faire, ie feray des choses que nul autre
n'a fait encore iusques ici. Qui sera l'en
droit, Madame, ou je prieray le
Seigneur Dieu vous don
ner en parfaite
santé longue
et heu
reuse
vie.

Suit (4e f° verso) une lettre « A Monseigneur le duc de Montmorancy, pair et connestable de France. » Enfin (5e f° verso), avis « au lecteur. »

Le volume est terminé (65e f°) par dix-huit stances de quatre vers : « A Maistre Bernard Palissy, Pierre Sanxay dit Salut. »

Le livre se compose de deux parties d'inégales dimensions; la première, sans titre, porte cette phrase (7e f°) : « Pour avoir plus facile intelligence du présent discours, nous le traitterons en forme de dialogue, auquel nous introduirons deux personnes: l'une demandera, l'autre respondra comme s'ensuit », et traite par « demande » et par « responce » des fumiers, des arbres, des sels, de la cause des volcans et des tremblements de terre, des coquilles fossiles, de la formation des pierres, de la pétrification des bois, des pierres précieuses, de l'essence des métaux, de l'or potable, du dessin d'un jardin délectable, de la conser-

vation des forêts, des outils d'agriculture, des outils de géomètre et de leur querelle, de l'essence de la tête des hommes,
de l'histoire de l'église de Saintes; la seconde (59ᵉ fᵒ), « de la
ville de forteresse » seulement.

Il y a des exemplaires avec la date de 1564 sans changement
d'un iota.

*
* *

II.— Le second ouvrage de Bernard Palissy fut publié en 1580,
« *Chez Martin-le-Jeune, à l'enseigne du Serpent devant le collège
de Cambray, à Paris.* » C'est un petit in-8° aujourd'hui fort
rare, moins pourtant que le premier.

En voici le titre :

DISCOVRS ADMIRABLES de la natvre des eaux et fonteines
tant natvrelles qv'artificielles des metaux, des sels et salines,
des pierres, des terres, du feu et des emaux. Avec plvsievrs
avtres excellents secrets des choses naturelles. Plvs vn traité de
la marne, fort vtile et necessaire, pour ceux qui se mellent de
l'agriculture. Le tovt dressé par dialogves, esquels sont intro-
duits la theorique et la practique. Par M. Bernard Palissy,
inuenteur des rustiques figulines du Roy, et de la Royne sa
mère. A treshavt et trespvissant sieur le sire Anthoine de Ponts,
cheualier des ordres du Roy, Capitaine des cent gentils-hommes,
et conseiller tresfidele de sa Maiesté. *A Paris, chez Martin le
Ieune, à l'enseigne du Serpent, deuant le college de Cambray, 1580.*
Avec privilege dv roy.

Au recto de ce titre est : « Extrait dv privilege. PAR GRACE
et priuilege du Roy est permis à Martin le Ieune, libraire et
imprimeur en l'université de Paris, de pouuoir imprimer ou
faire imprimer vn liure intitulé, *Discovrs admirables...* Donné à
Paris, le huitiesmo de Iuillet 1580. Signé par le conseil, De
l'Estoille. » La dédicace « *A TRESHAVT ET TRES pvissant
sieur le sire Anthoine de Ponts...* » occupe sept pages; cinq
pages, l'*Advertissement aux Lecteurs;* une page pour un avis, que

nous appellerions une réclame; le verso contient le sommaire des « principaux points traitez en ce liure; » savoir :

1. Des eaux, des fleuues, fonteines, puits, cisternes, estangs, mares et autres eaux douces: de leur origine, bonté, mauuaistie, et autres qualitez : auec le moyen de faire des fonteines en tous lieux.

2. De l'Alchimie : des metaux, de leur generation et nature.

3. De l'or potable.

4. Du mitridat.

5. Des glaces.

6. Des diuerses sortes de sels vegetatifs ou generatifs, et soustenans les formes, en la generation de ces corps terrestres, de leur nature et meruedleux effects.

7. Du sel commun, la maniere de le faire, auec la description des marez salans.

8. Des pierres tant communes que precieuses: des causes de leur generatiõ; des diuerses formes, couleur, pesanteur, dureté, transparence et autres qualitez d'icelles.

9. Des diuerses terres d'argile, natures et effects d'icelles.

10. De l'art de terre, de son vtilité : des esmaux et du feu.

11. De la marne, de son vtilité, auec le moyen de la connoistre et en trouuer en toutes prouinces.

L'ouvrage proprement dit commence à *Des eaux et fontaines*, page I, et occupe les pages I-361 ; enfin viennent douze feuillets non paginés contenant *Extrait des sentences principales, contenves au present liure*, 16 pages, et *Explication des mots plvs difficiles*, 7 pages. FIN.

Martin le Jeune se trompait aussi bien que les imprimeurs de nos jours. Dans le traité des métaux il y a deux passages qui se trouvent répétés, l'un dans le corps du livre et l'autre à la fin. Le premier morceau est une seconde épreuve corrigée, revue, modifiée par l'auteur. Le second n'est que la copie sur laquelle le compositeur a travaillé. Dans la mise en pages on aura cru que ce morceau-là n'avait pas été employé et était à la fin du traité.

*
* *

La spéculation s'empara des œuvres de Palissy. En 1636, un libraire les réimprima en deux volumes petit in-8°. Il leur accola un titre bien fait pour piquer la curiosité et allécher les acheteurs; et pourtant l'édition ne se vendit pas.

III. — LE MOYEN DE DEVENIR RICHE et la maniere veritable par laquelle tous les hommes de la France pourront apprendre à multiplier leurs thresors et possessions. Avec plvsievrs avtres excellens secrets des choses naturelles, desquels iusques à present l'on n'a ouy parler, par Maistre Bernard Palissy de Xaintes. Ouurier de terre et Inuenteur des Rustiques Figulines du Roy. *A Paris, chez Robert Fouët, ruë S. Iacques, à l'Occasion deuant les Mathurins, MDCXXXVI.* Avec privilege dv Roy.

Le second volume est le pendant du premier.

SECONDE PARTIE DV MOYEN DE DEVENIR RICHE, contenant les Discours Admirables de la nature des eaux et Fontaines, tant natvrelles qv'artificielles des Fleuves, Puits, Cisternes, Estângs, Marez et autres Eaux douces, de leur origine, bonté et autres qualitez. De l'alchimie des métaux, de l'Or potable, du Mithridat, des glaces, des sels vegetatifs ou generatifs, du sel commun. Description des Marez salans. Des pierres tant communes, que précieuses. Des causes de leur generation, formes, couleur, pesanteur et qualités d'icelles, des terres d'argille, de l'art, de la terre, de son vtilité, et du feu, de la marne, et le moyen de les cognoistre. Par M. Bernard Palissy, Inuenteur des Rustiques Figulines du Roy. *A Paris, chez Robert Fouët, ruë S. Iacques, à l'Occasion deuant les Mathurins, MDCXXXVI.* Avec privilege du Roy.

Le premier volume contient 16 pages non foliotées: épitre sommaire, vers, privilège et l'« achevé d'imprimer le 11 juillet 1636 », puis *Le moyen*, 255 pages. Le second volume contient dédicace, avertissement, sommaire, 16 pages non chiffrées et 526 pages.

On peut juger du sac sur l'étiquette. Puisque Robert Fouet changeait le titre, il pouvait bien innover pour le fond. Il inventa donc une *Epistre de l'avthevr au Peuple François:* « Ainsi que la nature n'a produit l'oiseau que pour le vol, que l'homme est né pour le trauail, et que le trauail de l'home, quoy qu'il soit pour la subsistance de sa vie, ne doit pas toutes fois estre tellement pour soy que nous ne l'entreprenions aussi pour le bien et la commodité du public... » et il signe : « ton tres-affectionné seruiteur, BERNARD PALISSY. » En revanche il a supprimé toute la partie historique sur l'établissement de la réformation à Saintes. Cette édition n'a donc aucune valeur.

*
* *

IV. — Il s'écoule cent ans. Palissy est mort : ses œuvres sont enterrées, ou devenues ridicules grâce à l'éditeur de 1636. Nul n'a l'air de s'apercevoir qu'il a existé un homme de ce nom, et que ses écrits ont une grande importance. Mais le goût des sciences naturelles s'éveille au XVIII⁰ siècle ; il provoque des études. Quelques savants se rappellent le potier Bernard. Voltaire contribue par ses railleries à faire connaître son nom. Les studieux recherchent ses livres. On ne les trouve pas ou, ce qui pis est, on les trouve travestis et mutilés. Il fallait recourir à l'édition princeps devenue rarissime. C'est vraiment le cas de dire ici que le besoin d'une nouvelle édition se faisait généralement sentir.

En 1774, un naturaliste qui se fit un nom plus tard, Faujas de Saint-Fond, que Cuvier, grand amateur de railleries, appelait Faujas Sans-Fond, songea à rééditer Palissy.

Né en 1750 à Montélimart, Faujas de Saint-Fond y était alors vice-sénéchal et lieutenant général. Il s'entendit avec un libraire de Paris, Nicolas Ruault, d'Evreux, mort le 31 janvier 1828, à Paris, âgé de 86 ans, et sollicita l'autorisation nécessaire. Le célèbre naturaliste Adanson, membre de l'académie royale des sciences, chargé par le garde des sceaux, Hue de Miromenil, d'examiner les œuvres de Bernard Palissy, donna, le 23 février 1775, son approbation au projet. « Les Recherches profondes de ce simple Potier de Terre, dit-il, ses découvertes, ses idées sur la structure de la terre, et les Notes savantes de leurs judicieux Commentateurs, leur (à ses ouvrages) assurent une place distinguée parmi les meilleurs livres des Naturalistes. D'ailleurs les principes qui y sont développés sont conformes à ceux de la Philosophie et de la Morale la plus épurée. »

Sur ce rapport, le roi signa (5 avril 1775) la permission d'imprimer, qui fut enregistrée le 9 mai suivant sur le registre de la chambre des libraires et des imprimeurs de Paris.

On put commencer à mettre sous presse.

Faujas de Saint-Fond était loin. Il fallait corriger les épreuves et surveiller l'impression. Nicolas Ruault en chargea un de ses amis, Gobet, secrétaire du conseil du comte d'Artois. Faujas avait écrit les sommaires qui précèdent presque chaque traité, des observations sur la marne, un essai sur la terre sigillée et beaucoup de notes, celles qui sont numérotées dans l'ouvrage. Gobet fournit d'assez maigres recherches sur Bernard Palissy, d'importants extraits d'auteurs et d'autres notes qui sont suivies de ces mots : « Notes communiquées. » De plus il crut avoir découvert un ouvrage de maître Bernard et glissa dans ses œuvres : *Les déclarations des abus et ignorances des médecins.*

Ce fut bien pendant quelques jours. Faujas de Saint-Fond, heureux de la trouvaille et de quelques morceaux de Gobet, lui écrivait : « Je vous fais mes remerciements sur les notes précieuses dont vous avez bien voulu enrichir l'édition de Palissy. Il vous doit pour le moins autant qu'à moi. Si je l'ai ressuscité, vous l'avez enrichi ; vous lui avez donné une seconde fois la vie en faisant renaître un ouvrage de lui qui n'avait jamais passé sous son nom. »

Gobet avait si bien enrichi l'édition d'erreurs et de fautes, que Faujas de Saint-Fond, quand il les vit, se fâcha. Ce qui lui déplut le plus ce fut, non pas cette vie nouvelle donnée à un ouvrage dont Palissy se serait volontiers passé, mais bien une phrase ou deux de blâme contre Voltaire qui se moquait de Bernard en l'appelant « charlatan et potier de Louis XIII ». Il réclama vivement auprès de Le Camus de Neville, directeur de la librairie, et lui demanda la suppression entière de toutes les notes de Gobet. C'était une assez grosse affaire pour le libraire. Nicolas Ruault proposa d'insérer en tête de l'édition un avertissement qui rendrait à Gobet ce qui appartenait à Gobet.

Gobet devint fou, un an ou deux après; il fut renfermé à Charenton et mourut presque aussitôt. Faujas de Saint-Fond fut nommé administrateur et professeur au muséum d'histoire naturelle. Ses découvertes sur les produits volcaniques, ses recherches, ses études sur la géologie l'ont placé parmi les fondateurs de cette science. Il est mort à Paris le 28 juillet 1819. Louis de Saulses de Freycinet publia, l'année suivante, à Valence, un *Essai* sur sa vie, ses opinions, ses ouvrages.

Fouet avait mis au commencement de son édition une épître de l'auteur au peuple français. Ruault écrivit en tête de la sienne une dédicace « A monsieur Franklin », datée du 4 février 1777, qui a été supprimée dans beaucoup d'exemplaires où elle était accompagnée d'un portrait du célèbre Américain, dessiné par Cochin et gravé par Saint-Aubin. C'était un hommage à ce grand homme, alors âgé de soixante-dix-sept ans, que l'Amérique avait envoyé l'année précédente en France pour solliciter des secours contre l'Angleterre. Palissy, « ce profond observateur presque oublié depuis deux siècles, ne pouvait reparaître plus dignement que sous ses auspices. Le génie qui le caractérise, disait le libraire, se retrouve dans vos ouvrages. Comme lui, vous annoncez, Monsieur, les plus grandes vérités avec ce ton modeste qui sied si bien au vrai sage; et il y a une si grande analogie entre la méthode de Palissy et celle que vous avez employée pour les découvertes de la physique, que je ne pouvais associer deux noms plus dignes de l'admiration des savants. » Mais — il y a un *mais* — Franklin est supérieur à Palissy, et *La science du bonhomme Richard* à la *Recepte véritable :* car Benjamin Franklin s'est beaucoup occupé de politique, et ses « travaux n'ont pour but que le bonheur d'un peuple libre et vertueux ». Le tout finit par une citation de Montesquieu.

Les ŒUVRES DE BERNARD PALISSY, revues sur les exemplaires de la bibliothèque du roi, avec des notes par MM. Faujas de Saint-Font et des additions par M. Gobet. *A Paris, chez*

Ruault, rue de la Harpe. Avec Approbation et Privilege du Roi.
1777. C'est un volume in-4° de LXXVI et 734 pages. A la pre-
mière page se trouve l'emblème d'Alciat, marque du libraire
Barthélemy Berton, dont on a voulu faire la devise de maitre
Bernard: POVRETE EMPECHE LES BONS ESPRITS DE PARVENIR.
On a inscrit au revers ce passage du *De recta ratione studendi*, de
Thomas Campanella, chap. II, art. V :

« Sed cum in officinis Artistarum, plus Philosophiæ realis et
veræ habeatur quam in scholis Philosophorum, consulendi sunt
diligenter Pictores, Tinctores, Ferrarii, Aurifices, Auriductores,
Agricolæ, Milites, Bombardarii, Pannifici, Destillatores, et id
genus reliqui »; c'est-à-dire : « Puisque dans les ateliers d'artisans il se trouve plus de philosophie pratique et vraie que dans
les écoles de philosophie, ceux qu'il faut consulter avec soin ce
sont : les patissiers, les teinturiers, les forgerons, les orfèvres,
les monnayeurs, les laboureurs, les soldats, les bombardiers,
les boulangers, les confiseurs et autres de cette espèce. »

L'épigraphe est bien choisie.

Des notes nombreuses et instructives accompagnent le texte.
Tout n'y est pas parfait : il s'y trouve des erreurs de faits, de
dates et d'appréciations. Mais les documents bons y sont en
nombre. Une partie du livre est intéressante surtout; ce sont
les détails sur les contemporains, amis et connaissances de Bernard Palissy.

Voici la liste « des principaux auteurs qui ont parlé de
Palissy », d'après Faujas; elle nous dispensera de les nommer
à leur date; ce qui ne serait pas d'un grand profit, la plupart
ne citant qu'incidemment Bernard et en très peu de mots : La
Croix du Maine, 1584; Du Verdier de Vauprivas, 1585; S. Gi-
rault Langrois, 1592; Philbert Mareschal, 1598; Pierre Kopf,
1610; Louis Savot, 1624; le père Marin Mersenne, 1634; Pierre
Borel, 1654; Charles Sorel, 1667; Perrault, 1674; Georges-
Mathias Konig, 1678; Nicolas Venette, 1701; Jussieu, 1718;
Fontenelle et Buffon, 1772; Réaumur, 1720; Leupolds et
Bruckmann, 1732; Moréri, 1736; Lenglet du Fresnoy, 1742;
Maillet, 1748; Leclerc et Saint-Mard, 1750; Venel, 1753;

d'Holbach, 1759; Seguier, 1760; Bertrand, 1763; Haller, 1764; d'Argenville, 1766; Schabol, 1767; le père Lelong, 1768; Rouelle, 1769; Guettard, 1770; Le Viel, 1774; *Abrégé du dictionnaire historique*, 1772; l'abbé de Fontenay, 1776. Je n'en passe point et ce ne sont pas tous les plus illustres.

La dédicace à Francklin, l'avertissement (XIII pages), les *Recherches sur B. Palissy* (16 pages); les *Extraits* des principaux auteurs qui ont parlé de Palissy (36 pages); la dédicace à Antoine de Pons et l'avertissement, forment LXXVI pages; puis viennent les divers traités, 1 à 394; *la Déclaration*, 395-460; *la Recepte*, 461-652; *Notes*, 653-684; *Explication des mots, Cabinet de Palissy, Extrait des sentences principales, Table*, 685-734.

Le reproche le plus grave qu'on peut adresser aux commentateurs, c'est d'avoir attribué à Palissy la *Déclaration des abus*, ce bel « enrichissement » dont Faujas félicitait Gobet, puis la disposition arbitraire des matières. Le volume s'ouvre par l'*Art de terre*, et par le récit de l'établissement de la réforme en Saintonge, qui termine *le Jardin délectable*. Le traité *Des pierres* vient avant celui *Des sels divers*. Or, dans ce dernier, l'auteur annonce qu'il parlera des pierres; il y écrit aussi : « J'ai parlé des métaux »; c'est pourquoi l'éditeur place les pages sur les métaux après le traité *Des sels*. La confusion est complète. Ruault a aussi supprimé quelques phrases qui étaient un peu huguenotes. Malgré ces fautes, cette édition a une véritable valeur (1). Elle n'a pas peu contribué à mettre en lumière les découvertes du potier.

*
* *

V. — ŒUVRES COMPLÈTES DE BERNARD PALISSY, édition conforme aux textes originaux imprimés du vivant de l'auteur

---

(1) L'exemplaire que j'ai en mains avait été acheté en janvier 1781 à La Rochelle chez Pavie, libraire, par Emmanuel-Cajetan Le Berton, baron de Bonnemie, lieutenant général en la sénéchaussée et siège présidial de Saintes. Il avait coûté quatorze livres. En 1855, Morley déclarait qu'il avait eu sans peine un exemplaire semblable pour douze francs. Ce n'est pas cher.

avec des notes et une notice historique par Paul-Antoine Cap. *Paris, J.-J. Dubochet et Cie. rue de Seine, 33, 1844. gr. in-18* de XXXVI pages pour la *Notice* et 437 pages pour le texte, y compris la *Déclaration des abus.* Les matières y sont disposées dans le même ordre que dans les éditions originales; les fautes typographiques y sont les mêmes et aussi nombreuses que dans Faujas de Saint-Fond. Vous y trouverez par exemple dans les trois : « Les habitants ont passé de *liesse* d'Alvert en l'isle d'Oleron » pour *de l'isle d'Alvert.* La liste des auditeurs des cours de 1575 est quelque peu défigurée. Ainsi, « maistre Bartholome Prieur, homme expérimenté », devient « maistre Bertolome, *prieur* », ce qui n'est plus la même chose. Un peu avant, Gobet fait, page 78, de « Marc-Lordin de Saligny, en Bourbonnais », un marquis « messire Lordin, Marq. de Saligny », et Cap, page 271, écrit « messire Lordin, Marc de Saligny », ce qui n'a aucun sens. Maizières, médecin, est transformé en Miséré. Beaucoup d'autres personnages sont probablement ainsi écorchés et leurs noms ne peuvent plus être retrouvés. Ces erreurs doivent être mises en bonne partie sur le compte de Martin le jeune et de Barthélemy Berton. Les éditeurs postérieurs les auraient dû corriger. Nous n'insisterons pas.

Cap a dédié son édition « A monsieur Alexandre Brongniart, membre de l'institut, directeur de la manufacture royale de Sèvres, professeur au muséum d'histoire naturelle, etc. », pour « réunir deux noms chers aux sciences comme aux beaux arts, et auxquels la céramique moderne doit ses plus larges développements ». Après cela vient une excellente notice, « complète même dans sa concision et grande sobriété ». Les découvertes de Palissy dans les sciences y sont signalées et heureusement mises en lumière; des notes au bas des pages apprécient ou rectifient certaines théories du potier. Il faut regretter qu'elles soient si rares. Quand on lit ces initiateurs, comme Palissy, le public qui veut s'instruire est bien aise d'être averti de la vérité ou de la fausseté des systèmes qu'on lui expose.

.*.

VI. — ŒUVRES DE BERNARD PALISSY, publiées d'après
les textes originaux, avec une notice historique et bibliographique et une table analytique, par Anatole France. *Paris,*
imprimerie Motteroz, librairie Charavay frères, 3 avril 1880,
grand in-16, XXVII-500 pages; prix : 6 francs. Cette édition,
destinée à remplacer celle de Cap (1844) devenue rare, est fort
bien imprimée par Motteroz en caractères elzéviriens; elle a de
moins : *Déclaration des abus et ignorance des médecins*, qui n'est
pas de l'inventeur des rustiques figulines, et de plus (pages 465-
471), le *Devis d'une grotte pour la royne mère du roy*, manuscrit
« qu'on peut croire de la main même de Palissy », découvert à La
Rochelle, chez un revendeur de vieilles ferrailles, par Benjamin
Fillon, et déjà publié deux fois. La notice biographique peu
étendue s'en réfère presque entièrement au « livre de M. Louis
Audiat ». M. France a osé dire enfin après lui que « d'Aubigné,
qui avait l'imagination héroïque, inventa une visite de Henri III
à Palissy prisonnier ».

Quant au texte lui-même, malgré cette affirmation : « Nous
avons reproduit le texte de notre auteur d'après les éditions
publiées de son vivant », il est facile de voir que c'est le texte
même de Cap, avec la substitution des *j* aux *i* et des *v* aux *u*.
Exemples : au commencement des *Discours admirables*, dédicace,
Palissy écrit « *Antoine* de Ponts », Cap et France *Anthoine;*
« *amy* lecteur »; Cap et France, *ami;* « les couleurs *verdes* »,
orthographe du temps, France, *vertes;* « et « des *eau* de Spa
veux-tu dire que la *guarison* »; Cap et France, des *eaux*, Cap,
guarison, France, *guérison;* Palissy, *tainte*, Cap et France, *teinte.*
Continuer cette comparaison serait fastidieux. Aussi bien, les
éditeurs ont corrigé quelques fautes typographiques, comme
on vient de le voir; nous regrettons qu'ils ne l'aient pas fait plus
souvent, d'autant que plusieurs de ces rectifications avaient été
déjà faites par nous. Ainsi, page 210 des *Discours admirables*,
maître Bernard donne la liste des principaux auditeurs de ses
conférences scientifiques à Paris, en 1575-1584. On retrouve là

« Messire Lordin, Marc de Saligny », ce qui n'a pas de sens;
Cap, page 271, et France, p. 230, écrivent ainsi. Il faut lire :
« Lordin-Marc de Saligny », comme je l'ai dit plus haut, page
XCVII, ou Marc-Lourdin d'après le père Anselme, VII, 158.
Même observation pour « Bertolome, prieur », coquille de l'imprimeur répétée par Faujas, Cap, et M. France, faisant d'un
nom d'homme un nom clérical et oubliant que Palissy n'eut pas
appelé *maistre*, mais bien *messire*, un dignitaire ecclésiastique.
J'ai aussi relevé *liesse* pour *l'isle*; elle est reproduite conscien-
cieusement par le nouvel éditeur. Après ces critiques, disons
que ce volume est fort soigné et fait honneur à MM. Charavay
qui ont pris un rang excellent parmi les éditeurs soigneux et
appréciés.

C'est l'usage qu'un éditeur critique ses devanciers et trouve
qu'ils n'ont rien fait de bien ou à peu près. Nous nous garde-
rons de ne pas suivre la coutume. En effet, on ne réimprime
pas un ouvrage uniquement parce que le besoin s'en fait vivement sentir, mais aussi parce que les précédentes éditions
étaient défectueuses. C'est la troisième fois depuis quarante ans
qu'on publie les *Œuvres* de maître Bernard. Nous avons rendu
justice à nos prédécesseurs; il serait inutile d'ajouter le bien
que je pense de ces deux présents volumes. Ft je suis, à l'in-
verse de bien des éditeurs, fort désintéressé dans la question,
puisqu'ils étaient imprimés longtemps avant que je m'occupasse
de l'auteur. Cette nouvelle édition reproduit les éditions originales en les émondant des nombreuses fautes typographiques
qui rendaient inintelligibles certains passages; la collation et la
révision du texte a été faite avec le plus grand soin; on s'en
apercevra pour peu que l'on veuille comparer avec Faujas, Cap
ou France, avec Berton et Martin. Mais on a supprimé comme
inutile une page et demie répétée deux fois dans le traité *Des
métaux*, et la *Déclaration* a disparu comme apocryphe. Le projet
de la grotte est en tête de la *Recepte*. Ainsi on a vraiment à
présent le texte de Palissy.

*
* *

VII. — Discours admirable de l'art de terre, de son utilité, des esmaux et du feu, par M. Bernard Palissy, inventeur des rustiques figulines du Roy et de la Royne sa mère. *Genève, imprimerie de Jules-Guillaume Fick*, 1863, in-8° de VIII et 44 pages, papier à bras, avec préface par Gustave Revilliod.

L'idée était bonne de populariser un récit aussi intéressant.

§ 2.

AUTEURS QUI ONT PARLÉ

DE BERNARD PALISSY

XVIIIᵉ ET XIXᵉ SIÈCLES

Après les ouvrages, ceux qui les ont commentés ou appréciés. Nous ne les nommerons pas tous, ce serait ennuyeux ; mais nous citerons les principaux, sans pourtant oublier d'honorer d'une mention ceux qui se seront occupés de maître Bernard. On a déjà vu, p. CXVIII, la liste de ceux qui peu ou prou avaient parlé de lui avant Faujas de Saint-Fond. Continuons.

*
* *

DIDEROT (1713-1784), dans une introduction à l'*Histoire de la chimie*, manuscrit inédit qu'a publié la *Revue scientifique* du 26 juin 1884, s'exprime ainsi sur notre personnage : « Il parut en France, dans le même temps que ces célèbres métallurgistes, un homme véritablement singulier, simple manœuvre sans lettres, mais ayant beaucoup de sagacité et de justesse d'esprit : il se nommait Bernard Palissy et prenait à la tête de ses ouvrages, imprimés à Paris en 1580, le titre d'*inventeur des rustiques figulines du Roi et de la Reine sa mère*. Il y a de très bonnes choses sur l'agriculture, le jardinage, la conduite des eaux, la poterie, les émaux, et des idées très saines et neuves sur la chimie, la physique et l'histoire naturelle, dont il a fait le premier des cours à Paris en 1575. La chymie lui doit des faits intéressants sur les terres, leurs usages dans la construction des vaisseaux, sur la préparation du sel commun dans les marais salants, sur les glaces, les émaux, sur le feu, et des raisonnements fort justes sur la chymie, les métaux, leur génération, leur composition, la nature de leurs principes, et sur les propriétés de plusieurs autres corps. » Diderot a tort d'ajouter cette note : « On apprend par un registre de la chambre des comptes que le malheureux Bernard Palissy, s'étant trouvé lié dans une société de gens qui faisoient de la fausse monnoye, subit le sort qu'ils méritoyent, c'est-à-dire qu'il fut pendu. »

*
* *

En 1783, LE GRAND D'AUSSY, *Histoire de la vie privée des François*, a parlé (ɪ, p. 29) de « cet ouvrier de Saintes, homme de génie, qui a laissé plusieurs ouvrages remplis d'observations physiques bien supérieures à son siècle... le premier qui ait employé la chimie à son véritable objet... l'un des hommes les plus recommandables de son temps, aussi modeste que savant »; et a reproduit en maint passage ses idées sur l'agriculture (ɪ, 29); sur les jardins, « qu'aujourd'hui nous appelons anglois; il les ornoit de grottes, de cascades, de fontaines et de ruisseaux artificiels sur les bords desquels il plaçait des lézards, des grenouilles, etc. » (ɪɪɪ, 203); sur une manière de pêcher en mer, inventée par les Saintongeois (ɪɪ, 127); sur les maigres, page 134; sur les tortues et grenouilles, dont « bien peu d'hommes eussent voulu manger »; sur la gabelle, le sel et les puits salés, pages 187-192; sur la christe-marine ou perce-pierres, page 267; sur les vignes, si fertiles aux îles de Marennes qu'un seul plant rapportait plus que dix vignes de Paris (ɪɪɪ, 30); sur l'or potable, 89; sur les émaux, 259; il raconte, page 201, sa découverte de l'émail, et page 203, vante ses rustiques figulines.

*
* *

La convention, chose singulière, entendit retentir le nom de Palissy. En l'an III, JOSEPH ESCHASSERIAUX, député à la convention, fit, au nom du comité d'agriculture de Paris, un rapport à l'assemblée (in-8° de 47 pages, 1794), où, après avoir indiqué les moyens de faire fleurir l'agriculture en France, il demandait qu'on élevât un monument à Bernard Palissy et à Olivier de Serres.

＊

En 1800-1802, dans son *Musée des monuments français inédits*, tome II, ALEXANDRE LENOIR a gravé, aux planches 118, 119 et 120, six carreaux émaillés qu'il attribue, mais faussement, à Palissy. Quatre ont été recueillis par lui dans la cour du château de Saint-Germain, bâti par François Iᵉʳ; ce sont des médaillons vernissés en blanc sur fond bleu et violet foncé, représentant l'Abondance, Mars et autres sujets mythologiques. Les deux autres pièces, où figurent Mucius Scevola se brûlant la main, puis des cavaliers combattant contre des fantassins, proviennent du château d'Ecouen. Ce qui prouve que ces carreaux ne sont pas de maître Bernard, c'est le millésime de 1542 et le nom de *Rouen* qui s'y lisent. Le même Lenoir a publié aussi des vitraux qui décoraient la grande galerie du château d'Ecouen, et qui ne sont pas plus de Palissy que les pavés (1).

(1) « Deux tableaux en faïence, dit-il, représentant des batailles dessinées et exécutées par Bernard Palissy. Ces deux morceaux, uniques et précieux, servaient de parements dans la chapelle du château d'Ecouen; leur fabrique date de 1542..... Les quatre médaillons suivants sont aussi de la main de Palissy, fabriqués de terre cuite; ils sont revêtus d'une couleur verte à la manière de ses faïences; les deux premiers vernissés de blanc sur des fonds bleu et violet foncé, et en façon de bas reliefs représentant Mars et l'Abondance; les deux autres, simplement peints en grisailles plates, aussi sur des fonds camaïeux, ou monochromes, représentant des sujets allégoriques. » Il ajoute : « Bernard Palissy... annonce qu'il a dessiné, fait des recherches sur la peinture sur verre, et qu'il a pratiqué lui-même cet art; d'après cela et le titre qu'il prenait, il paraît probable qu'il a peint, non seulement les pavés du château d'Anne de Montmorenci à Ecouen, mais encore les vitraux que l'on y voyait représentant l'histoire de Psyché. Cela paraît presque prouvé, puisqu'il dit lui-même qu'il s'est particulièrement attaché à copier les ouvrages de Raphaël », ce qu'il ne dit pas du tout.

* *

1833. Rochefort, qui depuis posséda un établissement classique sous ce nom : « Institution Palissy », eut, en 1833, l'éloge de maître Bernard. Lesson, dans un discours prononcé à l'ouverture des cours de chimie faits à l'école de médecine navale, en entretint ses auditeurs. La XXIIIe lettre des *Lettres historiques, archéologiques et littéraires sur la Saintonge et l'Aunis,* par M. RENÉ-PRIMEVÈRE LESSON, membre correspondant de l'institut pour l'académie des sciences, (La Rochelle, typographie G. Mareschal, rue de l'Escale, 20, 1842), reproduit ce qui est relatif à Palissy, à ses émaux et à ses vases. C'est une « Notice de ce célèbre artiste, très probablement né en Saintonge », pages 285 et suivantes. On y raconte cette trouvaille réjouissante faite « en 1840, pendant la démolition du pont de Saint-Jean-d'Angély » : une figurine en vase de senteur représentant Catherine de Médicis et lui ayant appartenu : « car la coiffure de la reine se trouvait prise dans le bouchon ».

* *

Le *Magasin pittoresque* de janvier 1833, publia, tome Ier, pages 383-384, une notice insignifiante, le dessin d'un plat de Palissy et un fort mauvais portrait. Il en est encore question au tome XIII, année 1845, pages 2 et 4, où l'on examine et résout par la négative ce problème : « La povreté empesche les bons esprits de parvenir »; et à la page 28, qui donne le dessin d'un admirable « plat conservé au musée Charles X au Louvre ». Enfin, la page 60 du tome XXI reproduit de lui un plat représentant les Israélites devant le serpent d'airain.

* *

HILAIRE-ALEXANDRE BRIQUET, auteur de l'*Histoire de la ville de Niort,* décédé en 1833, a, dit la *Littérature française* de Louandre et Bourquelot, II, 440, laissé entre autres manuscrits un *Eloge de Palissy.*

*
* *

1834. ALEXANDRE DU SOMMERARD, dans ses *Notices sur l'hôtel de Cluny* (Paris, 1834, note v, page 226), a parlé de « Bernard Palizzy », et dans *Les arts au moyen age* (Paris, 1838-1846), a indiqué (pl. 4 et 6 de l'atlas, 28, 32, etc., de l'album), les dessins des œuvres du maître.

*
* *

SCHŒLCHER, dans la *Revue de Paris*, a donné *Vie et travaux de Palissy*, tome v, p. 293.

*
* *

1835. *Le Semeur*, journal protestant, publia de HENRI LUTTEROTH, qui le dirigea de 1831 à 1850, « quelques esquisses vivantes » du rôle de Palissy comme évangéliste, « sous la forme de scènes historiques ».

*
* *

EDME-FRANÇOIS MIEL (1775-1842) lut à la société libre des beaux-arts, fondée en 1830, sur le même sujet, un court essai de biographie qui fut inséré dans le tome II des *Annales* de cette société. « C'est lui, dit Durosoir dans la *Biographie universelle*, c'est lui qui ressuscita comme artiste le célèbre potier de Saintes, Bernard Palissy, et qui rendit son nom populaire. »

*
* *

1836. *L'Histoire politique, civile et religieuse de la Saintonge et de l'Aunis, depuis les premiers temps historiques jusqu'à nos jours*, par DANIEL MASSIOU, juge au tribunal civil de La Rochelle, parut (4e et 5e volumes), en 1836, imprimés à Marennes, mis en vente à Paris chez Lance et à La Rochelle chez Lacurie. Les 1er, 2e, 3e et 6e volumes, les derniers, furent imprimés à La Rochelle deux ans après, et mis en vente à Paris chez Pannier.

Une *seconde* édition, qui n'est autre que la précédente, rajeunie de la première page, fut éditée en 1846, à Saintes, chez Charrier, libraire. Cet ouvrage, aux pages 78 et 508 du IVe volume, montre Palissy fuyant Saintes « dont les préjugés enchaînaient l'essor de son génie », et allant se fixer à La Rochelle. Ensuite il l'appelle Bernard *de* Palissy : « car, ajoute-t-il, sur la fin de sa vie il avait été pourvu de lettres d'anoblissement » ; comme si cela était vrai, et comme si le *de* était une marque de noblesse!

*
**

1837. GUILLAUME TRÉBUTIEN, dans ses *Portraits et histoires des hommes utiles*, page 40, publia une notice sur l'émailleur saintongeais, *Bernard de Palissy.*

*
**

1838. L'un des meilleurs articles sur Palissy a été écrit dans la *Revue française* de décembre 1838, par ETIENNE-JEAN DELECLUZE, et tiré à part sous ce titre : *Bernard Palissy (1500-1589).* Paris, imp. Paul Dupont, 1838, in-8°, 32 pages.

*
**

1839. *Les Monuments français inédits...* dessinés par N.-X. Willemin, classés et décrits par ANDRÉ POTTIER, bibliothécaire de Rouen (3 vol. petit in-folio, Paris, 1806-1839), donnèrent, aux planches 290, 291, 292, 293 du deuxième volume, une prétendue signature de Palissy, quelques vitraux et quelques pièces. M. Duplessy signale en outre à la page 67 « une note longue et pleine de fines et savantes observations » de M. André Pottier.

*
**

1842. EUGÈNE PIOT, qui avait fondé le *Cabinet de l'amateur et de l'antiquaire*, y fit paraître dans la 2e livraison, page 42 (mai 1842), une notice publiée à part : *La vie et les travaux de Bernard Palissy*, 1842, in-8°; « excellent article », dit Cap;

écrit dans un « style trop souvent déplorable », ajoute Camille Duplessy.

***

Cet opuscule donna lieu à JEAN-JACQUES CHAMPOL-LION-FIGEAC d'écrire *Lettre adressée à M. E. Piot au sujet de sa notice sur Bernard Palissy*, 1842, in-8°, 6 pages, extraite du *Cabinet de l'amateur*.

***

1843. Le 10 avril, EUTROPE DANGIBEAUD, juge au tribunal civil de Saintes, lut à la société archéologique de Saintes, un mémoire, *La maison et l'atelier de Bernard Palissy*, qui parut, le 15 mai 1845, dans un journal de Saintes, l'*Union*; on en trouvera une analyse signée J. L. (l'abbé Joseph-Louis Lacurie), dans le *Bulletin* de la société de l'histoire du protestantisme français, livraisons d'avril et mai 1863.

La même année (1863), il reparut intégralement avec quelques autres mémoires de Dangibeaud, sous ce titre : *Saintes au XVIe siècle* (Evreux, de l'imprimerie d'Auguste Hérissey, 1863, in-8°, 76 pages.) M. de La Morinerie, éditeur de cet intéressant opuscule, l'a annoté d'une façon qui double le prix de l'ouvrage. Dangibeaud prouve que Bernard Palissy eut un atelier sur le quai actuel des Récollets. Il est à regretter que l'auteur ait commis plusieurs inexactitudes dans la transcription de la pièce principale de sa thèse, et surtout ait omis deux passages fort importants. On trouvera le document correct et complet dans *Bernard Palissy* (Paris, Didier, 1868), et aussi fautif que possible dans la *Monographie de l'œuvre de Bernard Palissy*, 1862-1866.

***

Le docteur FERDINAND HOEFER, dans son *Histoire de la chimie depuis les temps les plus reculés jusqu'à notre époque* (Paris, Didot, 1843, 2 vol. in-8°, 2e édition, 1867-1869), a ana-

lysé, tome II, pages 72-98, d'une manière détaillée les ouvrages
de Palissy et en a signalé l'importance pour l'histoire de la
chimie appliquée aux arts.

***

1844. Dans son *Traité des arts céramiques* (Paris, Béchet,
1844, 2 vol. in-8° avec atlas; 2ᵉ édition, en 1854, Béchet jeune,
2 vol.), ALEXANDRE BRONGNIART, membre de l'institut,
directeur de la manufacture de porcelaines de Sèvres (1770-
1847), a fort bien (page 61) apprécié le potier Saintongeais, puis
lui a adressé des critiques d'une sévérité excessive, « voisines de
la jalousie ». J'aime mieux citer cette phrase : « Je crois que par
son travail persévérant, par son courage moral qui l'attache à sa
religion et lui fait supporter la persécution et mépriser la mort,
qui l'attache à ses recherches, quoiqu'elles exigent de lui jusqu'au sacrifice de ses derniers meubles et de ses vêtements,
Palissy mérite d'être regardé comme le héros de notre art. »

***

PAUL-ANTOINE CAP. *Biographie chimique. Bernard Palissy.* Paris, imp. Béthune et Plon, 1844, in-8° de 35 pages.
(Voir plus haut, page CXIII, *Œuvres de Bernard Palissy*, par Cap.)

***

En août 1844, *Le Lecteur*, revue qui paraissait à Bordeaux,
étudia Palissy comme agronome. L'article était de PIERRE-
ABRAHAM JONAIN.

***

1845. Le 3 avril 1845, dans le 20ᵉ numéro de *l'Union*, nouveau
journal de Saintes, qui plus tard s'appela *l'Union républicaine*,
et périt de mort violente au 2 décembre 1851, « un abonné de
Cozes », c'est-à-dire le pasteur BARTHE, commença, à propos
de l'édition de Cap, une série de feuilletons sur B. Palissy,

agronome, physicien, chimiste, géologue, potier de terre et chrétien réformé, qui, un peu augmentés, reparurent en mai, juin, juillet 1864, dans *l'Indépendant de la Charente-Inférieure*, à Saintes.

* * *

1847. JULES LABARTE. *Description des objets d'art qui composent les collections Debruge-Duménil.* Paris, Didron, in-8°, avec cinq planches.

* * *

1848. Un feuilleton de *l'Indicateur de Fontenay-le-Comte*, publia de BENJAMIN FILLON une quittance donnée à Fontenay, le 22 février 1560, par Bernard Palissy, pour trois milliers de merrains. La pièce a été reproduite dans les anciennes *Archives de l'art français*, 1re série, 11 septembre 1852, pages 193-194; puis, dans les *Lettres écrites de la Vendée*, p. 61.

* * *

ALFRED LÉVÊQUE a inséré dans le *Bulletin des arts*, tome XII, pages 211-242, *Bernard Palissy, ses ouvrages, et surtout celui de l'Art de terre.*

* * *

1851. Sous ce titre : *Légendes françaises. Bernard Palissy, le potier de terre*, ALFRED DUMESNIL a écrit (Paris, librairie nouvelle, 1851, petit in-18, 142 pages) une étude légendaire sur maître Bernard. La plus grande partie est la traduction en langage vulgaire du français du XVIe siècle de la *Recepte* et des *Discours admirables*. Il y a là des chapitres complètement étrangers au sujet. Quelques uns sont intéressants. Lamartine appelle Alfred Dumesnil « un jeune homme dont l'âme et l'imagination se passionnent, par ressemblance de nature, pour l'art, la poésie et le martyre de Palissy ». *L'Union républicaine de Saintes* a reproduit, dans ses feuilletons de janvier 1851, les chapitres de cet opuscule relatifs au potier.

*
* *

1852. L'année suivante (juillet 1852), ALPHONSE DE LAMARTINE consacra une livraison de son *Civilisateur* à l'artisan célèbre. Cette esquisse reparut en un volume avec *Guillaume Tell*. (Paris, Michel Lévy, 1863.) *Bernard* DE *Palissy* est une fantaisie comme les aimait l'illustre poëte. Ces cent vingt-quatre pages sont vives, animées, colorées, l'émailleur y est mis au rang, sinon au-dessus, de Bossuet, Rousseau, Montesquieu et La Fontaine. Les idées en sont généreuses et brillantes. Mais on sait avec quel sans-façon l'historien des Girondins et de la Turquie traite l'histoire. Les passages cités par le biographe ne sont pas exacts. Palissy se compare à un homme qui « taste en ténèbres »: Lamartine met qu'il « tate en touchant ». Il intitule les ouvrages de l'émailleur: *Mon jardin*; Robert Fouet les appelait: *Moyen de devenir riche*. Du reste, Lamartine sait que les livres de Palissy furent écrits à la Bastille. Il nous raconte aussi la fable de Goujon tué sur son échafaudage du Louvre, le jour de la Saint-Barthélemy, lui qui mourut en Italie plusieurs années après; et la légende de la conversation qu'eut Henri III avec Palissy. Décidément, comme le dit Haag, la muse de la poésie n'est pas la muse de l'histoire.

*
* *

Il y a aussi de la fantaisie dans l'article qu'a inséré sur le potier PIERRE-DAMIEN RAINGUET, à la page 435 de la *Biographie saintongeaise ou dictionnaire historique de tous les personnages qui se sont illustrés par leurs écrits ou leurs actions dans les anciennes provinces de la Saintonge et de l'Aunis.* (Saintes, Eutrope Niox et Maurice Moreau, libraires, 1852, un vol. in-8°, 642 pages.) On y voit que, outre ses ouvrages, *Discours admirables* et *Recepte véritable*, Palissy publia à La Rochelle, en 1557, la *Déclaration des abus et ignorances des médecins*, qui n'est pas de lui, et que nous lui devons encore des *Notes géologiques et topographiques sur le sol de la Saintonge et de l'Aunis*, dont personne n'a jamais entendu parler.

*
* *

1852. Le *Bulletin de la société de l'histoire du protestantisme français*, qui se fondait, s'abrita, dès son premier numéro (juin 1852, Paris, chez J. Cherbuliez) sous le nom de Palissy, et prit pour épigraphe ce passage de la *Recepte : « Ie trouverois bon qu'en chascune ville il y eust personnes députées pour escrire fidèlement les actes qui ont esté faits durant ces troubles... »* Ensuite, à la page 23, M. CHARLES READ fit précéder de quelques ré-flexions son récit de la *Fondation de l'église réformée de Saintes*, d'après l'édition originale et avec les notes manuscrites de la bibliothèque nationale, récit qui fut continué à la page 83 du numéro d'août suivant.

*
* *

Les étrangers s'occupaient aussi de notre artisan. HENRY MORLEY écrivait: *Palissy the Potter. The life of Bernard Palissy, of Saintes, his labours and discoveries in art and science; with an outline of his philosophical doctrines, and a trans-lation of illustrative, selectiones from his works.* (C'est-à-dire: *Palissy le potier. La vie de Bernard Palissy de Saintes, ses travaux et découvertes dans l'art et la science, avec un aperçu de ses doc-trines philosophiques et une traduction d'un choix illustré de ses œuvres) by Henry Morley* (Londres, Champman and Hall, 1852, 2 vol. in-8°). Une seconde édition a paru à Londres, en 1865, 494 pages; la troisième en 1869. L'auteur a voulu faire un cours d'histoire de France au XVIe siècle, à propos de Palissy. Il manque de méthode, se répète, s'interrompt tout-à-coup et mal-traite fort les huguenots quoique anglican, puis les mignons de Henri III et les Saintongeais. Il ne fait que résumer les bio-graphes antérieurs, surtout Faujas de Saint-Fond. Il y a pour-tant quelques questions scientifiques éclaircies à l'aide des découvertes les plus récentes.

*
* *

Un article de M. de Chatillon, dans le *Journal du Lot-et-*

Garonne, mai 1851, rappela l'attention sur Palissy dans sa présumée contrée natale.

1854. En 1854, Calvet, conseiller à la cour d'Agen, proposa à la société d'agriculture, sciences et arts d'Agen, d'ouvrir une souscription pour l'acquisition des bustes des grands hommes du département du Lot-et-Garonne, parmi lesquels il nommait Palissy. Un des hommes les plus actifs et les plus intelligents de la société, M. Adolphe Magen, pharmacien à Agen et membre de l'académie des sciences de Bordeaux, fit décider un concours : sujet, la vie et les travaux du potier; prix, une médaille d'or de cinq cents francs.

1855. Dix mémoires furent adressés. Le vice-président de la société, Léon de Cazenove de Pradines, en les appréciant avec une grande compétence, fit lui-même du héros un éloge qui aurait assurément été digne d'un prix. Il y eut même un panégyrique en vers patois. Montaigne a raison, « que le gascon y arrive, si le français n'y peut aller ». Le français y était venu cependant : car si la pièce romano-provençale de J.-J. LACLAU, de Nérac, eut les honneurs d'une lecture publique, l'appréciation si vive, si nette, si française du concours, restera un des meilleurs morceaux qu'on ait écrit sur notre artiste.

Dans sa séance publique du 1er septembre 1855, la société distingua, par une deuxième mention honorable, un travail de GEORGES BESSE, pharmacien à Caussade (Tarn-et-Garonne). La première fut accordée à un ancien professeur du collège de Saintes, HENRI FEUILLERET, professeur d'histoire au collège d'Aurillac.

Le prix fut décerné à M. CAMILLE DUPLESSY de Versailles. C'est un bon travail, pour l'époque; l'auteur a raconté la vie de son héros, puis l'a jugé comme écrivain, comme émailleur et comme savant. Cette étude importante a été insérée dans le *Recueil* de la société, de la page 433 à la page 566, tome VII (Agen, Paul Noubel, 1855), et ensuite tirée à part. Rien de nouveau dans la partie biographique. C'est toujours la sempiternelle tuilerie de Palissy à La Capelle-Biron, concession aux Agenais, et l'agaçante conversation de Henri III avec le huguenot entêté.

Le reste nous paraît supérieur; il y a de l'ordre, de la clarté, une analyse exacte et une sage appréciation, louangeuse sans exagération, du génie multiple de maître Bernard. A part quelques phrases à effet et une comparaison singulière entre Alexandre, vainqueur de Darius, conquérant de l'Asie, et Palissy triomphant de la pauvreté, gagnant la gloire à force de courage, le style est bon en général.

Au moment où s'achevait cette fête en l'honneur de maître Bernard, un sculpteur de talent, Louis Rochet, offrit à la ville d'Agen de couler gratuitement en bronze Palissy, si elle lui fournissait le métal. Ce fut à qui ne prendrait pas l'initiative. Léon de Cazenove essaya de réchauffer le zèle du conseil municipal d'Agen ou du conseil général du Lot-et-Garonne, en leur montrant comme moyen d'honorer les arts, les lettres et les sciences, l'érection d'une statue à un artisan, « grand par la vertu, grand par le travail, grand par le génie ». Ces nobles paroles restèrent sans écho.

*
* *

Le concours d'Agen avait appelé certainement l'attention sur le potier : les biographies se multiplièrent, ou peut-être ce furent les mémoires présentés qui s'imprimèrent.

1855. JULES SALLES publia la même année : *Etude sur la vie et les travaux de Bernard Palissy, précédée de quelques recherches sur l'histoire de l'art céramique.* (Nîmes, typ. Durand-Belle (s. d.), [1855], in-8°, 68 pages; la deuxième édition parut à Nîmes, chez Garve, 1856, in-18, 114 pages.) Première partie, *La céramique;* deuxième, *Bernard Palissy.* Il y a de bonnes pages et d'excellentes appréciations. L'auteur croit que Bernard commença ses recherches de l'émail en 1544, après avoir vu une faïence de Faenza; qu'il s'établit en Saintonge en 1546. Il raconte que Catherine de Médicis « le nomma gouverneur des Tuileries, lui fit donner un logement au château, ayant vue du côté de la Seine », et qu'elle venait passer « quelques moments dans l'atelier de l'artiste »; qu'il célébrait dans la chambre même de la reine « le culte réformé, sous les auspices de Marguerite,

femme de chambre de la reine », avec « le seigneur de Feu-
quières, Mme d'Uzès »; qu'il « écrivit quelques fois aux églises
de la Saintonge ces paroles significatives empruntées à un auteur
inspiré : « Les frères qui sont dans la maison de César vous
« saluent ». Un jour, « le marquis de Saligny, se trouvant à
Paris avec ses hommes d'armes, alla auprès de Bussy-Leclerc,
gouverneur de la Bastille », et le clerc de geôle, « ayant feuilleté
un registre, lui répondit très catégoriquement que le vieux
Bernard était mort depuis deux jours », etc. Il nous montre les
Foucaudes qui, conduites au supplice, se retournent « pour
écouter encore les cantiques de leurs compagnons de captivité »,
et voient « sortir des barreaux de la prison deux mains ridées
(celles de Palissy) qui leur envoyaient une dernière bénédic-
tion », réminiscence du supplice de Charles Ier. On ne réfute
pas de pareilles rêveries. Et pourtant Enjubaut a dit, page 126 :
« Ce travail se distingue par l'exactitude des recherches et par
beaucoup d'ordre, de précision et de clarté. »

*
* *

1856. C'est encore une œuvre protestante que *Bernard Palissy*
(Paris, imp. de Mme Schmith, 1856, in-8°). Le titre de départ,
page 1, porte en plus : « Discours adressé par M. [le baron
Henry] DE TRIQUETI, secrétaire du comité de patronage
de l'église réformée de Paris, aux jeunes apprentis réunis en
séance générale, le 2 décembre 1855 ». Une deuxième édition
a paru à Paris en 1863, imprimée par Meyrueis.

*
* *

Un des concurrents d'Agen, AMÉDÉE MATAGRIN, docteur en droit, rédacteur en chef du *Périgord*, publia à Périgueux, en 1856, son mémoire : *Bernard Palissy, sa vie et ses
ouvrages.* J'ignore si les autres études ont été imprimées.

*
* *

La *Revue archéologique* du 15 janvier 1856, xiiie année,
insère sur le même sujet un travail sans intérêt de M. C.

DOUBLET DE BOISTHIBAULT, qui paraît à part en 1857, *Bernard Palissy.* (Paris, Leleux, in-8°, 21 pages.)

.

Les *Archives de l'art français*, au v° volume, page 14, donnent des extraits du livre des dépenses de Catherine de Médicis, relatives à la grotte des Tuileries, et un travail important de M. ANATOLE DE MONTAIGLON, sur ce sujet.

.

1857. Paraît en 1857 *La France protestante ou vies des protestants français qui se sont fait un nom dans l'histoire...*, par MM. EUG. et EM. HAAG. (Paris, Cherbuliez, 1857, 10 vol. in-8°.) Haag a consacré un long et très éloquent article (tome VIII, pages 69-97) à Palissy, qui était de la paroisse, article étudié et assez exact, qui le sera tout-à-fait, je l'espère, dans la prochaine édition, commencé depuis 1877. Haag nomme Anne de Parthenay la femme d'Antoine de Pons, qui sauva l'atelier du potier à Saintes; c'était Marie de Monchenu, dame de Guercheville, mariée le 29 janvier 1555, veuve en premières noces de Louis de Harcourt, très fervente catholique, ce qui l'a fait sans doute appeler par Théodore de Beze, « la plus diffamée demoiselle de France ». L'entrevue de Henri III à la Bastille est racontée et crue, malgré les textes et les faits contradictoires que cite l'auteur, et cela se termine ainsi : « Telle fut la fin de Palissy, dans la capitale du monde civilisé, alors que Rome y régnait en souveraine! »

.

Il est encore question de Palissy dans *A Handbook to the museum of ornemental art in the art Treasures exhibition* de J.-B. VARRING, esquire. (London, 1857.)

.

Et assez longuement dans *A history of pottery and porcelain*, de MARRYAT (London, 1857); dans l'édition française, t. II,

pages 244-261 de l'*Histoire des poteries, faïences e.   laines*,
par J. Marryat, traduit de l'anglais et accompagné de notes et
additions par MM. le comte d'ARMAILLÉ et SALVETAT,
avec une préface de M. RIOCREUX. (Paris, 2 vol. in-8° avec
figures.) Rien de nouveau dans la biographie, pas même la
visite de Henri III ; il y a une appréciation suffisante des œuvres
qui ne sont pourtant pas nettement distinguées. Pages 304-306,
il y a quelques rectifications à l'article de Marryat : « Peu de
potiers ont mérité plus que cet homme de génie les honneurs
que l'histoire lui a réservés. Eminemment loyal, il a créé, par
ses recherches industrielles, la vérité dans l'art ; et c'est à ce
titre qu'il a dû d'être et de rester le chef d'une école dont les
principes sont encore en grand honneur. « Treize sujets de
divers genres sont gravés.

⁂

1858. *L'art céramique et Bernard Palissy*, par M. EMILE
ENJUBAULT, conseiller près la cour impériale de Riom. (Moulins, imp. de P.-A. Desrosiers, 1858, in-8°, iv-178 pages.) Cette
brochure a trois chapitres : I. L'art céramique ; poteries mates
et poteries lustrées ; la faïence, la porcelaine, 86 pages. —
II. Bernard Palissy, 40 pages. — III. Bernard Palissy supérieur
à son temps, ses idées et ses écrits ; quelques vues sur la théorie
et la pratique, 50 pages, dont 46 sont une digression sur la pratique et la théorie. Il reste, comme on le voit, fort peu pour
Palissy, « né vers 1500 dans le village de La Chapelle-Biron » ;
et ce peu ne nous apprend rien de nouveau.

⁂

LOUIS COMBES, qui fut préfet de l'Allier en 1870, élu
conseiller municipal de Paris en 1874 et 1878, bibliothécaire au
ministère de l'intérieur en 1879, mort en 1880, a publié *Les amis
du peuple. Bernard Palissy, potier de terre*. (Paris, Bry, 1858.)
« Combes, dit M. Champfleury, page 312, tenait pour l'art
démocratique, c'est-à-dire l'art qu'il faut faire pénétrer jusqu'aux

dernières couches, le rayonnement du beau que publiquement et moralement il est utile de leur infiltrer. » Au lieu de ce jugement un peu vague, j'aurais mieux aimé une appréciation de cette brochure.

* *
*

Bernard Palissy, drame en trois actes, par MM. AUGUSTE LESTOURGIE et EUSÈBE BOMBAL (Tulle, imprimerie de veuve Drappeau, 1858, in-12, 86 pages). Cette pièce en prose fut représentée pour la première fois à Saintes, le 30 juillet 1864 ; bien écrite, elle pèche par l'agencement scénique, et vaut plus à la lecture qu'à la représentation.

* *
*

1860. Après le drame, le mélodrame. EMILE LABRETON-NIÈRE (1795-1868) imprime *Bernard Palissy*, mélodrame en trois actes, en vers. (Paris, Lévy, 1860, in-8°.) L'a-t-il fait représenter ?

* *
*

Le même a encore dans ses œuvres assez nombreuses : *Bernard Palissy*, *ode en l'honneur de la statue à lui élevée par la ville de Saintes* (La Rochelle, typ. d'A. Siret, 1864, in-8°, 15 p.) et adressée « à la commission du monument de Palissy », en ces termes : « Ce fut au collège de Saintes que je remportai mes premières couronnes... Saintes m'entendit jadis scander mes premiers vers ; je vous adresse aujourd'hui quelques uns de mes derniers vers français...

> ... Il voit sous l'ardent calorique
> Blanchir le four incandescent ;
> Il tremble ; verra-t-il, comme un serpent magique,
> Courir sur les parois l'émail éblouissant ?
> Oui, c'en est fait ! docile esclave,
> L'argile fuit en blanche lave ;
> De vingt ans de tourments le martyr a le prix...

Le *Courrier des deux Charentes*, du 21 août, contient cette pièce.

**

1861. Protestante est la brochure suivante, comme l'indique le titre : *Les protestants illustres. Portraits-biographies*, publiés par M. FERDINAND ROSSIGNOL. *IV. Bernard Palissy.* (Paris, librairie nouvelle, 1861, in-18, 16 pages, avec portrait. « Fier et inébranlable dans sa brillante inspiration et dans sa foi intraitable, Bernard Palissy marche à la tête de cette phalange huguenote, dont les héros portent les noms de Jean Cousin, Jean Goujon, Goudimel, Androuet du Cerceau »; et il sert à l'auteur de thèse pour prétendre que « les doctrines de Swingle et de Calvin » ne sont pas « un obstacle au libre développement des facultés imaginatives chez leurs adhérents. »

**

ALEXANDRE SAUZAY publie : *Catalogue du musée Sauvageot* (1861), et *Collection Sauvageot dessinée et gravée à l'eau forte par Edouard Lièvre, accompagnée d'un texte historique et descriptif.* Noblet et Baudry, 1863, in-folio, avec 120 planches.

**

L'Ouvrier, journal illustré, dans son numéro du 29 juin 1861, raconte, c'est M. l'abbé LE DREUILLE qui parle, comment Palissy vint en Saintonge. C'est un arpenteur qui, passant à Biron en Agenois, voit le petit Bernard, est charmé de sa mine éveillée, de son intelligence précoce, et l'emmène avec lui. Agréable roman déjà mis en circulation par la *Petite biographie des hommes illustres de la Charente-Inférieure.* (La Rochelle, 1853.)

**

BENJAMIN FILLON, l'infatigable et heureux chercheur, publia (Paris, Tross, 1861, in-8°, 128 pages) ses *Lettres écrites de la Vendée à M. Anatole de Montaiglon.* La troisième est

intitulée : *Bernard Palissy et les Parthenay-l'Archevesque*. C'est
là que se trouvent le projet inédit de grotte pour Catherine de
Médicis, et quelques pièces où il est question de l'émailleur.
La quatrième est relative à une *Fabrique de poteries fines établie
à Fontenay en 1558, sous les auspices de Bernard Palissy.*

⁂

Trois ans plus tard, Fillon reproduisait quelques uns de ces
documents dans *l'Art de terre chez les Poitevins.* (Niort, Clouzot,
1864, un volume grand in-4º de xiv et 216 pages avec gravures.)
Les chapitres x et xi sont tout entiers consacrés à maître
Bernard. Puisque l'auteur empruntait un titre, *l'Art de terre*, au
potier, il lui devait en retour de le mieux faire apprécier. Il n'y
a pas manqué ; quelques points de biographie et d'art sont traités
d'une manière nouvelle. Tout ce que l'on sait sur Palissy en
dehors de ce qu'il nous a appris lui-même, vient de là. Fillon et
M. de Montaiglon ont singulièrement contribué à nous le faire
connaître, et ceux qui depuis ont écrit sur la céramique, sur
Palissy et sur Oiron, se sont servis de *l'Art de terre chez les
Poitevins*; ceux qui viendront seront obligés de consulter cet
ouvrage.

⁂

1862. *Bernard Palissy. Etude de ses ouvrages au point de vue
forestier* (signée X.). Extrait des *Annales forestières et métallur-
giques*, xxiᵉ année, numéros de mars-mai 1862. (Paris, typ.
Hennuyer, in-8º, 16 pages.) C'est une analyse, surtout une
reproduction des passages de l'écrivain au point de vue spécial
des forêts, avec quelques appréciations. L'auteur admire beaucoup maître Bernard, dont il dit : « Palissy est un libre-penseur »
(lui qui ne parle que de Dieu et qui a échappé deux fois à la
mort pour sa religion !) Il dédie au peuple français son livre:
Moyen de devenir riche, dédicace qu'il n'a jamais faite dans
un ouvrage qu'il n'a jamais nommé ainsi. Le « libre-penseur »
est ainsi caractérisé par un écrivain protestant, M. Salles:
« Tout ce qu'il entreprend est entrepris en vue de la gloire de

Dieu; c'est lui qu'il cherche sans cesse, c'est lui qu'il trouve dans l'évangile dont il fait sa lecture tous les jours; et quand la persécution vient fondre sur sa tête, il demeure calme, inébranlable dans ses convictions religieuses, et prêt à marcher au martyre plutôt que de renoncer à sa foi. »

***

Dans les *Poésies posthumes* d'EDMOND ROCHE, un poète musicien, mort en 1861, âgé de 36 ans, publiées en 1863 (Paris, Michel Lévy, in-12, 248 pages), avec notice par M. Victorien Sardou, et des eaux-fortes par MM. Corot, de Bar, Herst, Michelin, Grenaud, on trouve l'épilogue en vers d'un drame encore inédit, en prose, destiné à la glorification du travail avec ce titre : *Palissy au Louvre.* C'est la scène de l'érection de la statue du potier sous la deuxième arcade du pavillon Lesdiguières aux Tuileries. En voici les cinq derniers vers :

> Sois heureux, ô vieux maître, ô Bernard Palissy !
> Le peuple a consacré ta gloire légitime :
> Ton triomphe est complet. Sur ce faîte sublime,
> Que Rome ou que la Grèce à la France envirait,
> Monte, grand travailleur : ton piédestal est prêt.

M. Victorien Sardou, dans sa *Notice sur Edmond Roche*, nous apprend que lui aussi a composé sa pièce en l'honneur de Bernard Palissy : « Le jour où je vis Roche pour la première fois, il était triste, rêveur, préoccupé. Evidemment son âme n'était pas toute présente à ce qui se disait autour de lui; son œil regardait plus loin, là où regardent ceux qui ne veulent plus voir la réalité lugubre. Au nom de Palissy que je prononçai par hazard, je le vis soudain s'animer; son œil brillait, sa joue se couvrait d'une rougeur subite. Un amant, devant qui on prononce tout-à-coup le nom de sa maîtresse, n'eût pas tressailli d'une émotion plus soudaine. Or nous aimions tous deux en même lieu. Moi aussi je m'étais passionné pour le bonhomme, dans mes jours de luttes; moi aussi j'avais ma pièce en vers sur Palissy, reçue à l'Odéon, puis refusée, puis reçue et jamais jouée; et nous voilà tous deux à causer poterie et faïence, et vernis, et fondants, et émail blanc, avec le bonheur, avec la passion des gens qui auraient soufflé le fourneau du grand homme, et se seraient avec lui coupé les doigts aux débris de ses fournées. Toute l'ambition du pauvre poète, ce jour-là, le rêve de ses rêves, c'était de devenir assez riche pour acheter à quelque vente un de ces beaux plats à anguilles que Palissy a dû faire pour les poètes et qui n'ont jamais été que pour les riches. »

*
* *

1863. SARDOU, Victorien Sardou, a écrit lui aussi son drame sur Palissy. Qui l'eût cru? Mais quel est celui qui n'a pas ébauché sa petite pièce sur Palissy, séduit par la scène émouvante du four?

C'est Paul Féval qui a raconté, en 1866, la première visite que lui fit Victorien Sardou, débutant : « Je l'interrogeai, comme mon âge et ma position m'en donnaient le droit. Il me dit qu'il avait en portefeuille une pièce en trois actes et en vers, intitulée *Bernard Palissy*, qui résumait de profondes études. Cette pièce et les recherches qu'elle avait nécessitées formaient évidemment sa préoccupation principale. Il était fort complet en parlant émaux, céramique et arts du XVIᵉ siècle. Un instant je crus avoir affaire à un jeune savant égaré dans la voie théâtrale. »

L'Autographe, 2ᵉ série, avait donné, dans son numéro du 9 mars 1872, une composition et dessin de Victorien Sardou, signé « Victorien Sardou, médium ». Dans l'angle droit on lit : « Quartier des animaux chez Zoroastre. Bernard Palissy ». « Dessin extravagant, ajoute M. Alfred d'Aunay ; quand il le conçut, le spiritisme était à la mode, et le futur auteur du *Roi Carotte* prétendait représenter un petit coin de la planète Jupiter. »

Quinze ans plus tard, M. Sardou, académicien, s'est encore occupé de Palissy. En 1885, il a publié l'ouvrage suivant, dont nous donnons le titre sans le comprendre: « *La maison de Mozart* (*dans la planète Jupiter*), dessin composé par Victorien Sardou, sous l'influence spirite de Bernard Palissy. » Paris, L. Sapin, 1885.

*
* *

1863. *La maison et l'atelier de Bernard Palissy*, par DANGIBEAUD, dans *Saintes au XVIe siècle*. Voir plus haut, page CXXIV, année 1843.

*
* *

1863. *Le Bazar*, journal illustré de Berlin, dans son numéro du 8 juillet 1863, a réussi mieux que tout autre à travestir les faits. Palissy est un ouvrier de Florence, appelé à Beauvais pour y orner la cathédrale de vitraux de couleur..... Le reste est à l'avenant.

*
* *

A beau mentir qui écrit au loin. Mais M. H. FISQUET, collaborateur de la *Biographie générale*, sous la direction du docteur Hoefer (Paris, Firmin Didot 1862, tome XXXIX), aurait bien dû ne pas dire : « Une statue lui a été élevée sur une des places publiques d'Agen ». L'article du reste est convenable, sauf quelques erreurs : « Les éditions les plus anciennes des écrits de Palissy sont de 1557 et de 1568 ».

*
* *

1863. *Le moniteur illustré des inventions*, dans sa livraison de novembre 1863, publia à Paris une notice sans importance avec un portrait.

*
* *

Les terres émaillées de Bernard Palissy, inventeur des rustiques figulines, étude sur les travaux du maître et ses continuateurs, suivie du catalogue de leur œuvre, par A. TAINTURIER. (Paris, Didron et veuve Jules Renouard, 1863, in-8°, 136 pages, enrichi de trois planches et quelques gravures dans

le texte.) La partie biographique n'occupe que 13 pages; il y a
des erreurs. Suit une dissertation sur les émaux de l'artiste,
puis un catalogue de ses divers ouvrages, avec dimensions,
descriptions, prix, etc. Tout ce que l'auteur attribue à Palissy
n'est pas de lui.

**

1864. L'heure approchait où Palissy allait recevoir enfin un
hommage public et solennel, digne de la cité qui s'honore de
l'avoir parmi ses enfants. La statue, que tant d'autres personnages méritaient moins que lui, lui serait enfin érigée; le
vœu émis tant de fois et par tant d'hommes se réaliserait. En
janvier 1864, parurent dans les journaux, surtout dans le *Courrier des deux Charentes*, journal récemment fondé, des articles
pour réveiller le zèle des Saintongeais et prouver que le moment
était venu d'élever un monument à Palissy.

Le 9 février, le conseil municipal est assemblé. Le maire,
Jean-Dulcissime Vacherie, s'exprime ainsi : « Messieurs, la ville
de Saintes doit tenir à l'honneur d'élever une statue à Bernard
Palissy, une des plus grandes illustrations de la Saintonge. Ce
désir est au cœur de nous tous, et je n'ai pas à exposer devant
vous les puissantes considérations qui justifient l'hommage que
nous devons rendre à cet homme de génie. J'ai donc l'honneur
de vous demander d'émettre un vœu pour l'érection à Saintes
d'une statue à Bernard Palissy, et de solliciter du gouvernement, conformément à l'ordonnance du 10 juillet 1816, l'autorisation nécessaire à cet effet. De plus, eu égard à l'importance
de cette œuvre, je propose au conseil de nommer une commission qui aura pour but de l'organiser et de la conduire à une
heureuse solution. » Le conseil, à l'unanimité, adopte la proposition et nomme la commission.

Un décret impérial, daté du palais des Tuileries, où Palissy
avait eu sa demeure, autorisa la statue (12 mars 1864).

Ce n'est point ici le lieu de faire l'historique du monument;
il en est amplement traité dans l'iconographie. Bornons-nous
à la bibliographie.

La nouvelle qu'on allait ériger une statue à Bernard Palissy mit en émoi les écrivains et appela encore l'attention sur lui.

NICOLAS MOREAU, bibliothécaire de Saintes, publia, dans le *Courrier des deux Charentes* du 26 janvier 1864, ce qu'il avait jadis écrit sur Palissy, agronome, physicien, vitrier et écrivain, peu de chose.

En même temps, BARTHE, pasteur à Cozes, reproduisait, dans l'*Indépendant de la Charente-Inférieure*, nᵒˢ des 7, 28, 31 mai et suivants, les articles revus et augmentés qu'avait imprimés, en 1845, dans l'*Union*, « un abonné de Cozes ». On y trouve entre autres choses (Nᵒ du 31 juillet), que c'est la réforme, embrassée en 1544 par Palissy, qui lui fit chercher l'émail en 1539.

*
* *

1864. PIERRE JONAIN publia (Paris, Chamerot, in-12, 48 pages) une « *Notice sur Bernard Palissy*, suivie d'un aperçu de ses écrits et de ses santonismes ou locutions saintongeaises, et d'une complainte sur sa vie. » Le titre est presque aussi long que l'opuscule. Il est daté de ce signe cabalistique: « Royan, 18 $\frac{22}{3}$ 64 », ce qui signifie 22 mars 1864. Il commence ainsi :

« *La mère* : Mon fils, depuis quelques années j'entends répéter un nom duquel je n'avais quasi aucune connaissance: Bernard Palissy ou de Palissy, un potier de terre, digne à ce que l'on prétend, d'une statue. Toi qui passes tant de livres et de journaux, tu devrais bien, aujourd'hui qu'il est dimanche, ici, à l'ombre de notre charmille, me donner une petite signifiance de cette nouveauté. »

Ainsi du reste. Dans la complainte maître Bernard raconte sa vie :

> Qu'il fait bon aller à l'école
> Apprendre à lire la parole
> Et l'écrire, à calculer bien.
> Gagne pain de mon tout jeune âge,
> Travail et plaisir, arpentage,
> Qu'avec bonheur tu me revien !

Mon tour fini je vins à Saintes
Où besoin d'aimer me fixa.
Femme, enfants, émotions saintes!...
Mieux encore, Dieu m'exauça.

Quatorzième et dernier couplet.

Sous les verrous de la Bastille
Ainsi parle et meurt Palissy,
Tandis que sa vaisselle brille
Au Louvre et chez Montmorency.

La partie originale de cette brochure, après la complainte, c'est un vocabulaire de 95 mots dont quelques uns sont Saintongeais, et un résumé des découvertes et inventions de Palissy que l'auteur élève au chiffre respectable de XLVI.

« Cette notice, dit M. Champfleury, p. 314, ne trouverait pas place ici si le vocabulaire des mots Saintongeais n'offrait quelque utilité. La complainte est digne de figurer dans les rangs des drames, des poèmes, des contes et des romans que n'a pas protégés le souvenir de l'illustre potier. » Et le portrait de Palissy!

*
* *

1864. Des articles *Bernard Palissy*, publiés par LUCIEN GUÉNON DES MESNARDS, dans les n°ˢ des 25 février, 10 mars et 14 avril 1864, pp. 28, 36 et 50, XVᵉ année du *Témoin de la vérité*, journal protestant paraissant à Saintes (1850-1866), mirent alors en relief surtout le huguenot.

*
* *

Palissy historien de la réforme, par LOUIS AUDIAT, dans la *Revue des provinces* (Paris, tome IV, 1ʳᵉ et 2ᵉ livraisons, 15 juillet et 15 août 1864), chapitre détaché du livre *Bernard Palissy*, 1868.

*
* *

Le journal *Le Coynac*, qui paraissait à Saintes, publie *Bernard Palissy*, par LOUIS AUDIAT, articles qui ont formé un volume.

*
* *

Maître Brenard Palici, dialogue entre deux habitants de la Chapelle des Pots, à l'occasion de l'érection à Saintes d'une statue à Bernard Palissy, par E. GIRAUDIAS, avocat, membre de la commission pour l'érection de la statue. (Saintes, Alexandre Hus, imprimeur-libraire, 1864, in-8°, 14 pages.) Vendu au profit de l'œuvre. Ce sont des vers mi-patois, mi-français, et remplis d'allusions locales, lus et applaudis, le 30 juillet 1864, à une séance littéraire. Ils rapportèrent, tous frais payés, cent cinquante-cinq francs à la statue.

Voici le début, comme échantillon :

> A ça maître Lucas, toi qui lis le *Cougnat*,
> Dis nous donc ce que chante in mossieur Audiat
> Qui voudrait, au mitant de la plus belle rue,
> Qu'à n'in certain Brenard on mît une estatue.
> C'était assurément un fameux général
> Pour le pianter ainsi dret sur un piédestal ?

LUCAS.

> Non, voisin. Ce Bernard, venu de la Gascogne,
> O n'était qu'in potier, mais grand par sa besogne.
> Quand je dis la Gascogne, o vaudrait mieux, je crés,
> En faire un Limousin, ou ben in Agénés.
> Ou piutôt, tarminant une veille querelle,
> Le baptiser Saintés, naissut à La Chapelle.

*
* *

Je mets à sa date un volume vendu trois francs au profit de l'œuvre de la statue : *Les Oubliés. Bernard Palissy,* par M. Louis Audiat, secrétaire de la commission de l'œuvre de la statue de Bernard Palissy. (Saintes, Fontanier, éditeur ; Paris, Auguste Aubry, 1864, XXII-358 pages. Saintes, typ. Lassus, avec portrait.)

Extrait de la préface, datée d'août 1864 et parue dans le *Courrier,* du 22 janvier 1865 : « Ce volume de près de 400 pages (qui avait paru dans les numéros du *Cognac,* journal de Saintes),

est incomplet. Par suite de circonstances particulières et de
misères typographiques, il m'a fallu abréger et abréger tellement que les vingt-cinq dernières années de mon personnage
sont racontées en un peu plus de vingt-cinq lignes. Qu'on ne
vante plus la brièveté de Tacite! Pourtant si l'on consent à ne
voir dans ce livre qu'une partie de la biographie, on remarquera
que ce fragment est un tout; c'est Palissy à Saintes, Palissy
tant qu'il appartient à la Saintonge. Plus tard, si Dieu m'accorde
ce qui m'a manqué pour ce volume, j'achèverai ce qui n'est
même pas indiqué ici. » Ce nouvel ouvrage annoncé fut édité
en 1868 par la librairie Didier et couronné par l'académie
française. Ces deux volumes, quoique racontant les mêmes faits,
ne se ressemblent en aucune façon. Le premier a une préface
où est narré amplement tout ce qui se rapporte à la statue qu'on
érigeait alors.

*
* *

Au conseil général de la Charente-Inférieure (séance du 25 août
1864,) une commission demandait le vote de quinze cents francs
pour la statue, en faisant valoir les services de maître Bernard.
Un membre, Omer Charlet, attaqua vivement ces conclusions :
« Tout en rendant justice au talent de Palissy, je ne vois dans
son œuvre rien qui le recommande à mon appréciation de
conseiller général chargé d'économiser les deniers de mes com-
mettants; ne voyant pas en quoi ceux-ci doivent se glorifier du
passage à Saintes d'un fabricant de poteries ingénieuses mais
inutiles; je me refuse à voter une statue qui ne dit rien à mon
patriotisme..... Si vous voulez à toute force prendre les illustrations au passage pour leur élever des monuments, que ne prenez-
vous au moins celles qui se sont signalées par de véritables
bienfaits. Voici Colbert de Terron, le fondateur de Rochefort;
Reverseaux, l'intendant bienfaiteur de notre province, mort sur
l'échafaud révolutionnaire; Leterme, dont la gloire modeste
ne s'étend pas au-delà de nos contrées, mais dont les desséche-
ments ont fait renaître la santé, la richesse, là où régnaient la
maladie, la misère..... attendez que les Réaumur, les Chasse-

loup, les Duperré, les Valin, les Dupaty et tant d'autres enfants illustres de notre sol aient enfin la statue, le buste qu'ils ont mérités! » On n'eut pas de peine à combattre ces arguments grincheux, et les quinze cents francs furent votés. Voir cette discussion, pages 129-142, *Délibérations du conseil général de la Charente-Inférieure*, 2e partie. (La Rochelle, typ. Mareschal, 1864, in-8°.)

Le conseil, qui avait deux ans auparavant alloué quinze cents francs pour la statue de Régnault à Saint-Jean-d'Angely, vota une somme égale pour Palissy à Saintes.

.*.

1865. Un avocat d'Agen, M. JULES SERRET, a publié en mars 1865, chez P. Noubel, à Agen, une petite brochure contenant les biographies de Perès, Jacques de Romas et Palissy. Il fait naître Palissy à La Capelle-Biron, dans le diocèse d'Agen, et de parents « fabricants de tuiles », lui qui à trente ans n'avait jamais vu four ni argile.

.*.

Le baron ERNOUF, dans le *Moniteur du soir*, du 4 mai 1865, a publié un article biographique sans importance.

.*.

Bernard Palissy ou le potier de Saintes, pièce historique en cinq actes, précédée d'un prologue en deux parties, par LOUIS ALLARD. (Paris, Vannier, 1865, in-12, 168 pages.) C'est la chronique de Palissy mise en vers. Et quels vers! Des vers qui pourraient, comme dit le rimeur,

Du courageux Robin faire évaporer l'âme.

.*.

Une biographie de *Bernard Palissy*, 1510-1590, par LOUIS ENAULT, parut dans la 1re livraison du *Livre d'or des peuples*,

Plutarque universel. (Paris, rue des Enfants-Rouges, octobre 1865; 15 pages.) Aucun fait nouveau; rapide exquisse à peu près exacte; neuf gravures assez mauvaises.

*
* *

La Fraternité, du 20 mars 1865, contient une biographie de Palissy.

*
* *

Le Siècle, du 24, publie *La statue de B. Palissy*, article de Henri Martin, qui avait déjà dans son *Histoire de France* (tome IX, page 13, édition de 1870), loué Palissy en qui se résume « l'ensemble du mouvement scientifique de cet âge »; Palissy « sera le plus profond et l'un des plus habiles artistes de la renaissance ». L'auteur l'avait déjà (x, 76) fait causer avec Henri III à la Bastille.

*
* *

Le *Petit Journal*, du 25, contient *Une fête pour B. Palissy.* Voici à quel sujet :

*
* *

Le 26 mars 1865, M. le comte Anatole Lemercier organisa à Paris, au grand théâtre, rue de Lyon, faubourg Saint-Antoine, près de la Bastille où était mort Palissy, une fête littéraire et musicale, dont le produit était destiné à la statue. L'orphéon Amand Chevé prêta son concours. Ferdinand de Lasteyrie, membre de l'institut, fit une conférence. M. Audiat, délégué de la commission de Saintes, y prit la parole pour remercier les organisateurs et dire quelques mots du monument projeté. La conférence de Lasteyrie fut insérée (15 juillet et 18 août) dans les *Beaux arts, revue de l'art ancien et moderne* (Paris, impr. Pillet), et tirée à part, *Bernard Palissy, étude sur sa vie et son œuvre.* (Paris, 1865, in-8°, 20 pages.) La biographie du personnage est esquissée d'après les ouvrages antérieurs. L'auteur, dans Palissy, n'a vu que l'artiste, qui est sommairement mais très justement apprécié. Il fut nommé membre de la commission et assista à l'inauguration de la statue; il y avait doublement sa place.

**

La *Revue des cours littéraires*, du 28 octobre et du 18 novembre publie la conférence faite, le 3 juin 1865, à la Rochelle, au profit de l'œuvre, par M. LOUIS AUDIAT, secrétaire de la commission.

**

1866. Le 25 février, la *Revue de l'Aunis et de la Saintonge* publie sous ce titre : *A propos de Bernard Palissy*, des vers que M. ÉMILE FOURNAT, avoué à Saintes, lit à la conférence du 25 février et qu'il vend ensuite en brochure avec une romance, 50 cent., au profit de l'œuvre de la statue, sous ce nouveau nom : *Vers lus en soirée littéraire, à Saintes, le 25 février 1866.* (Saintes, madame Amaudry, rue de la Comédie, in-8°, 8 pages.) La plus grande partie de cette poésie déplore le malheur des génies incompris.

> Et toi, noble artisan.....
> Illustre Palissy, pardonne à la cité
> Qui méconnut jadis de l'hospitalité
> Les droits et le devoir; elle s'est souvenue;
> De ton apothéose enfin l'heure est venue.

**

A la même réunion, M. E. GIRAUDIAS, avocat, membre de la commission, l'auteur de *Brenard Parici*, lisait puis vendait 50 centimes une pièce de vers, *Bernard Palissy à ses concitoyens sur la place où l'on doit ériger sa statue.* (Saintes, Hus, 1866, in-8°, 13 pages.) L'auteur examine les trois ou quatre emplacements où pourrait se dresser le futur monument; il n'en trouve qu'un, la place Blair. Si le bon sens, la verve et l'esprit suffisaient, l'avocat de maître Bernard aurait gagné sa cause.

.*.

Bernard Palissy phrénologue, vers lus à la soirée littéraire du
18 mars 1866, à Saintes, par M. E. GIRAUDIAS, avocat.
(Saintes, impr. Hus, 1866, in-8°, 7 pages. Prix : 30 centimes, au
profit de la statue.) Ces 150 vers sont inspirés par un passage de
la *Recepte véritable*, page 109 : « Lors me print une envie » de
mesurer la tête d'un homme. » Je prins la teste d'un Limosin, et
l'ayant mise à l'examen, je trouvay qu'il avoit sa teste pleine de
folies, et grand mixtionneur et augmentateur de drogues,
tellement qu'il se trouva qu'il avoit acheté trente cinq souls la
livre du bon poivre à La Rochelle, et puis le bailloit à dix sept
sols à la foire de Niord, et gagnoit encore beaucoup... Après
cestuy je vous empongnay la teste d'une croteuse, femme d'un
officier royal..... « M'amie, pourquoy est-ce que vous contre-
« faites ainsi vos habillemens?... Vous avez pris une verdugale
« pour dilater vos robes, de sorte que peu s'en faut que vous
« ne monstriez vos honteuses parties... » En lieu de me remercier, la sotte m'appela huguenot. Quoy voyant, je la laissay
et prins la teste de son mary... » Voir aussi *B. Palissy* (Saintes,
Fontanier), ch. XXIX et XXX, p. 282.

.*.

A la même soirée fut lue par l'abbé XAVIER DOUBLET,
curé de Restaud, une poésie en patois saintongeais. (Saintes,
Oscar Guiard; impr. Amaudry, 1866, in-8°.) *Nouvias achets tout
très ponnuts à prépous de tchieu l'houme de piarre Brenard
Paritchi qui l'aviant piacé chez Laveugne peur encourager les
gens à venit mangé d'au café et à se faire coper les piaux.*
(Prix : 50 cent.) C'est-à-dire : « Nouveaux vers tout frais pondus
à propos de cet homme de pierre qu'ils ont placé chez Lavigne
pour encourager les gens à venir prendre le café et à se faire
couper les cheveux »; allusion à une parodie d'inauguration
qu'en mars 1866, le propriétaire d'un nouveau café, situé au
faubourg de la Bretonnière, à Saintes, perruquier de son état,
exécuta avec pompe pour achalander son établissement décoré

du nom de café Palissy. Dans ces vers, Xavier Doublet reprenant un peu l'idée d'Emile Giraudias, promène le potier réveillé de son somme séculaire de place en place, à la recherche d'une nouvelle habitation.

J'arrive enfin à Saintes. O cheyait dau grous give.
Et ben ! quand je voyis de nouvias tchielle rive,
Quand je mettis le pied dans la ru dau faubourg
Je sentis mon tic-tac battre keume in tambour,
M'ecotis in moument contre ine grousse piarre
Avant d'aller cougner chez monsieu Bassompiarre ;
J'arrivit à la porte et je frappis : pou ! pon !
« Tchié ton la tchi racace avequo son baton ?
Tchié ton tchié les mâtins ? L'avant ben de l'audace »,
S'ékeuryit ine veille en faisant la grimace.
— « Faite excuse ; pardon, si vins vous dérangé,
Qui dessit ; vout' bourgeois peurait-il me logé ?
Je ne seus pas ben grous ; tou près de nous en face
Je me contentris bien d'ine petite piace. »
Le bourgeois la seguait, me demandit mon nom,
De vour que je venis avec ma profession.
Quand il soyit tout ça, grand Dieu, quelle surprise !
— « Je ne zous peu pas, sti, toute la piace est prise ;
Si serment n'avis pas thieu l'ancien mounument,
Tout fraichement batit sur tchiu l'empiacement,
Je peuris vous logé ; mais si venait à chère,
I vous éboullerait, malheureux ; et que faire
Apré ? J'oris tréjours ça tchi rong'rait mon tchiur. »

Ces vers sont curieux à étudier comme trait de mœurs, expressions locales, et aussi comme dialecte.

*
**

1866. Ces lectures ont été appréciées par ALPHONSE FEILLET dans la *Revue des provinces* du 15 avril 1866, qui dit: « De tous les noms historiques qui appartiennent au XVIe siècle, nul, à notre avis, ne doit être plus sympathique au XIXe que celui de B. Palissy. Il représente à la fois le travail

liberté de conscience soutenue jusqu'au martyre, et la science moderne faisant ses premiers pas dans la voie si féconde plus tard de ses grandes découvertes. »

*
* *

Une très importante publication, la plus importante peut-être pour la gloire artistique de maître Bernard, « monument illustré le plus intéressant qu'on ait élevé au souvenir du maître potier », dit la *Gazette des beaux arts*, xx, 561, est la *Monographie de l'œuvre de Bernard Palissy*, suivie d'un choix des ouvrages de ses continuateurs et imitateurs, recueil de cent planches coloriées et rehaussées de retouches au pinceau qui représentent très exacts dans leurs dimensions les vases, les coupes et autres pièces sorties des ateliers de Palissy. Tiré à 300 exemplaires au prix de 400 francs, l'ouvrage commencé en 1862 ne s'est achevé qu'en 1866. Il fait suite à la *Monographie des faïences de Henri II*. Les dessins et lithographies sont de MM. CARLE DELANGE et C. BORNMAN ; le texte, de M. SAUZAY, conservateur-adjoint au Louvre, et de M. HENRI DELANGE. (Paris, chez l'éditeur, quai Voltaire, 5, 1862-68, in-folio.) Les pièces sont exécutées souvent de grandeur naturelle. On y voit un avant-propos d'une vie de Palissy et quelques mots sur ses travaux et ses continuateurs, le catalogue des planches et la liste des souscripteurs au nombre de 114. Ce travail est certainement un beau monument élevé à l'émailleur saintongeais. Le choix heureux des sujets, l'habile exécution des planches font le plus grand honneur à l'éditeur. Quand on l'a étudié, on comprend bien mieux le talent de maître Bernard.

Le texte nous trouvera plus exigeant. Dans une œuvre semblable, je le sais, les images cachent l'écriture, comme la musique d'un opéra en couvre le libretto. Pourtant, dans un travail de luxe, il ne serait pas mal que tout fut artistique au même degré. Les trente pages de notice me paraissent manquées. Le début s'annonce bien ; il promet des développements considérables, une vie étudiée, une bibliographie aussi complète que possible, des recherches sur la demeure de Palissy à Paris,

s'élevant jusqu'au génie; l'art s'ouvrant de nouvelles voies; la
une dissertation sur la trouvaille d'un four aux Tuileries, « un
document intéressant sur un personnage de la biographie »; et
rien de tout cela n'existe. En outre les fautes typographiques
abondent qui estropient les noms.

Une étude incomplète du texte de Palissy et des faits qui se
rapportent à lui a fait tomber le biographe dans quelques erreurs
qu'il importe de relever parce que l'importance de l'ouvrage où
elles se sont glissées pourrait les accréditer. Ainsi on fixe à
l'année 1550 l'époque où Palissy conçut le projet de découvrir
l'émail, parce que dans son livre il parle de vingt-cinq années
passées. Ce traité, *l'Art de terre,* fut bien imprimé en 1580, mais
il était composé bien longtemps avant. En effet, il raconte que,
depuis plusieurs années déjà, Palissy cherchait son secret,
lorsqu'en 1543-1544 il fut chargé de lever le plan des marais
salants de la Saintonge. On doit donc adopter le millésime de
1539 ou 1540 pour date de ses premiers essais en céramique.

Ensuite on croit à des dissentiments assez vifs entre le connétable de Montmorency, zélé catholique, et Bernard Palissy,
fervent huguenot: car la *Recepte véritable* est dédiée à Anne de
Montmorency, avec cette mention : « par Bernard Palissy,
inventeur de rustiques figulines du roy et de monseigneur le
connestable », tandis que les *Discours admirables* portent simplement : « inventeur des rustiques figulines du roy et de la
Reine mère ». Mais on ne remarque pas que le duc de Montmorency était mort en 1567, et que treize ans après son trépas
l'artiste ne pouvait plus se dire inventeur de ses rustiques figulines. D'ailleurs si la *Recepte véritable* est dédiée à Montmorency,
papiste, les *Discours admirables* sont dédiés à Antoine de Pons,
calviniste converti. Voilà de quoi prouver que Palissy n'était pas
un trop méchant huguenot.

Un autre reproche que j'adresserai à ce texte, c'est de n'avoir
pas nettement indiqué quelles sont, parmi ces cent planches,
celles qui appartiennent au maître et celles qui sont à ses
élèves; il y a confusion; l'admiration peut s'égarer.

.*.

Revue de Paris, 1er-15 juillet, 1er août 1866. *Conférences pu-bliques d'autrefois*, par M. LOUIS AUDIAT. Le numéro du 15 juillet traite des conférences faites par Palissy à Paris, en 1575, et l'article a été reproduit dans *B. Palissy*. (Didier, 1868.)

.*.

Revue des questions historiques, juillet 1866. *L'entrevue de Bernard Palissy et de Henri III*. M. LOUIS AUDIAT discute l'entrevue racontée par d'Aubigné et conclut qu'elle n'a jamais eu lieu ; c'est un chapitre de son livre *B. Palissy*. (Didier, 1868.)

.*.

Dans les *Chefs-d'œuvre des arts industriels*, par PHILIPPE BURTY (Paris, Ducrocq, 1866, in-8°, 598 pages), il y a (pages 96-138) un chapitre consacré à la biographie et à l'appréciation de Palissy et de ses ouvrages : la *Recepte véritable*, « sorte d'apocalypse, un livre exalté dans lequel il faut voir le plus souvent des allusions au sort de ses amis et de la religion réformée ; les *Discours admirables*, sorte d'encyclopédie fort curieuse. Palissy s'y montre infiniment plus instruit, plus avare d'hypothèses, plus perspicace que dans son premier livre. » On y raconte l'entrevue à la Bastille. Les gravures représentent la marque de Palissy, son portrait d'après le vélin de Cluny, une assiette à fruits de la collection Dutuit, un hanap de la collection Samuel de Rothschild, un plat de rustiques figulines de la collection du marquis de Saint-Seine, une canette de Briot, le plat dit « à la Charité », du Louvre, et la Nourrice du Louvre.

.*.

1867. SAMUEL SMILES. *The huguenots ; their settlements.* Les huguenots ; leurs hommes illustres (1867, in-8°). « Palissy trouve sa place naturelle dans cet ouvrage sur les protestants », lit avec beaucoup de raison M. Champfleury, page 157, qui traduit *settlements* (établissements) par *hommes illustres.*

**

Je cite aussi, d'après M. Champfleury, C.-L. BRIGHTWEL, *Palissy the huguenot potter.*

**

1867. LOUIS SIMONIN, ingénieur civil des mines, professeur de géologie à l'école centrale d'architecture. *Les grands ouvriers: Palissy, Jacquart, Ruhmkorff, Watt,...* (Paris, Hachette, 1867, in-18.) *Conférences populaires faites à l'asile de Vincennes.*

**

1867. *L'idylle aux bords de la Charente*, par LOUIS AUDIAT, dans la *Revue de l'Aunis, de la Saintonge et du Poitou* (4ᵉ année, nº 12, 25 décembre 1867), reproduite dans son livre *Bernard Palissy* (1868), représente la ville de Saintes d'après Palissy, au début de la réforme.

**

AUGUSTE DU SAUSSAIS. *Bernard Palissy.* (Paris, chez l'auteur, in-18, 32 pages.)

**

Les merveilles de la céramique, par A. JACQUEMART. (Paris, Hachette, 1866-1869, 3 vol. in-12; 3ᵉ édition, 1877.) La deuxième partie (*Occident*, pages 261-284) a le chapitre II: *Palissy, ses émules et ses imitateurs;* notice exacte d'un homme très compétent, avec classification raisonnnée des œuvres du maître et quelques mots sur ses continuateurs. Il reproduit un plat avec un lézard et des ornements de la collection de M. le baron Gustave de Rothschild, et une buire avec ornements et figure, de la même collection.

**

1868. E. MARTELET. *Conférences à l'asile de Vincennes.*

Bernard Palissy. (Paris, Hachette, 1868, in-18, 50 pages.) Notice insignifiante.

*
* *

En 1867, la Société des arts, sciences et belles-lettres, qui venait de se fonder à Saintes, le 12 février, ouvrit un concours de poésie dont le sujet était Bernard Palissy, sans cependant l'imposer. Il y eut deux pièces couronnées; l'une de M. ACHILLE MILLIEN, de Beaumont-la-Ferrière (Nièvre), sous le titre de *Myosotis*, chante la nature rustique qu'on voit sur les plats du maître :

> Modeste travailleur, salut, génie austère.
> Salut, pauvre r tier, intrépide lutteur,
> Qui, dans de tristes jours, fus un grand caractère
> Non moins qu'un glorieux et fécond inventeur...

L'autre, de Mᵐᵉ MÉLANIE BOUROTTE, de Guéret (Creuse), célèbre la lutte de l'artiste :

> C'est le triomphe !... ô merveille! ô merveille!
> L'argile vit, et l'émail est trouvé !
> Voici la fleur, le papillon, l'abeille,
> Voici le prisme incessamment rêvé !
> Elle est permise, enfin, l'heureuse extase!...
> Chantez, oiseaux; sur les parois du vase
> Nagez, poissons; glissez, glissez lézard !
> Faune charmante et poétique flore,
> Pour l'avenir, quand vous venez d'éclore,
> La gloire en vous a couronné Bernard.

Deux mentions honorables furent accordées pour deux pièces qui traitaient de Palissy, à M. PAUL BLIER, professeur au lycée de Coutances, *Bernard Palissy*, et à M. PHILIPPE GEAY-BESSE, président du tribunal de commerce à Saintes, *Brenard de Palici*, dialogue en patois saintongeais. Nous citons quelques passages des vers de Geay, qui donnent une idée du patois saintongeais en ce temps-ci.

PIERRE.

I disant qu'en in temps l'y avait in Brenard,
Se levant de bonn'heure et se couchant ben tard,
Qhui fasait enragher et sa femme et sa feuye,
Pass'qhui jhetait au feu tout, jhusqu'à leu gueneuye.
Thiellez infortunés pr' apésé leu faim,
N'aviont, dés jhours quo y at, pas in mourcia de pain.
Mé voyé, quam' on a t'in méchant caractère'
A l'auriant préferé dans leu grande misère
Thieu o l'est ine idée que personne n'aurai
Et que pas in non più de thié temps ne dairait
Li voer, zou créris-tu ? la ceinture dorée,
Que de le voer courit après la renommée.
I n'était point faignant, il était in piocheur,
A qui l'ouvrage, allez, ne fasait jamais peur.
Il était fayencier, dans soun état habile ;
Il fasait les cent pas ; il arpentait la ville ;
Dés chéti polissons le seguiant n'importe où,
Créiant su sés talons qu'ol était in grand fou !
Mé li n'acoutait point thielle triste sornette ;
Il avait ma foé ben d'autre chouse en la tète ;
I allait, i venait, ne peuvait pu dormit ;
Et tout thieu, si vous piait, pr' inventé dau vrenit.

Thieu paur' houme, en infet, se bayit tant de mau
Qhui finissit enfin pre dectheurit l'émau ;
I réussit si bein à fere sa vesselle
Que les potiers d'aneut n'allans poin à l'esselle.

JEAN.

Tout aussi vré, foé Dieu ! que jhe seux Jean Coussot,
Thieu l'houme et moé, voé-tu, j'haurions point fait deux sot!

PIERRE.

Qhuitte me don finit pre le moin moun histoére,
Et songe à me convier aprés in cot à boére.....
Voué tou que j'en étis ?... té, tu m'as corromput :
Asthoure ne sé pu vour attrapé mon but.....
Ah ! jhe cré que j'hi seux... Pre en r'venit à més ouéyes,
Jhe disis que Brenard avait fait des marvéyes !

N'on voet dedans sés piat tout' sorte d'animas,
Dés sarpent, dés lézart, dés chancre et dés grapias ;
N'on z'y voet étou, Jean, (que le diable t'érale !)
Lés pu grous écrevisse à couté de pibale,
Des zheutres, des sourdons ou be dés lavagnons,
Des cagouilles, des rat, jusqu'à des escarpions !...
Sé-jhi, moé, tout c' qu'on voet ? o l'est incomprensibien,
Des cheun pret à jhappé, in p'tit osò qhui sibien !
Presonne que Brenard à cot sûr n'a rein fait,
Pre fére sur la tére que li autant d'effet.

On trouvera dans le premier volume, pages 90-107 des
Annales de la société des arts, sciences et belles lettres de Saintes,
les pièces de M. Millien, de Mlle Bourotte et de Léandre Geay.
Celle de Geay a été imprimée à part, *Brenard de Palici*, dialogue
saintongeais par M. Geay-Besse, président du tribunal de commerce. (Saintes, typ. P. Orliaguet, 1870, in-8°, 8 pages.)

*
* *

La même société organisa en l'honneur du potier une exposition de céramique locale qui réussit admirablement. Beaucoup
de pièces de Bernard s'y montraient depuis ses essais non encore
couverts d'émail jusqu'à ses chefs-d'œuvre de rustiques figulines. LOUIS D'ARMAILHAC fit un *Rapport sur l'exposition
céramique de Saintes, en 1868.* (Saintes, 1870, typ. Orliaguet,
in-8°, 21 pages. Extrait des *Annales de la société des arts*, t. I,
page 120.)

*
* *

Biographie en vers de Bernard Palissy, précédée d'une préface
dédiée à sa mémoire par ANTOINE TAILLADE. (Saintes,
imp. Hus, 1868, in-12, VI-10 pages.) « Bernard Palissy est né
à la Chapelle-Biron. M. Louis Audiat le prouve dans son livre
d'une manière évidente. Pour moi il n'y a plus d'équivoque.
Voici comment j'en juge. D'abord je connais parfaitement La
Chapelle et le château de Biron, je suis né à trois lieues de là ;
j'étais domestique à La Chapelle pour garder le bétail et ramasser

les marrons. Alors je puis dire que La Chapelle et le château de
Biron sont situés dans un vilain endroit, dans un pays très
pauvre, ne produisant presque que des marrons, des pommes de
terre et du maïs... »

Et les vers

Inventeur sans pareil,
Nuit et jour vous cherchâtes;
En dépit du sommeil
Un beau jour vous trouvâtes.

Taillade était un fort honnête tailleur d'habits.

*
* *

L'inauguration de la statue (2 août 1868), que nous avons
racontée à l'*Iconographie*, fournit surtout des discours.

*Inauguration de la statue de Bernard Palissy. Discours de
M. LOUIS AUDIAT.* (Saintes, typ. de Pierre Orliaguet, 1868,
in-8°, 13 pages.)

*
* *

Du même : *Bernard Palissy. Etude sur sa vie et ses travaux,*
par LOUIS AUDIAT. (Paris, librairie académique Didier,
1868, in-12, VII-480 pages. Ce volume a été couronné par
l'académie française. Ces lignes de la préface en donneront une
idée suffisante.

« Il est des personnalités plus éclatantes, plus bruyantes, plus
grandioses. Mais est-il un homme en qui le seizième siècle,
avec ses qualités et ses défauts, avec ses misères et ses grandeurs, s'incarne mieux? Il naît avec lui, 1510, et meurt avec
lui, 1590. Dans sa longue vie se reflètent fidèlement les goûts
et les malheurs de l'époque. Il connaît, si j'osais emprunter à
Bossuet cette expression un peu ambitieuse ici, il connaît toutes
les extrémités des choses humaines. Fils d'artisan ou de bourgeois, il devient le protégé des grands et des rois. Illettré, il
arrive par sa ténacité à acquérir d'étonnantes connaissances et à
composer deux ouvrages, trésor de sages conseils et de théories

précieuses. Artiste, il invente un art. La passion de l'étude le
dévore; il observe, il contemple. Il porte dans toutes les branches cette curiosité fiévreuse qui est un des caractères du temps.
Il est encyclopédique comme le sont ses plus illustres contemporains : Léonard de Vinci est peintre, naturaliste, écrivain;
Michel-Ange est peintre, architecte, sculpteur et poète; Laurent
de Médicis est grand seigneur, poète et banquier; lui, sera
géologue, physicien, chimiste, écrivain, artiste, historien. Mé-
content de l'enseignement de l'école, il rompra avec la tradition;
il étudiera dans le livre de la nature au lieu de consulter les
écrits des philosophes. Il voudra « n'être aucunement imitateur
de ses devanciers », principe tout moderne, que mettent en pratique Bacon et Descartes. Il fera plus. A côté des chaires de
l'état, il élèvera une chaire particulière. Fier de sa raison et de
ses connaissances, il convoquera à ses leçons les grands et les
doctes. Et, comme on vit sur les bancs de l'université de Paris,
s'asseoir des écoliers à cheveux blancs, pour apprendre le grec
que le professeur Georges Hermonyme, de Sparte, ne savait
pourtant guère mieux que ses élèves, on verra un parent de
Coligny, le président Henri des Mesmes, Ambroise Paré, venir
entendre le potier de terre enseignant les sciences naturelles.
Dans son style se réuniront à la fois le ton amer du sectaire, la
bonhomie railleuse de l'homme du peuple et la mélancolie du
rêveur. Enfin, pour dernier trait, il embrasse la religion de
Calvin. Pour sa foi nouvelle il subit la persécution, la prison;
et, grâce à la tolérance particulière qui vivait fort souvent à côté
de l'intolérance dogmatique et légale, il échappe trois fois à la
mort que lui avaient méritée, d'après les lois en vigueur, ses
convictions religieuses et sa passion de prosélytisme.

« Tel est, en quelques mots, l'homme que nous voudrions
étudier au triple point de vue de l'art, de l'histoire et de la
science. Cette division nous était d'avance indiquée et toute
tracée par le sujet lui-même. Bernard Palissy n'est guère connu
que comme potier, artisan, émailleur. Ceux qui ont pénétré
plus avant dans sa vie savent un peu qu'il fut aussi géologue,
physicien, chimiste, agronome, écrivain. Nous voudrions com-

pléter ce que l'on connaît de l'artiste, montrer les découvertes étonnantes que, sans s'en douter, lui doit la science moderne, et par suite faire voir où en étaient au quinzième siècle les sciences naturelles, enfin le révéler comme historien local d'un des événements les plus importants de son époque, la réforme. Pour cela nous n'aurons qu'à suivre notre personnage. Cette division correspond assez exactement aux trois périodes caractéristiques de son existence agitée. Nous n'aurons donc pas besoin de nous écarter de la biographie pour l'apprécier comme ouvrier énergique, artiste créateur, comme narrateur exact, écrivain et penseur remarquable, enfin comme le père de la géologie et des sciences naturelles. Cet ouvrage, dont l'opuscule publié en 1864 n'était pour ainsi dire que la préface ou du moins les premiers chapitres, est né de la même pensée qui en ce moment même érige une statue à maître Bernard. Nous voudrions qu'il en fût le complément, le commentaire, le livret développé. Une statue est une synthèse. Puisse ce volume être les bas-reliefs qui, faute d'argent, ne la décoreront pas!

« Secrétaire de la commission de la statue, j'ai pris mon rôle au sérieux, trop au sérieux peut-être, et cru que ces fonctions m'obligeaient, non pas seulement à écrire sous l'inspiration de la commission quelques milliers de lettres et de circulaires, mais encore une vie de notre héros, examinée avec soin, et qu'on pourra étudier avec confiance. Tout en respectant le caractère et les mérites de Palissy, tout en lui consacrant une sympathique admiration, je ne me suis pas condamné à tout louer chez lui; et, quand il a fallu, j'ai blâmé. C'est une étude, non un panégyrique que je faisais, une histoire non une oraison funèbre. Palissy paraîtra donc débarrassé d'une auréole menteuse qui sera, je l'espère, remplacée par une couronne plus solide, et dégagé d'une foule de légendes qui peu à peu transformaient le penseur saintongeais en un héros mythologique. Des documents nouveaux ou récents m'ont aidé à renverser bien des hypothèses données comme des vérités par les précédents biographes et acceptées comme paroles d'évangile par le public. »

.˙.

Le livre a été apprécié par M. le marquis EUGÈNE DE
MONTLAUR, dans la brochure suivante : *Un potier au
XVI° siècle, 1510-1590. Bernard Palissy, étude sur sa vie et ses
travaux par Louis Audiat*, par Eugène de Montlaur. (Moulins,
impr. C. Desrosiers, 1868, in-18, 32 pages.) Extrait du *Messager
de l'Allier*, 13 et 15 décembre 1868; du *Journal du Loiret*, 7 mars
1869.

.˙.

Et aussi dans les *Mémoires* de la société d'agriculture, sciences
et arts d'Angers, année 1872, pages 385-407, *Une statue de Bernard Palissy (marbre), par M. Ferdinand Taluet*. (Saintes, Charente-Inférieure, inauguration le 2 août 1868.) M. HENRY
JOUIN, critique d'art bien apprécié, depuis attaché à la direction des beaux arts, lauréat de l'académie française et de l'académie des beaux arts, y raconte l'histoire de la statue qu'il
juge et y parle du livre de M. Audiat.

.˙.

Mais ce livre a été apprécié différemment dans une étude,
Bernard Palissy, sa statue et son récent biographe, du *Bulletin* de
l'histoire du protestantisme français (livraisons des 15 septembre
et 15 octobre 1868), par ATHANASE COQUEREL, fils,
critique dirigée contre le livre de M. Louis Audiat, qui ne
faisait pas la part assez large au protestantisme de son héros,
niait ses paroles à Henri III, et s'attachait en lui plutôt au
savant, à l'artiste, au travailleur, qu'à l'apôtre, au catéchiste, au
« martyr ».

.˙.

Coquerel, dit M. F. SCHICKLER, (*Rapport* sur les travaux
de la société, XI° année, 2° série, page 203 du *Bulletin du Protestantisme*, n° du 15 mai 1876), « fut chargé de relever les
étranges inexactitudes d'une récente biographie de Bernard

Palissy. Nos lecteurs n'ont certainement pas oublié ni le mémoire étendu dont il dota le *Bulletin*, ni la réponse passionnée que provoqua cette énergique représentation. » De son côté, M. JULES BONNET, en 1874, dans une *Notice* sur la société du protestantisme, 1852-1872, disait, page 104: « M. Louis Audiat, écrivain de mérite et l'un des promoteurs de la statue de Palissy à Saintes, publia la biographie du grand artiste, intéressante, substantielle, et à laquelle l'académie décerna un de ses prix. Ne pouvant absolument nier le protestantisme de Palissy, son biographe en a singulièrement changé l'aspect; il a cherché à en atténuer l'ardeur; il a été jusqu'à enlever à son héros l'auréole du martyre qui ne lui a que trop appartenu. M. Ath. Coquerel fils a étudié et sévèrement jugé dans deux articles le livre de M. Audiat. »

On pense si dans de telles conditions le critique est bien placé pour voir, si son esprit n'est pas malgré lui offusqué, et si le parti pris est très favorable pour juger sainement. Le travail de Coquerel, commandé, peut-être imposé, devait être ce qu'il a été. La question est traitée au point de vue confessionnel; ce n'est plus l'artiste qui est en jeu, c'est le protestant; il faut à tout prix faire de lui un saint de la nouvelle église. Aussi dans quelle foule d'erreurs Coquerel est-il tombé, qu'il aurait évitées s'il avait lu de sang-froid, si même il avait lu.

Villemain, aussi bon juge que Coquerel et plus désintéressé, avait appelé l'auteur de *Palissy* « peintre vrai » et l'avait félicité de son esprit de justice. Un critique, M. Ernest Chesneau, a écrit que « son seul tort est d'être impartial avec excès. » Coquerel, lui, trouve « excessive partialité, malveillance, fausse peinture, irrévérence pour les livres sacrés, erreurs de personnes, de dates, de chiffres...», etc. Tout le contraire de ce qu'y avaient constaté les autres. Quant aux fautes, voici les plus graves: de L'Orme, mort en 1570, non *1577*; *Tableaux* de Philostrate, réimprimés non *traduits*, en 1614; *Mémoires*, liv. III, non II; Capelle-Biron, non *Chapelle*; Evaillé, non *Evaille*; patriciennes, non *praticiennes*, etc. C'était inviter l'auteur à des représailles; il ne manqua pas l'occasion si bénévolement offerte.

« Le *Bulletin*, a dit M. Henry Jouin, s'est attaqué, par la plume
de M. Athanase Coquerel fils, à l'ouvrage de M. Louis Audiat,
ou mieux à M. Audiat lui-même : mais il a reçu de son adver-
saire une verte réplique qui n'a pas laissé les rieurs de son côté,
si tant est qu'ils y fussent auparavant. »

Le biographe, accusé de toutes espèces de méfaits, répondit
donc par une lettre qui parut dans le *Bulletin du protestantisme*
(15 décembre 1868 et 15 janvier 1869), et fut publiée à part
(Paris, Douniol, 1869, in-8°, 48 pages) *Palissy et son biographe*.
« On m'avait, monsieur, parlé d'un article sur mon livre *Bernard
Palissy*, dans le *Bulletin*. Au lieu d'un, j'en ai deux. Et c'est
vous qui avez bien voulu prendre la peine de rendre compte de
mon volume. Je n'attendais pas tant. Obscur travailleur, j'ai été
flatté de voir un homme illustre comme vous, monsieur, s'occu-
per d'un ouvrage d'aussi mince valeur. Il est vrai que cette
petite satisfaction je la paye un peu cher, et j'ai bien vu, à la
façon dont vous nous traitez, lui et moi, qu'il vous avait causé
un peu d'humeur. Cela ne m'empêche pas de vous en remercier.

> « Vous me fîtes, seigneur,
> « En me..... lisant, beaucoup d'honneur. »

Athanase Coquerel répliqua dans le numéro du 15 février,
relevant quelques minuties, mais laissant de côté les points
importants en discussion. Nous ne voulons pas rouvrir le débat
qui n'a plus grand attrait ; mais notre devoir était de le raconter.
M. Audiat voulut riposter ; on ne le lui permit pas ; il fut donc
forcé d'imprimer la réponse et la riposte, pour que celle-ci ne
fût pas perdue. Accusé d'avoir inventé une phrase contre le
protestantisme et de l'avoir prêtée à Théodore de Bèze, il montra qu'elle était de Calvin lui-même ; que c'était bien de Bèze
qui avait écrit : « La liberté de conscience est un dogme diabo-
lique ; *libertatem conscientiis, est enim hoc mere diabolicum
dogma*. » Au reproche d'avoir confondu Launay, un des Seize,
avec Launoi, docteur de Sorbonne, en les écrivant tous deux
Launay, Coquerel avait répondu que Moréri orthographiait
ainsi — ce qui est une erreur ; — que les syllabes *oi* et *ay* se

prenaient l'une pour l'autre — oui, mais ne se prennent plus —
et qu' « il ne faut jamais avoir lu l'histoire dans les documents
pour ignorer que l'orthographe a souvent varié »; mais il y a
longtemps qu'elle ne varie plus, et qu'on n'écrit plus *monnoie*,
francois ou *Jehan Chauuin* pour *Jean Calvin.* « Ce Launoy, chanoine et curé, après avoir été ministre, répliquait
M. Audiat, excite votre verve. Il est, dites-vous, jugé par un
autre prêtre, Moréri, en ces termes : « *Comme sa conduite au*
« *temps de la ligue a fait voir que c'était un scélérat, il ne faut*
« *pas ajouter foi aux contes qu'il a publiés contre ceux de la reli-*
« *gion réformée.* » Et la conclusion est à mon adresse, comme
toujours : « Lisez donc, Moréri, monsieur, on le trouve partout
« et il a beaucoup à vous apprendre. » Oui, certes, à moi.....
et à d'autres aussi. Peut-être en le parcourant auriez-vous,
vous-même, vu comment il orthographiait Launoy. Cependant,
le conseil était bon. J'ai lu Moréri : « on le trouve partout », en
effet. Mais ce qu'on ne trouve pas partout, c'est la phrase que
vous y avez prise : « Launoy était un scélérat. » J'ai feuilleté
plusieurs éditions de son dictionnaire. Ce passage où un prêtre
juge « un autre prêtre », n'y est pas. N'auriez-vous point quelque Moréri augmenté, embelli, *ad usum Delphini*, où les curés
disent pis que pendre des chanoines ? Entre nous, je soupçonne
fort Bayle d'avoir écrit ce que vous mettez sur le compte de
Moréri. Feuilletez son dictionnaire, à l'article LAUNOI, la
phrase y est justement. Ah ! que l'on gagne à lire Bayle. Lisez
donc Bayle, monsieur, lisez donc Bayle ; on le trouve partout
et il a beaucoup à vous apprendre. Il vous apprendra à ne pas
confondre le philosophe huguenot Bayle avec le prêtre catholique Moréri, peut-être aussi M. Vacherie, maire de Saintes,
avec Mgr Landriot, archevêque de Reims, ou bien votre très
humble serviteur avec Théodore de Bèze et Calvin.

    « On ne peut qu'admirer, du reste, votre fertile imagination.
Jusqu'à présent on ne connaissait que d'Aubigné qui rapportât
les paroles de maître Bernard à Henri III. Et c'était naturel, il
les avait fabriquées. Vous, vous en avez inventé un autre,
Sully ; « Sully, d'Aubigné et tant d'autres ». Je ne vous

demande point quels sont ces « autres ». Vous y comprendriez
peut-être l'auteur du futur livre de M. Athanase Coquerel fils
sur Palissy ; et je n'aurais qu'à m'incliner. Mais Sully ! cela
devient grave. Veuillez de grâce citer ce passage des *Œconomies*,
où le lit-on? Personne avant vous ne l'avait rencontré. Je l'ai
de nouveau inutilement cherché. Ne l'auriez-vous pas déniché
dans quelque coin de Moréri? Vous savez que les phrases de
Bayle y poussent. Moréri a beaucoup à m'apprendre. Il me
réserve peut-être celle-là. »

*
* *

1870. Dans les *Vies des savants illustres, Savants de la renaissance* (Paris, Hachette, 1870, in-8°, IV-472 pages), M. LOUIS
FIGUIER a mis Bernard-Palissy, pages 157-212. « Pour charmer
les ennuis d'un voyage en diligence de Blaye à Saintes, j'avais,
dit-il, bourré mes poches de livres de Palissy : le *Discours admirable*, le *Traité des métaux*, la *Recepte véritable*, vénérables in-18
jaunis par le temps », ce qui fait trois, et il arrive à Saintes
« assise sur la rive *droite* de la Charente ». La notice est exacte
à peu de fautes près, et l'appréciation irréprochable. Il y a un
portrait et trois planches représentant, l'une la scène du
four ; l'autre, l'entrevue dans le cachot de la Bastille ; la troisième, une conférence publique de Palissy dans un palais ; il y
a des dames.

*
* *

1872. *Les grandes figures nationales et les héros du peuple*, par
M. CH. PRÉSEAU. (Paris, Didier, 1872, 2 vol. in-12.)
Au tome II, pages 199-236, une notice tirée presque en
entier de *Bernard Palissy* (Saintes 1864); comme ce livre,
elle finit la vie de Palissy à son succès ; il n'y a que deux
pages pour le reste, et encore la deuxième est presque rem-
plie par l'indication des ouvrages de l'artiste, au nombre de
trois : *Recepte véritable, Discours admirables* et l'*Art de terre*, ce
qui prouve que M. Préseau n'a jamais ouvert les œuvres de son
héros ; il y aurait vu que l'*Art de terre* est un des *Discours*

admirables. Mais on ne trouvera plus là la fable d'Henri III à la Bastille.

*
* *

1872. GRASSET aîné, conservateur du musée de Varzy (Nièvre), a publié (Paris et Nevers, 1872, in-8°, 22 pages), *Notice établissant que la marque BB ne peut être attribuée à Palissy.* Ce titre dit bien le sujet de la brochure. On avait voulu voir dans le monogramme BB les initiales de Bernard Palissy, le P pris pour B, et on attribuait au maître des pièces qui le portaient : deux épreuves de la Nourrice, un colimaçon du musée céramique de Sèvres, un chien assis du musée de Varzy, deux autres chiens vendus à la vente Humann, en 1858, et un groupe de Jésus et la Samaritaine, qui a fait partie de la collection Debruge-Dumesnil. M. Grasset a démontré que Palissy n'était pour rien dans ces œuvres. Elles sont de Claude Berthélemy, de Blénod en Lorraine.

*
* *

1875. L'*Histoire des arts industriels au moyen âge et à l'époque de la renaissance*, par JULES LABARTHE. (Paris, Morel, 1875, in-4°, 2e édition.) Le tome III, page 359, reproduit la Diane, plat à la bordure enrichie de masques et d'ornements dont on retrouve les motifs appliqués aux rustiques figulines ; un plat de rustiques figulines ; en cul de lampe, l'enfant au chien, qui n'est pas de lui ; et page 359, faisant sa biographie, il raconte qu'après « avoir visité la France, la Flandre, les Pays-Bas et quelques unes des provinces allemandes qui avoisinent le Rhin, il vient s'établir à Saintes », quand nous avons montré que son voyage dans ces contrées est postérieur à la Saint-Barthélemy, par conséquent à son installation à Paris. L'auteur écrit : « Brongniart a remarqué que les coquilles dont Palissy ornait ses pièces rustiques sont des coquilles fossiles du bassin de Paris ; que les poissons sont de la Seine, les reptiles et les plantes des environs de Paris, qu'on n'y rencontre aucune production étrangère. Ne doit-on pas conclure de là que c'est à Paris que Palissy a fait la

plupart de ses pièces rustiques. » Brongniart s'est trompé, et
ce n'était pas la peine de répéter une remarque qui est juste le
contraire de la vérité. On trouve aussi dans cet ouvrage la
description de la grotte des Tuileries, par A. de Montaiglon,
d'après les *Archives de l'art français*, v, 23, et le dessin de
Destailleurs, déjà reproduit par M. Debruge.

M. Labarthe veut rendre à Palissy beaucoup de pièces
qu'on lui a ôtées, par exemple les statuettes de la fabrique
d'Avon, qui livrait ses produits après la mort de Palissy, puis
les ouvrages de sculpture, bas-reliefs ou autres. Il fait avec
raison remarquer que Bernard était très versé dans les arts du
dessin et qu'il a pu aisément se mettre à modeler les bas-reliefs
dont il voulait enrichir sa vaisselle ; de plus, la qualité de
sculpteur lui est donnée dans les ordonnances de payement, et
il avait introduit de grands médaillons traités en bas-reliefs et
modelé des figures d'empereurs romains.

*
**

1874. M. EDMOND BONAFFÉ publie : *Inventaire des meubles de Catherine de Médicis, en 1589.* (Paris, Aubry, 1874, in-8°.)
Dans les objets mentionnés par les conseillers maîtres en la
chambre des comptes qui inventoriaient à la requête de ses
créanciers à l'hôtel de la feue reine-mère, se trouvent quantité
de plats, assiettes, coupes, tasses godronnées, « ouvrages, dit
l'auteur, de Bernard Palissy. Il est inutile d'insister sur la
valeur de ce document qui nous montre pour la première fois,
si je ne me trompe, un catalogue de la vaisselle fabriquée par
Palissy. Jusqu'à ce jour on n'avait trouvé la trace d'aucune de
ces pièces. »

*
**

Une *Conférence faite à l'union centrale des beaux arts appliqués à l'industrie, sur Bernard Palissy*, d'après des documents
nouveaux, par M. Ph. BURTY (Paris, union centrale des beaux
arts, 3 juin 1874, in-8°, 20 pages.), a un peu répété les pages des
Chefs d'œuvre des arts industriels. La partie historique est exacte;

j'aurais voulu pourtant voir plus nettement condamné que par cette expression adoucie de « relation un peu excessive », le récit de d'Aubigné sur la mort de maître Bernard. L'appréciation artistique est fort bonne dans sa brièveté; le savant n'est pas examiné, à cause de l'auditoire et du lieu. L'auteur a reproduit la grotte du dessin de Destailleurs et le portrait de Cluny.

*
* *

1875. *Notice des faïences françaises, faïences dites de Henri II, faïences de Bernard Palissy, faïences diverses*, par L. CLÉMENT DE RIS, conservateur des objets d'art du moyen âge et de la renaissance au Louvre. (Paris, Ch. de Mourgues, imprimeur, 1875, in-12, 106 pages.) Aux pages 18-28 est une note biographique sur Palissy, qui reproduit Cap et Fillon. L'auteur ose mettre en doute l'entrevue à la Bastille.

*
* *

Maître Bernard, roman historique, par ELIE BERTHET. (Paris, Dentu, 1875, in-12.) Il a été publié en feuilletons par divers journaux. Palissy joue un grand rôle dans ce roman; mais c'est un roman.

Il figure aussi dans *les Pitaux, chronique du* XVIᵉ *siècle* (1548), par A. GARREAU (Saintes, Z. Lacroix, 1858, in-18, 400 pages) et au même titre.

*
* *

MARIA GAY (Mᵐᵉ Calaret). *Bernard Palissy*, poème. (Saintes, impr. A. Gay, 1875, in-8°, 15 pages.)

*
* *

1877. *L'ami de la maison*, mai 1877 (4ᵉ année, n° 5), contient *Bernard Palissy*, article où l'on retrouve l'histoire du « martyre » de Palissy à la Bastille et celle de la visite du roi Henri III, qui n'y mit jamais les pieds.

*
* *

1877. *The story of Palissy the potter.* Histoire de Palissy le potier. Londres, T. Nelson, 1877, in-16, 119 pages. Chromolitho-graphie.) « Ce livre, dit M. Champfleury, p. 157, fait partie de la collection *Lessons from noble lives*, c'est-à-dire de biographies de grands hommes destinées à être répandues à grand nombre dans les classes populaires. »

.

1878. Dans les *Célébrités de l'atelier. Ouvriers inventeurs* (Paris, Victor Sarlit, 1878, in-12, 275 pages), le chapitre II (24-31) est consacré à Bernard Palissy.

.

1879. Je cite, d'après M. Champfleury :
« BUCHER (BRUNO). *Geschichte der Technischen Künste. Im Verein mit J. Brickmann, Alb. Ilg, Jul. Lessing, Fiedr. Lippmann, Herm. Rollett herausgegeben von Bruno Bucher.* — Histoire des arts technologiques, en collaboration avec J. Brickman, etc. (Stuttgart, Spemann, 1879, 3 vol. in-8°, vign.) Le chapitre III de la deuxième partie, dû à MM. Jul. Lessing, est consacré à la céramique ancienne, à Luca della Robia, Hirschvogel, Bernard Palissy, aux porcelaines de la Chine et du Japon, ainsi qu'aux fabriques de faïences de Delft, Rouen, Nevers, etc. »

.

1879. *Etude sur Bernard Palissy* (Amiens, impr. Delattre-Lenoël, 1879, in-8°, 34 pages), par M. A. MURRAY, président du tribunal civil de Loudun (Extrait de la revue *l'Investigateur*, numéro de janvier 1879), ne contient que ce qu'on connaît déjà, et aussi l'apocryphe récit d'Agrippa d'Aubigné sur l'entrevue de Henri III et de Palissy à la Bastille.

.

1880. BRIEUX et SALANDRI. *Bernard Palissy*, drame en un acte et en vers. (Paris, Tresse, 1880, in-12.)

*
* *

1880. *Les hommes utiles, Bernard Palissy*, né à Agen vers
1500, mort en 1590. (Paris, imp. Noblet, 1880, in-8°, 2 pages,
avec portrait.

*
* *

Revue de France, 10ᵉ année, 2ᵉ période, t. XLIII, 15 septembre
1880, 2ᵉ livraison, page 257, publie de M. ERNEST CHES-
NEAU, *Maître Bernard des Tuileries*, étude sur Bernard Palissy, d'après les ouvrages récents, notamment le *Bernard
Palissy* de M. Louis Audiat, ouvrage « dont le seul tort est
d'être impartial avec excès ». Palissy, né peut-être à Agen,
peut-être à la Capelle-Biron — non *Chapelle*, — en 1510, fixé à
Saintes vers 1539, y découvre l'émail, dresse le plan des marais
salants de Marennes, est emprisonné à Bordeaux, comme
huguenot, est délivré par le connétable de Montmorency qui lui
fait construire un atelier à Saintes et l'emploie à la décoration
de son château d'Ecouen, est appelé à Paris où Catherine de
Médicis l'occupe aux Tuileries avec Nicolas et Mathurin Palissy « deux de ses fils assurément », est sauvé du massacre de
la Saint-Barthélemy, voyage dans le nord, en Allemagne, en
Flandre, fait en 1575 des cours publics d'histoire naturelle, de
physique et de chimie, est jeté à la Bastille par les ligueurs et
y meurt, en 1590. Quant à l'entrevue du potier et du roi
Henri III à la Bastille, et à la conversation qu'ils y eurent,
M. Ernest Chesneau accepte la rectification de M. Audiat, dont
il dit: « Il a épluché le texte d'Aubigné, comparé les dates
avancées par le chroniqueur huguenot, vérifié l'âge des personnages mis en scène, comparé le d'Aubigné de la *Confession de
Sancy* au d'Aubigné de *l'Histoire universelle*, compulsé les autres
chroniqueurs du temps, démontré les nombreuses impossibilités
du récit légendaire, et finalement il conclut à l'erreur absolue
et calculée du pamphlétaire calviniste. » Mais le critique ne
serait pas disposé à regarder, comme étant celui de Palissy le
portrait sur vélin qui est au musée de Cluny et qu'a reproduit
le *Recueil des faïences françaises du* XVIᵉ *siècle*. Il nous semble

pourtant que les caractères généraux de cette peinture se rapportent essentiellement à l'inventeur des rustiques figulines, sans compter la phrase et le nom de Palissy qui se trouvent au bas.

*
**

1881. M. CHAMPFLEURY, conservateur du musée de Sèvres, a publié (Paris, Quantin, 1881, in-8°, xv-352), la *Bibliographie céramique*, et page 319, il a groupé « les diverses publications européennes sur la vie et l'œuvre de l'illustre potier », c'est-à-dire trente-cinq ouvrages, dont tout, comme *Saintes au XVIe siècle*, *Notice sur l'hôtel de Cluny* ou *The huguenots*, n'est pas exclusivement consacré à Bernard. L'auteur n'a pas mentionné là *l'Art de terre chez les Poitevins*, l'ouvrage le plus neuf sur Palissy, et qui en dit mille fois plus sur lui que la *Notice de Cluny* où il n'y a presque rien. Il a apprécié quelques fois ; mais j'ignore s'il a vraiment lu.

*
**

1881. GUSTAVE GEOFFROY. *Bernard Palissy*. (Paris, librairie d'éducation laïque, 1881, in-18, 87 pages avec gravures). Prix : 40 centimes. Cette notice fait partie de la bibliothèque laïque de la jeunesse.

*
**

EUGÈNE MULLER. *Palissy*. Livre de lecture à l'usage des écoles et de la classe préparatoire des lycées et collèges. (Paris, Hachette, 1881, in-18, 36 pages avec vignette. Prix : 15 centimes.) Fait partie de la bibliothèque des écoles et des familles.

*
**

1882. L'*Histoire de l'art céramique, poteries, faïences et porcelaines*, par EDOUARD GARNIER (Tours, Mame, 2e édition, 1882, grand in-8°, 562 pages), a, pages 216-234, un chapitre, *Bernard Palissy, 1510-1590* ; bonne notice et bonne appréciation ; elle reproduit, page 224, une gourde de la collection de M. Spitzer, et page 82, une corbeille ajourée du musée du Louvre.

*
* *

1884. *Lectures littéraires et morales...* par A. PRESSARD...
(Paris, Hachette, 1884, petit in-16.) On y lit : « Au xvᵉ siècle
vivait en Saintonge... B. Palissy. »

*
* *

M. PAUL EUDEL, dans *Le truquage* (Paris, Dentu, 1884,
in-18, 432 pages), à l'article *Faïences*, page 182, écrit : « Les
faux Palissy abondent.... Il y a quatre sources de Palissy moderne : c'est d'abord Alfred Corplet, émailleur restaurateur, qui,
dès 1852, fabriqua une grande quantité d'imitations et compléta
de nombreuses pièces auxquelles il manquait des pieds, des
anses et des cols... C'est ensuite la fabrique de M. Pull, qui
signe toujours son nom en creux. Ses imitations sont parfaites...
Ensuite la fabrique de Bortiz et fils, de la barrière du Trône.
Sèvres possède de cette provenance un plat à reptiles sans
signature. Enfin la fabrique de H. Minton et Cⁱᵉ à Stake ou
Trent, Staffords hire, dont le musée des copies de notre manufacture exhibe un plat à salières sur les rebords, qui ne porte
pas de marque. Les couleurs sont crues et dures. Minton a en
outre commis de grosses bévues. Ses plats à grenouilles se
signalent parfois par la reproduction de poissons de mer qui n'a
pas sa raison d'être. »

*
* *

1886. *Les artistes célèbres. Bernard Palissy*, par M. PHILIPPE
BURTY, inspecteur des beaux arts. (Paris, librairie de l'art,
J. Rouam, éditeur, 1886, grand in-8°.) Vingt gravures, représentant le portrait de Palissy d'après le musée de Cluny, sa
signature, sa statue par Barrias, des plats à reptiles, deux
aiguières, un flambeau, des plats à fruits, des assiettes, la
Nourrice, etc. rendent ce volume important. M. Burty, qui
s'était déjà plus d'une fois occupé de Palissy, a surtout ici envi-
sagé l'artiste et l'artisan, en donnant de nombreux extraits de
son *Art de terre*. Il y a aussi quelques pages de biographie. ...

et quelques erreurs de peu de valeur, sauf la visite de Henri III
à Palissy, que M. Burty raconte encore. Ce volume popula-
risera notre potier; et c'est un service de plus que lui aura
rendu M. Burty.

*
* *

1886. *Revue de la Saintonge et de l'Aunis. Bulletin de la société
des archives historiques de la Saintonge et de l'Aunis*, t. VI, p. 346,
n° de juillet 1886, contient une dissertation sur *Le lieu de naissance de Bernard Palissy*, Agenais, Angevin, Périgourdin, ou
Saintongeais, suivant les écrivains. M. AUDIAT cite les différents ouvrages qui ont traité ce point : *Intermédiaire des cher-
cheurs*, des 10 et 25 avril 1886; *Bulletin de la société de l'histoire
du protestantisme*, II, 234 ; *Bernard Palissy* (Didier, 1868), et sa
conclusion est : « Palissy était Agenais. »

*
* *

1887. *Six ouvriers célèbres* (Palissy, etc.) par M. Hannedou-
che, inspecteur primaire à Melle. (Paris, Lecène et Oudin,
in-12, 65 p.) Ces *six ouvriers célèbres* sont Bernard Palissy,
Vaucanson, Jouffroy, Philippe Le Bon d'Humbersin, Frédéric
Sauvage et Fresnel. Des cinq planches la première représente
un « plat attribué à Bernard Palissy », rustiques figulines, et la
dernière, le phare de Cordouan muni de l'appareil du système
Fresnel. On fait naître le potier en 1500 et mourir en 1790,
quoiqu'il n'ait vécu que 80 ans; et l'on cite les paroles apocryphes
de Henri III. Les dix pages sont presque uniquement consacrées
aux essais d'émaillerie.

III

ICONOGRAPHIE DE PALISSY

HISTOIRE D'UNE STATUE

On a lu sur le premier ouvrage de Palissy, *Recepte véritable*, page 215, une légende :

POVRETE EMPECHE LES BONS ESPRITZ DE PARVENIR.

Comme cette phrase pouvait en un certain sens s'appliquer à l'auteur, vite on la lui a donnée. C'est une vérité acquise aujourd'hui, que maître Bernard l'avait prise pour devise; on la cite et on la répètera. D'abord elle ne s'appliquerait qu'imparfaitement au potier devenu le protégé de Montmorency, l'émailleur de Catherine de Médicis. Ni sa pauvreté ni son protestantisme ne l'auraient empêché de parvenir. Puis la phrase existait avant lui. Déjà Juvénal avait dit, satire IX :

Haud facile emergunt, quorum virtutibus obstat
Res angusta domi.

Ce n'est pas facilement qu'ils s'élèvent ceux dont le mérite trouve pour obstacle la pauvreté.

De plus, les *Emblèmes* d'Alciat (1555) représentent, figure cxx, un homme dont le bras gauche ailé est tendu vers un nuage d'où Dieu apparaît, et le bras droit est retenu à terre par une lourde pierre. On lit :

PAUPERTATEM SUMMIS INGENIIS OBESSE NE PROVEHANTUR.

Puis ces deux distiques, qui décrivent et symbolisent l'image :

Dextra tenet lapidem ; manus altera sustinet alas ;
 Ut me pluma levis, sic grave mergit onus.
Ingenio poteram superas volitare per arces,
 Me nisi paupertas invida deprimeret.

Et qu'on peut traduire ainsi :

Vois ! aile à ma main gauche ; à ma droite une pierre.
L'aile m'emporterait ; ce poids m'attache à terre.
Je voudrais jusqu'au ciel m'élever, mais en vain :
La dure pauvreté m'accable sous sa main.

La devise et l'emblème existaient longtemps avant Palissy, comme marque d'imprimeur ; c'était celle de François Juste, libraire de Lyon (1529-1545) : Un vieillard ayant le bras droit chargé d'une grosse pierre et la main gauche décorée d'ailes. (Voir Sylvestre, *Marques typographiques*, nº 786.) On voit cette marque sur le titre de la plaquette rarissime intitulée : « *Le triomphe de très haulte et puissante Dame Verolles, Royne du Puy d'Amours*, nouvellement composé par l'inventeur des menus plaisirs honnestes. Lyon, François Hoste, 1539 », in-8°; la marque est reproduite au recto du dernier feuillet. Un exemplaire est à la bibliothèque nationale. M. de Montaiglon en a donné une nouvelle édition en 1874, petit in-8°.

L'idée de cet emblème devint vite populaire. Barthélemy Berton, le premier imprimeur dont les presses soient constatées d'une façon certaine dans notre province (1557-1573), prit la marque, ou la trouva, et s'en servit pour ses livres. C'est ainsi qu'on la voit sur la *Recepte véritable*, imprimée en 1564 à La Rochelle, telle qu'on l'a placée ici.

La même année, le typographe rochelais la mettait aussi sur le « *Commentaire sur l'édit des Arbitres*, composé par J. Pierres, escuyer, conseiller du roy, lieutenant général civil et criminel en la ville et gouvernement de La Rochelle » ; il y ajoutait le verset 13, chap. XXXII du *Deutéronome*, UT SURGERET MEL DE PETRA OLEUMQUE DE SAXO DURISSIMO, jeu de mots sur le nom de l'auteur Jean *Pierres*, tout à fait dans le goût de l'époque. L'année suivante, elle reparaît sur une plaquette in-4º de 12 pages, de l'avocat Jean de La Haize : *Joannis Laezii Rupellani carmen ad Carolum regem, quo illi adventum Rupellam gratula-tur*, 1566; vers latins adressés à Charles IX à son entrée à La Rochelle.

Elle est encore, en 1565, sur *Quarante-sept sermons de M. Jean Calvin sur les huict derniers chapitres des prophéties de Daniel*. A La Rochelle, de l'imprimerie de Barthélemi Berton, dédiés par Jean de La Haize à Jean Larchevêque, baron de Soubize; puis sur un petit volume in-18, *Traicté pour consoler les malades*. A la Rochelle, par Jean Portau, 1588. La vignette est plus petite.

Elle reparaît dans les *Tragiques donnez au public par le larcin de Prométhée*. Au dézert, par L. B. D. D., 1616; mais au bas de la page 221, en guise de cul de lampe. La légende a disparu, au-dessous on lit cette traduction :

Virtutem claudit carcere pauperies

Adrian Périer, libraire à Paris (1584-1618), prit aussi pour marque un ange qui s'efforce d'attirer par la main droite un guerrier armé, entouré de trophées, d'étendards, mais attaché à la terre, et cette devise fort connue :

TOLLIT AD ASTRA VIRTUS (1).

Fillon a gravé dans *l'Art de terre*, page 120, à côté de la marque de Berton, ce croquis empreint sur un plat à reliefs de la fin du XVIᵉ siècle, conservé au musée de Sèvres et venant de la collection de Mᵐᵉ de La Sayette.

de la page 221, en guise de cul de lampe. La légende a disparu,

Il signale aussi ce dessin avec la devise :

SPES SOLA DAT VIRES.

au revers de la médaille de Jérôme de Villars, archevêque de Vienne (1601-1625).

Je l'ai constaté en outre à la fin du tome Iᵉʳ, page 365, de *l'Histoire universelle du sieur d'Aubigné*, imprimé en 1616, a

(1) Sylvestre, *Marques typographiques*, nº 1240, p. 713.

Maillé, c'est-à-dire Saint-Jean-d'Angély, par « Iean Movssat, imprimeur ordinaire dudit sievr », et au tome II, page 328, sur le « *Traicté dv fer et dv sel*, excellent et rare opvscvle dv sievr Blaise de Vigenère, Bourbonnois, à Rouen, chez Iacques Caillové, tenant sa boutique dans la court du Palais, MDCXLII », avec la phrase d'Alciat :

Paupertatem summis ingeniis obesse ne provehantur.

On le voit encore sur l'*Art de naviguer, de M. Pierre de Medine, espagnol,* traduit du castillan en français par Nicolas de Nicolaï, imprimé à La Rochelle vers 1615, par Jehan Brethomé pour André de La Forge, marchand libraire (1).

Il est donc impossible d'attribuer comme spécial à Palissy un mot qui existait avant lui, dont son imprimeur s'est servi sur d'autres ouvrages, que lui-même n'a pas reproduit sur son second ouvrage de 1580, *Discours admirables*, et qui déjà à son époque était banal.

*
* *

Après la marque attribuée à Palissy, la statue de Palissy.

C'est un chapitre intéressant qu'on pourrait appeler « Histoire de l'érection d'une statue ». Elle est édifiante et instructive. On élève maintenant chaque jour des bustes, des statues, des monuments, quelques fois deux et trois au même personnage, et l'iconomanie sévit avec fureur. L'épidémie a commencé il y a vingt-cinq ans ; elle continue ses ravages. Que de victimes ! Il n'y a pas de sculpteur en détresse qui ne rêve sa statue sur une place publique ; c'est bien des fois l'artiste qui invente le grand homme à vêtir de marbre ou de bronze. Le plus souvent c'est la passion du moment qui décide. A une époque toutes les illustrations du premier empire ont passé par la maquette et le moule. C'est le tour des célébrités de la révolution. On ressuscite, au risque de les compromettre et d'appeler sur eux une

(1) *Essai sur l'imprimerie en Saintonge et en Aunis.* Pons, N. Texier, imprimeur-éditeur, 1880, petit in-8°, 212 pages, p. 12.

lumière peu avantageuse, des morts qui vraiment n'en valent
pas la peine, et qu'on eût mieux fait de laisser dormir leur
obscur sommeil. Quelques personnages, artistes, écrivains,
savants, des temps antérieurs, se voient parfois refaire tout à
coup une réputation inespérée et bruyante; c'est que par quelque côté ils servent la mode ou bien prêtent une aide rétrospec-
tive aux idées ou aux caprices du jour. On se sert d'eux, on
s'abrite sous leur manteau, on songe plutôt à s'éclairer des
rayons de leur gloire qu'à leur offrir un hommage mérité et à
payer au génie le tribut de la reconnaissance publique. Quinault
a, depuis 1851, son buste sur une fontaine, à Felletin, dans la
Creuse, où il n'a jamais mis les pieds même en songe; mais
Felletin tenait sans doute à faire de la peine à Boileau qui n'a
point de statue lui, et a inventé Quinault.

Paul-Louis Courier a son buste; Chateaubriand n'a rien;
Lamartine est mort dans la misère; on lui a dressé à grand'
peine une statue quand Rabelais en obtenait trois du coup.

Bourg, en 1884. honorait le même jour un général Joubert
d'une statue et Lalande d'un médaillon; et Palaiseau a glorifié
un gamin; combien de bustes compte du Guesclin, ou Godefroy
de Bouillon, ou Condé?

Que de peines pour arriver à hisser sur son piédestal un
grand homme mort il y a plusieurs cent ans et que le souffle
populaire, *aura popularis*, mobile et capricieux, n'y porte pas
dans une heure d'engouement! Si encore une famille bien ou
haut placée, des amis puissants, dont on s'attire la protection par
son zèle pour le mort, lui prêtaient un appui intéressé!

Pour ne pas sortir de la région de maître Bernard, six statues
ont été élevées en vingt ans. En 1863, Regnault, dit de Saint-
Jean-d'Angély, parce qu'il était né à Saint-Fargeau (Yonne),
mort à Paris en 1819; en 1869, à La Rochelle, où il était né,
l'amiral Duperré, mort en 1846; le 13 septembre 1874, Prosper
de Chasseloup-Laubat, ministre de la marine, mort le 29 mars
1873; en 1865, à Cognac, sa ville natale, François Ier, mort en
1547; à Angoulême, Marguerite de Valois, en 1877, et le 16 mai
1885, le docteur Jean Bouillaud, né à Garat en 1809, mort à

Paris le 29 octobre 1881. On parle d'une autre, Réaumur, à La Rochelle; à Royan, on a parlé d'Eugène Pelletan, décédé le 14 décembre 1884, et le comité a été nommé aussitôt. Nous ne mentionnons pas celle de Renaudin, lieutenant du *Vengeur*, qu'un décret du président de la république (8 août 1881) a autorisée et qu'un autre décret a peu de jours après interdite; ni du monument élevé à Cozes, en 1886, par quelques amis à Pillet, enseigne à bord du *Vengeur*, qui vit tranquillement du vaisseau anglais le *Culloden* sombrer l'héroïque vaisseau qu'il avait peu courageusement abandonné un des premiers (1).

Palissy n'avait pas de famille qui s'érigeât dans son monument une statue à elle-même, ni un personnage qui retirât gros de la protection accordée à ce mort. Il n'avait rien fait pour l'empire, qui ne lui devait que des plats au Louvre, à Sèvres et à Cluny, et qui le plaça au pavillon Mollien parmi les artistes de la renaissance. La passion religieuse, qui aurait voulu mettre en niche le martyr protestant, avait essayé déjà deux fois de glorifier le huguenot qui avait été potier. Aujourd'hui suis-je bien sûr que Paris l'aurait gratifié de deux bronzes en une année, si M. Barrias n'avait pu le ceindre d'un tablier d'ouvrier?

Il est de ces héros qu'on fait bien d'exalter de suite. Qui sait ce que leur réserve l'avenir? Pour eux la postérité commence dès leur vivant et finit presque dès qu'ils ont fermé les yeux. Sur leurs cadavres, tièdes encore, on jette fleurs et regrets, panégyriques et couronnes; c'est l'accompagnement nécessaire de tout cortège funèbre. On fait plus; leur fosse est à peine comblée que déjà on y pose le piédestal de marbre où va se dresser bientôt leur image de bronze. Quel dommage qu'ils n'aient pas vécu quelques jours de plus! Ils eussent pu s'admirer debout, dans une pose savante, objet des regards des passants. Nous faisons des apothéoses au pied levé. Et c'est avec raison; qui peut assurer que le buste honoré aujourd'hui ne sera pas conspué demain, et qu'on ne traînera pas aux gémonies celui

(1) Voir *Bulletin de la société des archives historiques de la Saintonge et de l'Aunis*, t. vi, p. 264.

qu'on élevait hier sur le pavois ? Les Romains commençaient par assassiner leurs empereurs, sauf ensuite à en faire des dieux : *Divus sit, dum non vivus,* s'écriait Caracalla ; ils ne les trouvaient pas dignes d'habiter la terre ; ils leur donnaient l'Olympe pour séjour. Les Grecs infligeaient l'exil et la ciguë à leurs meilleurs citoyens, et morts, regrettaient amèrement de ne les pouvoir rappeler à la vie. Mieux inspirés que les Hellènes, plus gracieux que les Latins, nous nous hâtons de glorifier bien vite nos grands hommes du jour pour n'avoir plus à y penser. Si plus tard on nous demande quel est ce personnage à pied ou à cheval qui occupe notre place publique, nous serons dispensés de le savoir, et ce soin regardera nos descendants. A chacun son lot, en effet : à nous de l'avoir déifié ; à eux de s'informer pourquoi.

Palissy n'a pas connu cet engouement passager, ces fanfares éclatantes ; et sa renommée, pour n'avoir rien eu de pompeux, a été plus durable ; elle a résisté, elle a grandi avec le temps, et sa statue n'a été que la conséquence d'une admiration longue et réfléchie. C'est quand son mérite a eu subi l'épreuve qu'on s'est décidé à le reconnaître par un hommage public.

La première idée date de la fin du siècle dernier. En l'an III, Joseph Eschasseriaux, né à Saintes en 1757, député de Saintes, présenta à la convention un projet de loi pour payer un tribut de reconnaissance à deux hommes qui avaient, au XVIᵉ siècle, rendu le plus de services à l'agriculture, Bernard Palissy et Olivier de Serres. Le texte est ainsi conçu :

SECTION VI.
Article Iᵉʳ.

« La convention nationale , voulant récompenser le génie dans quelque siècle qu'il ait vécu,
« Décrète
« Que Bernard Palissy et Olivier de Serres ont bien mérité de la science et de la nation , et que leurs bustes seront placés dans la salle de la convention. »

Le projet ne fut pas même discuté. La convention, qui organisait des fêtes à l'Être suprême et des processions à l'Agriculture, n'eut pas le temps de commander un buste pour Palissy. En 1856, Olivier de Serres, lui, a eu sa statue de bronze à Villeneuve-de-Berg, œuvre d'Hébert.

Au commencement de ce siècle, la société d'agriculture, sciences et arts d'Agen mit au concours l'éloge de Bernard Palissy. Mais le travail des concurrents ne répondit qu'imparfaitement aux exigences du sujet. De temps en temps aussi à la société d'agriculture, sciences et arts de Saintes, on entendait des hommes d'initiative, le comte Pierre de Bremond d'Ars, d'Abzac, Moreau, jeter en avant le nom de leur compatriote oublié. Signe de l'époque, c'était l'agriculteur seul qu'on considérait; aujourd'hui c'est plutôt le savant et l'artiste.

Au mois d'août 1844, dans une revue de Bordeaux, *Le lecteur*, Pierre Jônain, en étudiant maître Bernard comme agronome, écrivit que « l'arrondissement de Saintes était débiteur d'une statue » à l'éminent agriculteur. Le refrain revenait périodiquement. L'idée, comme le châtiment, marche parfois lentement, *pede claudo*.

Quelques mois après, le 3 avril 1845, dans le journal *l'Union*, fondé en novembre 1844, à Saintes, le même écrivain, mort le 11 novembre 1884, à propos des *Œuvres de Palissy*, par Cap, étudia cette fois Bernard Palissy, non pas seulement comme agronome, mais encore comme physicien, chimiste, géologue, potier de terre et chrétien réformé. La conclusion était une statue, que réclamait aussi en même temps (numéro du 15 mai) Eutrope Dangibeaud dans son mémoire *La maison et l'atelier de Bernard Palissy, à Saintes*. Tant de persévérance méritait un encouragement. La rédaction annonçait donc qu'une liste de souscriptions, déjà couverte de cinquante signatures par l'initiative du libraire Charrier, était déposée au bureau du journal. Cette annonce mit fin à ce commencement d'action; on avait assez fait pour une fois, et l'on se reposa dans l'attente. La souscription cependant est toujours depuis restée ouverte. En juillet 1846, on le rappela. Mais quelqu'un prétendit que Bernard Palissy n'avait fait « pour les Saintongeais que des plats cassés depuis longtemps ». La rédaction protesta d'un mot, et tout fut dit.

Palissy put continuer à dormir tranquille; les clameurs d'enthousiasme et les cris d'admiration ne troublaient point sa tombe. Pourtant son souvenir, pareil au feu de l'antique Vesta, était fidèlement entretenu par quelques hommes studieux. Il semblait éteint en Saintonge; il parut se ranimer sur un autre point.

*
* *

En 1854, quand on construisit le pavillon Mollien au Louvre, on mit à la galerie de la place Napoléon, aujourd'hui place du square, près celle du Carrousel, la statue de Palissy, œuvre de Victor HUGUENIN. L'artiste marche, la main droite relevée sur la poitrine; de la gauche il tient un rouleau: ART DE TERRE; à ses pieds des attributs, y compris des fossiles; c'est à la fois le penseur, l'artiste, le savant. On ne peut pas considérer ce marbre comme une statue publique; c'est plutôt une décoration du monument, et en même temps, il est vrai, un souvenir du céramiste qui avait travaillé aux Tuileries.

*
* *

Est-ce cet hommage qui excita l'émulation de la patrie de Palissy? L'année suivante, la ville d'Agen, qui croit qu'il est né chez elle, mit au concours son éloge. Plus heureuse cette fois, la société d'agriculture reçut dix mémoires; elle en distingua deux (Henri Feuilleret, de Saintes, et Georges Besse, de Caussade) par une mention honorable, et décerna le prix, cinq cents francs, à Georges Duplessis, de Versailles. Elle eut en outre un fort bon rapport de Cazenove de Pradines; c'était double profit. Ce concours avait eu de l'éclat; il en rejaillit quelque chose sur le héros. Rochet, l'auteur des statues de Guillaume le Conquérant, à Falaise, de Drouot, à Nancy, de Richard Lenoir, à Villiers-Bocage (Calvados), offrit à la ville d'Agen de lui couler gratuitement en bronze la statue colossale de Bernard Palissy. On n'a pas tous les jours de ces bonnes fortunes; il n'y avait que la matière à fournir; affaire de gros sous. On attendit donc patiemment qu'ils tombassent dans le creuset. Ils ne tombèrent pas.

*
**

La Saintonge se recueillait; elle laissait les autres jeter la base du monument, préparer le socle, se réservant d'y poser l'image.

En 1863, dans *Saintes au* XVIᵉ *siècle*, page 63, M. de La Morinerie, à propos du mémoire de Dangibeaud, *La maison de Bernard Palissy*, constatait l'absence à Saintes de sa statue : « Demandons-la à quelque grand artiste de notre époque. Elle aurait inspiré David d'Angers; elle en inspirerait d'autres. La figure longue et impassible de Palissy, d'après sa figuline, telle que l'a comprise le crayon de DEVERIA, offre le type le plus parfait de la résignation, *impavidum ferient ruinæ*. Le jour que Palissy modela son visage, il semble s'être rappelé toutes les infortunes de sa vie, toutes les déceptions de ses labeurs, dont il nous a laissé un si admirable tableau. » Il est dommage que ce portrait de Palissy soit apocryphe, et puis que ce ne soit pas David d'Angers lui-même qui ait sculpté le Palissy de Saintes, mais seulement un de ses élèves.

Dix-neuf ans après la tentative de l'*Union*, soixante-dix après le projet de la convention, dix ans après le refus d'Agen, on se remit à l'œuvre et cette fois sérieusement. Il ne m'appartient pas de raconter la part que j'y ai pu prendre et les efforts que j'ai pu heureusement faire. Mais comme personne ne se souciera d'écrire cet épisode, j'ai cru bon d'en dire quelques mots. Les faiseurs de statue pourront d'avance calculer leurs forces, sonder leurs reins, prévoir les déboires, éviter les illusions et les fautes, et marcher d'un pas plus assuré au succès toujours certain avec de la volonté et de la persévérance.

Un journal venait de se créer; c'est ainsi que cela débute. La rédaction est jeune, active; elle veut secouer un peu l'engourdissement et éveiller les idées qui sommeillent. Le 10 janvier 1864, dans le *Courrier des deux Charentes*, M. Pierre Conil appela l'attention sur Palissy. Que d'articles j'ai alors écrits! et qu'il fallut de phrases pour persuader à tous que le potier sain-tais méritait enfin un piédestal déjà trop longtemps différé! Il y eut écho dans le pays et dans le reste de la France. Les adhé-sions arrivèrent nombreuses. On avait assez parlé; c'était le moment d'agir.

Le 8 février, le conseil municipal, sur la proposition du maire, Jean-Dulcissime Vacherie, vote une statue à maître Bernard, et nomme une commission de trente-sept membres. Prise en grande partie parmi le monde officiel, députés, conseillers géné-raux, préfet, sénateurs, elle comptait aussi les personnalités les plus importantes du département, le comte de Chasseloup-Laubat, le maréchal Régnault de Saint-Jean-d'Angély, le comte Tanneguy Duchâtel, Jules Dufaure, l'amiral Rigault de Ge-nouilly, le baron de Chassiron, et monseigneur Landriot, évêque de La Rochelle, depuis archevêque de Reims. Trente-cinq per-sonnes et deux qui n'acceptèrent pas, c'est beaucoup. Un comité d'action de sept se chargea de la besogne. Un décret impérial du 12 mars approuva la délibération du conseil municipal. C'était quelque chose, puisque la ville de La Rochelle s'était vu refuser la permission de poser sur une de ses places le maire du siège de 1628, l'héroïque Jean Guitton, avec son poignard légendaire et ses farouches paroles aussi apocryphes.

On se mit à l'œuvre; le plus facile était fait; il y a toujours des gens disposés à accepter des honneurs gratuits. Mais l'ar-gent, et l'argent saintongeais, ne tombe pas aussi spontanément dans l'escarcelle d'un bonhomme mort depuis 250 ans, quelque violent que soit son désir d'être un peu ressuscité pour la plus grande gloire de ceux qui ont songé à lui. On organisa des soirées littéraires que le ministre refusa d'abord d'autoriser, des quêtes à domicile, de petites loteries locales, puisqu'on demanda en vain l'arrêté nécessaire pour en faire une par toute la France; on ouvrit dans les journaux une souscription qui ne produisit pas même un sol parisis. On sollicita des têtes couronnées, puisque Palissy leur avait fabriqué des aiguières splendides et des émaux princiers, une obole qui ne fut pas accordée. Quelqnes années auparavant, quand l'abbé Lacurie avait voulu faire à Louis IX un monument rappelant la victoire de Taillebourg et Saintes, qu'on a renversé en 1887 pour faire place à un pont, le roi de Sardaigne avait prétendu qu'une somme, si petite fût-elle, serait de sa part un manque de déférence pour ses bons amis et fidèles alliés les Anglais, si fort mis à mal, en 1242, par l'ancêtre du roi Louis-Philippe.

Et quand le généreux comte de Chambord, avec une fortune assez médiocre envoya deux cents francs, je me souviens de quelle frayeur fut saisi le monde officiel. Laisserait-on ce descendant des rois de France payer du fond de son exil la dette de ses aïeux envers le pauvre ouvrier de terre? Le secrétaire protesta; ayant demandé, on ne pouvait refuser; et le trésorier ajouta que l'argent dans sa caisse n'avait pas de couleur. On reçut cent francs de l'évêque de La Rochelle, cent francs du consistoire de Nîmes. Les membres de la commission fournirent près de 2,600 francs. Le jour de l'inauguration du monument le secrétaire put s'écrier :

« Quelle noble émulation! Quelle touchante rivalité! La ville de La Rochelle, qui avait imprimé son premier ouvrage, donne, par vote dᵉ son conseil, 300 fr. La commission, composée de toutes les illustrations du département, forme à elle seule 2,690 fr. Le dévouement des maires de l'arrondissement de Saintes recueille 1789 fr. 75 c. Les cinq autres arrondissements fournissent 658 fr. 50 c. Paris et le reste de l'empire nous envoient 2,701 fr. A ces chiffres s'ajoutent en même temps des souscriptions collectives plus importantes. Le conseil général de la Charente-Inférieure prend pour nous 1,500 fr. sur son budget. Et, coïncidence singulière! le conseil de l'hôtel de ville de Saintes, qui, en 1560, décidait, sans le faire heureusement, que l'atelier du potier serait jeté bas, votait en 1864, 5,000 fr. pour lui construire un monument. De plus, les enfants de nos écoles qui conspuaient autrefois l'inventeur méconnu, ont généreusement prélevé sur leurs menus plaisirs quelques pièces qui se sont élevées à 627 fr. 30 c., afin qu'il fût démontré que, si

« cet âge est sans pitié », il sait aussi éprouver de l'admiration pour le talent, et de la tendresse pour l'infortune.

« L'art ne pouvait rester étranger à la glorification d'un artiste. Une représentation théâtrale d'un drame inédit sur Bernard Palissy et un bal ont rapporté 398 fr. 95 c. La vente de divers ouvrages a produit 405 fr.; 62 fr. nous ont été donnés par une petite loterie d'une rustique figuline. En outre, des conférences à Paris, à La Rochelle, à Saintes, ont valu 1,140 fr. 50 c., frais ôtés, à celui qui avait créé les cours publics libres en 1575. Près de nous, à Cognac, François Ier doit les 120,000 fr. de sa statue équestre à la loterie que le roi chevalier inventa en 1520. Il était juste que les conférences publiques, institution plus noble, servissent un peu à l'artisan-naturaliste qui en avait le premier donné l'exemple.

« C'est donc tout et tous qui ont payé les 2,800 fr. du marbre, les 1040 fr. du transport et de la pose de la statue, les 2,000 fr. du piédestal, les 12,000 fr. dont l'artiste a bien voulu se contenter pour son travail. Quant au talent dont il a fait preuve, c'est la gloire qui le paiera, et qui seule peut le payer. Les frais divers, 1,027 fr., pour correspondance, impressions, recouvrements et autres, sont couverts par les 1,013 fr. 35 c. d'intérêts et bonifications que l'habileté de notre trésorier a fait produire aux fonds des souscripteurs. Il reste pour solder les dépenses de cette fête, 1,200 fr. 10 c. en caisse, et 1,000 fr. qui vont nous parvenir sous peu. Ce sera ainsi 21,378 fr. 10 c. en tout qu'aura coûté ce monument. La commission a donc, je crois, convenablement rempli son mandat et travaillé pour sa part à l'édifice qu'elle avait entrepris.

« Vous y avez aussi contribué, braves ouvriers, qu'une intelligente inspiration a groupés en corporations sous vos bannières, comme un cortège d'honneur, autour et plus près de ce sublime savant qui fut un des vôtres. Vous avez mis votre souscription dans les 2,774 fr. de la ville de Saintes. Il me souvient de vos affectueuses paroles, quand, nous faisant les mendiants du génie, nous allions de porte en porte demander quelques centimes à votre maigre salaire. Les gros sous pleuvaient dans notre bourse, les bonnes paroles dans notre cœur ému. Les gros sous, c'est l'or de l'indigent, les bonnes paroles, c'est l'aumône du cœur, cette richesse de ceux qui n'en ont pas d'autre. Notre tâche pénible était ainsi bien allégée. Parfois même on donnait là où nous étions tentés d'offrir. Rare et beau désintéressement que la commission est joyeuse aujourd'hui de proclamer bien haut!

« Vous deviez à Palissy cette marque d'admiration. C'est à Saintes qu'il avait été pauvre, dédaigné, abreuvé d'outrages; c'est à Saintes qu'il devait être solennellement loué, exalté, comblé des suprêmes honneurs. Et, puisque « chaussetiers, « cordonniers, sergens, notaires, un tas des vieilles gens, » selon son expression, magistrats et artisans, l'avaient tracassé et vilipendé de son vivant, il fallait qu'il fût, après sa mort, fêté par tous, obscurs, illustres, gentilshommes ou vilains, millionnaires et indigents. Dieu merci! il a maintenant sa statue dans une ville où il n'eut pas toujours du pain.

« Ainsi s'est fait ce monument. Dans les mains de notre trésorier, sur nos listes de souscriptions, se rencontrent les mille francs de l'empereur, l'offrande de son ministre de l'instruction publique, le sou de l'ouvrier, l'obole de l'exilé. La statue donc, quoi qu'on en ait, appartient à tous. Palissy n'est à personne; il est à la ville de Saintes; il est au pays tout entier; il est à l'art, au génie, au travail. Ce que la commission a prétendu glorifier, c'est, et je suis autorisé à le déclarer formellement ici, c'est le penseur, c'est l'écrivain, c'est le potier, c'est le géologue et le chimiste, c'est le physicien et le naturaliste; c'est sa fermeté et son courage. Il y a bien assez pour mériter les honneurs qu'on lui rend. »

On quêta à domicile; puisque les gros sous ne venaient pas, il fallait aller à eux. On dut aussi, presque de maison en maison, dans certains quartiers, expliquer ce qu'était Palissy, et son four, et son émail qui mettait un vernis sur l'écuelle plus propre, et ses déboires. Dans la sébille alors pleuvaient les sous, sous précieux qui représentaient et un bon sentiment et une privation.

On organisa aussi des souscriptions dans les communes de l'arrondissement. Beaucoup apportèrent leur contingent, et selon que l'œuvre avait été comprise. L'une écrivait qu'elle avait assez chez elle d'ouvriers malheureux sans nourrir encore ceux de Saintes. L'autre, qui avait puisé sa science historique dans le *Mémorial de Sainte-Hélène*, apportait sa pierre pour élever un monument à Palissy « sur les rives de la Charente qu'il avait tant aimées. » Celle-ci donnait, se souvenant que maître Bernard avait bâti ce bel arc de triomphe de Germanicus, ornement de la ville, orgueil de la province.

Au bout de quatre années d'efforts la caisse possédait 21,000 francs.

Un concours était ouvert le 5 juillet; neuf artistes avaient envoyé treize projets : MM. Badiou de La Tronchère, Bogino, Doublemard, Eude, Lequien, Le Véel, Henri Maignant, Moris et Ferdinand Taluet. Bien que son exquisse se rapprochât trop de l'Ambroise Paré du Mans, défaut un peu corrigé depuis, c'est M. Taluet qui fut choisi; des médailles de 500, 300 et 200 francs furent en outre décernées. L'artiste se mit à l'ouvrage.

Mais où poser la statue? C'est alors que les rivalités locales se donnèrent carrière. Chacun aurait désiré l'avoir devant sa porte. Les places convenables à un monument ne sont pas nombreuses Après de longues discussions, en prose et en vers, après des essais divers, on préféra, à l'entrée de la ville, près du port, un petit emplacement où l'on était venu en 1843 reconstruire l'arc de Germanicus qui gênait la navigation au milieu du pont de la Charente. On pouvait choisir mieux.

Palissy, tournant le dos au monument romain, regarde la grande route de Saintes à Clermont qui court du pont à la gare; il sollicite un coup d'œil des voyageurs qui, à pied, en voiture, se hâtent pour ne pas manquer le train, ou qui, descendus de wagon, sont pressés d'arriver en ville. « Il est debout, dit M. Jouin, à qui j'emprunte cette description, en pantalon brodé, culotte bouffante et juste-au-corps, porte le manteau court ramené sur le bras droit. La main gauche tient un plat qui est

l'exacte reproduction d'une des faïences du Louvre. Deux
volumes placés sur la maçonnerie d'un four servent de soutien.
La main droite à demi-fermée est relevée à la hauteur du menton, et la tête, légèrement penchée, cherche un appui sur cette
main. La tête remarquablement belle est pensive ; M. Taluet
s'est inspiré pour la figure de Palissy du portrait qui se voit au
musée de Cluny. Les jambes indiquent une marche lente,
comme celle d'un homme absorbé dans sa méditation. La statue
en marbre blanc mesure 2 m. 50 c.

« Le premier défaut, le plus grave assurément, que je découvre
dans le *Bernard Palissy* de M. Taluet, c'est d'être une imitation
de l'*Ambroise Paré* de David. L'un et l'autre de ces deux personnages sont représentés « marchant et réfléchissant ». Dans
l'œuvre de David, exécutée en 1841, époque à laquelle M. Taluet
recevait les leçons de cet artiste, la marche est plus accentuée,
les jambes sont robustes, la main droite plus crispée indique la
recherche d'un problème difficile ; le front est sillonné de rides
profondes, le costume du huguenot (car le chirurgien et le potier
saintais, morts la même année, ont encore cet autre point de
rapprochement de la communauté des croyances), le costume du
huguenot présente des plis sévères et négligés. La tête est nue.
« Dans l'ouvrage de M. Taluet la marche est indécise ; la
main droite fermée laisse ramper l'index sur la joue jusqu'à la
hauteur de l'œil ; le manteau ramené par devant en plis nombreux est élégant ; les manches du pourpoint, très fouillées imi-
tent le velours ; la culotte bouffante n'est pas moins riche. Les
jambes sont longues et délicates ; les mains sont grecques, la
main gauche surtout, qui est d'une exquisse finesse. Les
attaches des bras ont quelque chose de trop aristocratique ; je ne
vois rien là qui dénote le potier.
« Je sais que maître Bernard était issu de race bourgeoise ;
mais il fut avant tout artisan, et le statuaire en a fait un seigneur. Qu'on n'objecte point la simplicité du pourpoint ; je
reconnais qu'il est dépourvu d'ornements ; mais le corps qu'il
dessine, si ferme qu'il soit, a trop d'élégance pour un manou-
vrier.

« Ces défauts que je relève, tout en m'empressant de rendre justice au talent du praticien, permettent de juger que l'œuvre de M. Taluet n'est malheureusement qu'une variante de l'ouvrage de David. Le sujet n'appartient pas à l'élève ; l'exécution seule est de lui. Il n'y a pas jusqu'à la tête nue des deux personnages qui n'ajoute au rapprochement que fera malgré soi tout homme qui connaîtra les deux œuvres. »

De son côté, Alfred Nettement, dans la *Semaine des familles* du 22 juin 1867, en terminant sa revue du salon où avait été exposée l'œuvre de M. Taluet, « mentionne la belle statue en marbre de B. Palissy, sculptée pour la ville de Saintes par M. Taluet qui a déjà fait ses preuves. La tête de l'artiste rayonne d'intelligence ; son attitude est fière et imposante ; on devine l'homme qui a été le fils de ses œuvres... » etc.

Sur le piédestal en pierre des Vosges, au lieu du mot de Sénèque « *Je sçai movrir* » qu'il avait été un instant question de graver parce qu'un historien le lui avait prêté à tort, on lit d'un côté :

A BERNARD PALISSY

1510-1590

SAINTES ET LA SAINTONGE

1868

de l'autre le titre de ses deux ouvrages :

RECEPTE VERITABLE

1563

DISCOVRS ADMIRABLES

1582

erreur du graveur pour *1580*.

L'inauguration a eu lieu, le 2 août 1868, avec l'appareil ordinaire de ces fêtes, musique, discours et banquet. Les ouvriers groupés par métier sous la bannière de la corporation y avaient leur place. Le maire parla, le préfet parla, l'amiral Darricau parla, le secrétaire parla. Les discours des deux premiers orateurs ont été imprimés dans le *Courrier des deux Charentes* du 6.

Le dernier, quoique imprimé, a été si peu publié que je le reproduis ici; aussi bien donne-t-il la note exacte du monument et ne laisse-t-il pas de contenir quelques détails.

«... Désigné, un peu malgré moi, par la commission de la statue, pour prendre la parole en son nom, mon premier mot devait être une parole de félicitation pour tous ceux qui ont répondu à notre appel, qui nous ont aidé dans notre entreprise patriotique et nationale, et de remerciement pour vous, messieurs, qui êtes venus assister à la glorification de l'homme dont notre pays a le droit d'être fier (1).

« Le monument qui s'élève aujourd'hui n'est pas commencé d'hier. Vous le savez : il y a longtemps que le projet en a été conçu et tenté. Des mains fidèles entretenaient pieusement, à la mémoire de maître Bernard, le feu sacré d'une admiration sans défaillance. Les idées ont aussi leur point de maturité. Cette fois, l'essai a réussi. C'est qu'il est venu à l'heure favorable. Notre époque, les yeux tournés vers l'avenir qu'elle embellit de ses rêves, retourne cependant sur ses pas par la pensée. Elle parcourt les grands chemins de l'histoire ; et, çà et là, rencontrant de chaque côté de la route les blessés de la haine, les éclopés de la calomnie, les délaissés de l'ignorance, comme le bon Samaritain, elle les relève, panse leurs plaies, les console et les remet dans la voie à leur place ; générosité qui, comme tout ce qui part du cœur, a ses entraînements et ses erreurs, qui répand parfois le baume sur qui ne mérite que le dédain, mais qui n'est pas moins digne d'éloges! Grâce à ces explorations rétrospectives, nous voyons reparaître au grand jour ces figures un peu voilées par l'ombre, un peu effacées par le temps, qui alors brillent dans la pleine lumière de la gloire.

(1) Sur l'estrade réservée on remarquait le maire, le préfet, le contre-amiral Darricau, le conseiller Gaillard, M. le baron Eschasseriaux, député, le général de Bremond d'Ars, le sous-préfet, Ferdinand de Lasteyrie, membre de l'institut, l'archiprêtre Bonnet, M. le comte Anatole Lemercier, président du conseil d'administration du chemin de fer des Charentes, l'abbé Lacurie, inspecteur des monuments historiques, les membres de la commission, du conseil municipal, etc.

« Palissy est un de ces hommes longtemps, sinon tout à fait oubliés, du moins laissés un peu à l'écart. Il a vu entrer avant lui dans le Panthéon immortel de ceux à qui la patrie décerne des honneurs publics, les conquérants, les guerriers, les victorieux, les sauveurs des nations dont ils furent aussi l'effroi, tous ceux qui ont écrit leur nom sur la terre à la pointe d'une épée ensanglantée. Son tour est enfin venu...

« Quatre ans et demi se sont écoulés depuis le 10 janvier 1864, où l'idée de ce monument fut de nouveau communiquée au public. ... Seize cent quarante-huit lettres ont été écrites, douze cent cinquante-quatre circulaires ont été répandues, c'est beaucoup de papier noirci. Hélas! les progrès de la science sont prodigieux. Elle n'est pas encore, cependant, parvenue à faire tomber du ciel le bronze tout ciselé, le marbre pas davantage. Que de peines pour ramasser les 19,405 fr. 70 c. que nous avons dépensés! Nous voulions rendre notre œuvre commune à tous; et si la ville de Saintes et la Saintonge dressaient la statue, la France entière la devait payer. Elle l'a payée.

« Là était pour nous la seule manière d'honorer dignement l'intelligence encyclopédique de cet homme, qui tient au peuple par sa naissance et son métier, aux princes, aux rois par son art, aux savants par son génie, à tous par les qualités du cœur.

« Je ne blâme pas les villes qui, voyant l'or abonder dans leur caisse, en font des statues pour ceux dont un hasard heureux a placé le berceau dans leurs murs. La statue de Palissy ne devait pas être une de ces statues banales, inventées par la mode, commandées par l'engouement, payées par la vanité, érigées par la flatterie. Aucun parent n'a jeté dans notre escarcelle l'argent qui, sous le ciseau du praticien, se transformerait en rayons de gloire pour lui-même. Nulle influence n'a tiré au câble qui faisait monter ce marbre sur sa base. Non : maître Bernard n'est pas le héros vulgaire de quelque épopée bourgeoise, ou l'une de ces célébrités de clocher qu'on vante à défaut d'autres. Il devait être fêté par tous...

« Les acclamations qui retentissent pour lui ne datent pas d'au-

jourd'hui. Il y a longtemps qu'on apprécie et qu'on vante maître
Bernard. C'est vrai; il fut honni; il fut jeté en prison; il mourut
à la Bastille, quoiqu'il n'y ait pas tenu à Henri III, qui n'y mit
jamais les pieds, le langage insolent qu'on lui prête (1); oui, sa
vie fut tourmentée, agitée. Mais, au milieu même de ses tribulations, quels ardents défenseurs il s'attire! quels amis puissants
il sait se faire! C'est la cour de France; c'est Charles IX et
Henri III; c'est Catherine de Médicis, astucieuse comme une
Italienne, mais artiste comme une Florentine. Le connétable
Anne de Montmorency l'arrache aux prisons de Bordeaux, le
charge de décorer son magnifique château d'Écouen, et lui
construit un atelier à Saintes. Le roi l'attache à sa maison. La
reine-mère, après l'avoir vu à l'œuvre dans cet atelier, l'appelle
en 1566 à Paris pour lui faire orner le palais des Tuileries,
d'où, le 12 mars 1864, devait partir le décret impérial qui
autorisait l'érection de la statue. Elle le soustrait à la Saint-
Barthélemy. Mayenne, le chef de la Ligue, le sauve des
flammes du bûcher. Ambroise Paré et les savants de l'époque
suivent ses leçons. Autour de sa chaire se pressent et se
coudoient les médecins renommés du XVIe siècle, les amateurs
Henri de Mesme et Rasse des Nœux, les gens d'église et
d'épée, un Alphonse del Bene, grand chantre de Narbonne, et
Marc Lordin de Saligny, parent de l'amiral de Coligny. C'est
escorté de ce monde lettré qu'il nous apparaît. Il est le centre

---

(1) C'est à propos de cette phrase que Coquerel, après une peinture
énergique et terrible de Henri III, « un de ces êtres les plus vils que
l'histoire mentionne..... la lie, l'opprobre sanglant du genre humain », et
un portrait du potier pur, chaste, immaculé, s'écriait : « Près de trois
siècles plus tard, aux pieds de la statue enfin inaugurée de ce martyr, sur
une place publique, au milieu d'une vaste assemblée officielle et populaire,
un des maîtres de notre jeunesse traite d'insolent l'un de ces deux hommes,
mais ce n'est pas à l'infâme acheteur de conversions que le mot est appli-
qué; c'est au martyr qui refusa de se vendre..... » Si le critique avait lu la
harangue, comment affirmait-il qu'en plein triomphe Palissy avait été traité
d'insolent? Si non, comment en parlait-il?

Voir la réplique, page 34, *Palissy et son biographe.*

de cette pléiade d'esprits cultivés qui lui forment déjà comme une auréole de gloire.

« Puis, quand il a sommeillé quelques années dans sa tombe, que les passions du moment se sont calmées autour de sa cendre refroidie, on se remet à songer à l'ouvrier de génie.

« Ecoutez les voix majestueuses qui se font entendre. C'est la science qui affirme ses découvertes et le proclame créateur. Si Voltaire raille ce pauvre potier, qu'il traite d' « ingénieur de « Louis XIII » et de « visionnaire », l'*Encyclopédie*, par la plume plus compétente de Venel, vante cet « homme véritablement « singulier... qui n'était qu'un simple ouvrier, sans lettres », et qui « montre dans ses différents ouvrages un génie observateur, « accompagné de tant de sagacité, une dialectique si peu com- « mune, une imagination si heureuse, un sens si droit, des vues « si lumineuses... » Fontenelle, et après lui Buffon, le disent « aussi grand physicien que la nature seule en puisse former « un. » Réaumur, de La Rochelle, déclare qu'il « aime extrê- « mement l'esprit d'observation et la netteté de style » de Palissy.

« Les savants, les critiques, les poètes de notre siècle ne sont pas moins élogieux. M. d'Archiac (1), un nom saintongeais, constate chez maître Bernard « le principe de physique sur « lequel reposent les puits artésiens. » Cuvier (2) considère sa théorie des fossiles comme « l'embryon de la géologie. » Brongniart (3) l'appelle le héros de l'art céramique. M. Chevreul (4) le trouve tout à fait au-dessus de son siècle par ses observations sur l'agriculture et la physique du globe. Villemain (5) dit qu'il « écrivit avec génie l'histoire de ses souffrances et « de ses découvertes. » M. Dumas le place parmi les créateurs de la chimie. Isidore Geoffroy Saint-Hilaire (6) s'exprime en ces

(1) *Etude sur la paléontologie stratigraphique*, tome I, page 252, 1864.
(2) *Histoire des sciences naturelles*, II, 234.
(3) *Traité des arts céramiques*. Voir plus haut, page CXXIV.
(4) *Journal des savants*, décembre 1849, pages 726 et suiv.
(5) *Cours de littérature au XVIIIe siècle*, tome II, 22e leçon.
(6) *Histoire générale des règnes organiques*.

termes : « Dans cette époque, il n'est guère qu'un seul homme
« dont on puisse dire qu'il procède de lui-même, et qu'il est
« toujours tourné vers l'avenir... c'est le premier auteur de la
« détermination de ces corps organisés fossiles dans lesquels on
« ne sut voir si longtemps que de simples jeux de la nature, dans
« lequel il montre enfin les preuves de l'antique submersion des
« continents ; c'est le père de la géologie, l'un des créateurs de
« l'agriculture moderne, et l'inventeur des rustiques figulines ;
« c'est le potier de terre Bernard Palissy. »

« Flourens s'écrie : « Ce simple ouvrier touche aux questions
« les plus élevées de la science et quelquefois il les résout... Son
« style est d'une clarté singulière ; cette clarté vient du génie; le
« génie voit... Dans Palissy le génie était soutenu par une âme
« forte et qui le fut constamment au milieu de l'adversité la plus
« rude.... » M. Alexandre Bertrand rend hommage à l'admirable
géologue qu'il y a dans Palissy (1). Lamartine (2), dans un élan
poétique, chante « ce pauvre ouvrier d'argile, un des plus
« grands écrivains de la langue française, » que « Montaigne ne
« dépasse pas en liberté, J.-J. Rousseau en sève, Lafontaine en
« grâces, Bossuet en énergie lyrique... »

« Que serait-ce si nous pouvions évoquer les amis particuliers
de Palissy, tous ceux qui l'ont connu et aimé, à Saintes, en
Poitou, à La Rochelle, à Paris ! Quels beaux récits ils nous
feraient de son âme, de son esprit, de sa générosité !...

« S'ils pouvaient être là, que ne nous diraient-ils pas ? Voici
Henri-Robert de La Marck, duc de Bouillon, qui l'accueillit fu-
gitif à Sedan ; voici Louis de Bourbon, duc de Montpensier,
qui lui donne un sauf-conduit ; voici le comte François III de
la Rochefoucauld, qui a déclaré son atelier lieu de franchise.
Voici Jean d'Aubeterre, seigneur de Saint-Martin de la Couldre, qui le recommande à sa sœur comme « homme autant
« porté de justice qu'autres hommes justes », et Antoinette de
Parthenay, dame de Soubise, qui, sur cet avis, le prend pour

(1) *Lettres sur les révolutions du globe*, pages 5 et 6.
(2) *Civilisateur*, juillet 1852. Voir plus haut, p. cxxvii.

arbitre entre elle et ses vassaux. Voici Charles de Coucis, seigneur de Burie, et Guy Chabot de Jarnac, qui lui ont épargné bien des vexations. Voici enfin Antoine, sire de Pons, savant et lettré, célébré par les comtemporains comme une merveille, qui se plaît à s'entretenir avec le faïencier géologue, et son épouse, Marie de Montchenu, dame Massy et de Guercheville, qui obtient du conseil municipal de Saintes que l'atelier du potier ne serait point renversé. Que d'autres encore dont on pourrait citer les noms !

« Et ses amis plus près de son cœur, parce qu'ils sont plus voisins de son humble condition ! un Lamouroux, médecin, qui le « secourut de ses biens et du labeur de son art; » un Pierre Goy, maire de Saintes ; un Babaud, avocat ; un Nicolas Alain, écrivain latin ; un Pierre Sauxay, qui le chante en vers. Ils nous expliqueraient ce que fut leur ami, et quelle âme avait ce grand citoyen qui s'appelle Bernard Palissy.

« Ah ! quand un homme s'est gagné d'aussi vives sympathies, et, trois cents ans après son trépas, excite un enthousiasme pareil, certes, cet homme est supérieur. Et quand une œuvre, comme celle que nous achevons aujourd'hui, réunit d'aussi diverses, d'aussi nombreuses et de telles approbations, ne cherchez pas plus longtemps, messieurs ; elle est bonne. Oui, il est bon de glorifier le génie ; il est bon de célébrer le talent, d'honorer le travail, d'exalter la persévérance. Dans nos jours où les douceurs de la vie facile nous attirent, on ne saurait trop proposer l'exemple d'un homme qui accepta la douleur avec courage, et lutta quatre-vingts ans contre le mauvais vouloir et l'adversité. Il est utile de montrer aux travailleurs de toute classe, manœuvres façonnant la matière ou pionniers agissant sur les intelligences, qui seraient tentés de se plaindre, il est utile de montrer que d'autres aussi ont combattu, et qu'on ne devient homme que par la souffrance vaillamment supportée et patiemment vaincue. Sans doute tous ceux dont l'affliction est le lot ici-bas, tous ceux que tourmente le génie de l'invention, tous ceux qui sont consumés par la fièvre artistique, dévorés par l'amour du genre humain, ne verront pas leur nom resplendir, leurs vertus acclamées et leur noble figure sculptée dans le marbre. Qu'il en est de ces énergiques soldats de la pensée ou du travail qui vont peut-être dans les mêmes rues que Palissy, portant le même fardeau, torturé des mêmes angoisses, abreuvé des mêmes amertumes! L'avenir radieux n'existe pas pour eux. Nul historien ne racontera leurs efforts ; aucun poète n'exaltera leur victoire. Mais leur nom, ignoré ou méconnu des hommes, est au moins su de Dieu. Mais quand ils souffrent en silence, sans témoins, ils savent que quelqu'un voit leurs chagrins, compte leurs larmes, recueille leurs sueurs. Et, s'ils étaient près de désespérer, qu'ils regardent cette image ; ils se sentiront un peu réconfortés en voyant Palissy.

« Maître, salut. Te voilà debout dans notre ville, dominant la foule qui t'admire. Les générations peuvent passer ; tu resteras grand par ton génie, grand par ton caractère, grand par le talent de celui qui t'a représenté. Exemple vivant, tu montreras ce qu'il faut de patience et de travaux pour arriver à la gloire, et au prix de quelles douleurs s'achète la célébrité. Tu encourageras les défaillants ; tu soutiendras les faibles ; tu exciteras les vaillants. La vie n'est pas toujours la voie triomphale que tu suis aujourd'hui. La jalousie, la calomnie, l'ineptie coassaient autour de tes oreilles. Tu marchais ton chemin, calme, fort, résigné, dédaigneux. C'est par là que tu fus grand. Ton caractère sortit de l'épreuve, comme les émaux de la fournaise, épuré, inaltérable, solide. Qu'il en soit ainsi pour quiconque est un moment frappé par la douleur. Maître, inspire aussi un peu de ta fermeté, donne un peu de ta force souriante à celui dont les efforts, malgré les obstacles, n'ont pas été inutiles pour ton monument. Il sera largement récompensé de ses travaux et des ennuis qu'il s'est créés pour toi. Que la cité soit aussi payée de sa reconnaissance et de sa libéralité. Cette fête a été l'occasion pour elle d'un réveil artistique (1). C'est l'aurore. Je

(1) Concours poétique ouvert en l'honneur de Palissy par la société des arts, sciences et belles-lettres de Saintes, créée en 1867 ; exposition de céramique sous le patronage de cette société ; festival donné par la société philharmonique, formée un mois avant l'inauguration du 2 août.

voudrais que le jour vînt et durât longtemps. Non, non : l'art,
la science, la poésie ne peuvent périr dans la patrie d'adoption
de Bernard Palissy, sur le sol qui a produit les rustiques figulines, sous ce doux climat qui a fait éclore la *Recepte* et les
Discours admirables, ces autres chefs-d'œuvre. Qu'elle apprenne
aussi, en songeant au passé, à respecter le génie modestement
vêtu et à ne mépriser personne à cause de sa pauvreté, la « pau-
« vreté qui empêche les bons esprits de parvenir. » Car le
dédaigné devient le glorieux ; le fou d'aujourd'hui est le grand
homme de demain ; et un jour, l'on est contraint de mettre sur
le pinacle celui qu'on avait traîné aux gémonies.

« Ta statue, maître, se dressera donc comme une expiation,
comme un hommage, comme un encouragement. Elle dit à tous
que, si jadis tu eus quelques déboires à essuyer ici, la ville de
Saintes te venge noblement aujourd'hui. Elle dit aussi que
rien n'est perdu dans un pays où vit le culte du génie, la reconnaissance pour les services rendus, et qui, après trois siècles, se souvenant enfin, érige des statues à ses hommes illustres. Elle crie enfin à tous : « Courage ! » et que pour mériter
les joies du triomphe, il faut avoir passé par les périls du combat.

« Maître, je te salue ! »

Pour compléter le monument, avec la statue qui devait être
la synthèse des éminentes facultés du personnage, artiste,
potier, penseur, géologue, chimiste, écrivain, j'aurais désiré
quatre bas-reliefs au piédestal, qui en auraient été le commentaire en action. Le premier sujet, c'est Palissy jetant, dans un
moment d'enthousiasme irréfléchi, ses meubles et le plancher
de sa chambre au feu de son four, qui va s'éteindre faute d'aliments et retarder, peut-être empêcher à jamais, la découverte
de l'émail. Près de là, sa femme se lamentant, ses enfants pleu-
rant, et les voisins criant : au feu ! à l'insensé ! Au second, c'est
Palissy présenté dans son atelier à Charles IX et à Catherine de
Médicis par le connétable de Montmorency, son protecteur. Au

milieu des personnages de la cour on distingue les patrons de
l'artiste, le duc de Montpensier, le sire de Pons, le seigneur de
Burie. Au second plan, des amis de Saintonge, le médecin
Lamoureux, le maire Pierre Goy, et, comme fond du tableau,
les monuments de la capitale de la Saintonge, l'arc de triomphe
de Germanicus, les arènes, la masse énorme du clocher de
Saint-Pierre et l'élégante flèche de Saint-Eutrope. Le quatrième montrerait Palissy à la Bastille. Au troisième, j'aurais
mis Bernard faisant des conférences à Paris. Devant lui, sur sa
table, il y a des objets d'histoire naturelle, pierres, minéraux,
fossiles. La foule se presse, curieuse, attentive, étonnée de la
nouveauté du spectacle, de la personne de l'orateur, charmée
de sa parole. On y verrait des bourgeois, des savants, des
ecclésiastiques, des gentilshommes, tous réunis au pied de la
chaire du pauvre potier, d'un huguenot, par l'amour de la science.
Mais « c'est grand'pitié quand argent faut à ceux qui voulant
voulentiers » ; et voilà pourquoi il n'y a pas de bas-reliefs.

L'Illustration du 8 août a publié de M. Pierre Conil un récit
de l'inauguration ; de M. Lallemand un croquis de la cérémonie,
et la statue, d'après une photographie de M. P. Allain.

*
* *

Si j'en croyais M. Bérard, *Dictionnaire biographique des artistes français du* XII° *au* XVII° *siècle* (Paris, Dumoulin, 1872,
in-8°), et Bouillet, *Dictionnaire*, je parlerais de « sa statue élevée à
Agen », où, d'après Bouillet, *Dictionnaire*, je verrais la « patrie
de Bernard Palissy », ce qui ne m'empêcherait pas de lire dans
le même ouvrage : *Saintes* ; « on y fait naître Bernard de Palissy »,
et à *Palissy*, « né dans l'Agenois. » Le respect de la vérité
m'oblige à déclarer qu'il n'y a de statue ni à Agen, ni même à
Angers, comme l'a imprimé M. Elisée Reclus dans sa
Géographie. La ville de Tours a une rue Palissy ; et le conseil
municipal de Paris a inscrit le nom de l'artiste au nouvel hôtel
de ville.

<center>*</center>
<center>* *</center>

En juillet 1882, la municipalité de Paris a fait placer dans le square de l'église Saint-Germain des Prés, le long du boulevard Saint-Germain, la statue en bronze de Palissy, œuvre du sculpteur M. Ernest BARRIAS, qui avait été exposée au salon de cette année. L'artiste est représenté dans l'attitude du penseur, tenant un plat dans la main gauche près d'un fourneau allumé; un large tablier l'enveloppe. La statue, reproduite, page 9, dans le *Palissy* de M. Philippe Burty (1886), est bonne; le piédestal est lourd, massif, informe; le potier se trouve là près de la rue du Dragon, où la tradition montre sa demeure et près de la rue Palissy.

Une seconde édition a été placée à Boulogne, grande rue, près de l'église, où entre l'église et le bois est une rue « Bernard Palissy ». Le piédestal, meilleur qu'à Paris, porte aussi A BERNARD PALISSY 1510-1589. On ne voit pas la raison d'un Palissy à Boulogne, ni la raison de ce millésime *1589*, au lieu de *1590*, date véritable.

<center>*</center>
<center>* *</center>

Au musée céramique de Limoges, fondé par Adrien Dubouché en 1866, est une statue grande comme nature, en biscuit, fort belle, faite et offerte par M. GILLE.

<center>*</center>
<center>* *</center>

Le musée de Saintes possède un buste en faïence plus grand que nature. Tête barbue, coiffée d'une casquette; âge approchant de la vieillesse. Au-dessous, un médaillon représentant un des sujets de l'artiste: *La belle jardinière.* Des poissons, reptiles, coquillages forment un cordon d'ornements. Sur une banderolle: BERNARD PALISSY; sur le socle: ART, RELIGION, SCIENCE; puis: DEVERS FECIT ANNO 1866. C'est un don de l'état.

<center>*</center>
<center>* *</center>

En 1882, au concours des ciseleurs fondé par M. H. Villesens,

le premier prix (300 francs) fut obtenu par M. Ernest GIRAR-
DOT, pour un Palissy dont nous ignorons la destinée.

*
* *

Les portraits de Bernard sont nombreux. La plupart, on le
devine, sont de pure fantaisie. Chaque graveur a imaginé un
Palissy à sa tête et créé un type d'après son rêve : et les journaux illustrés, les brochures, les livres, ont répandu un Palissy
de convention, tantôt fin, intelligent, tantôt lourd et idiot, riche
ici, pauvre là, ouvrier ou presque gentilhomme. Nous mention-
nerons quelques unes de ces images bien souvent copiées les
unes sur les autres.

« On connaît deux portraits de Bernard Palissy, dit Clément
de Ris, page 25, *Notice des faïences françaises du musée du
Louvre* (1874). Le premier est une plaque carrée de terre cuite
émaillée représentant un buste d'homme : couleurs naturelles
sur un fond brun. Elle fait partie de la collection de sir Antony
de Rothschild, à Londres, et a été gravée dans les *Monuments
inédits* de Willemin, et dans les *Terres émaillées de Bernard
Palissy*, par Tainturier. Le second est une peinture sur vélin
faisant partie des objets exposés au musée de Cluny. Elle a été
lithographiée en tête du *Recueil des faïences françaises du
XVIᵉ siècle*, par MM. Delange père et fils. L'authenticité de ces
deux portraits n'a jamais été constatée. »

La figure qui avait paru le mieux convenir à l'artiste est celle
de M. Antony de Rothschild, et cela parce que le plat émaillé
était conçu dans le style de maître Bernard. Mais, dit Fillon,
Art de terre, page 131, « la bordure le classe parmi les œuvres
des dix ou douze dernières années du XVIᵉ siècle. Or la figure
du personnage représenté sur cette faïence est celle d'un
homme qui vient tout au plus de passer la cinquantaine,
tandis que l'inventeur des rustiques figulines, décédé en 1590,
s'il n'était pas mort lorsque ce relief fut modelé, aurait eu un
visage durci par plus de quatre-vingts hivers à présenter comme
modèle à l'ouvrier. D'un autre côté, le costume est bien celui
du temps que j'indique. Le même col de chemise se voit au

portrait d'Olivier de Serres à cinquante-cinq ans; Antoine Carron, le dernier peintre en titre de Catherine de Médicis, le porte sur celui où Thomas de Leu, son gendre, nous le montre dans un âge avancé. Henri III l'avait au cou le jour de sa mort, selon la gravure populaire qui représente son assassinat par le dominicain Jacques Clément. Si l'on me demande maintenant d'où vient ce portrait, je dirai, avec la réserve qu'il convient d'apporter en cette question délicate, que je le crois sorti de la même officine qu'un grand pot à bière exposé, il y a deux ou trois ans, à la devanture d'un marchand de la rue de Seine. Il était émaillé de brun avec reliefs jaunes de même style, et avait sur sa panse, dans un petit cercle formé d'olives, cette inscription obtenue en relief avec un poinçon: I PERRENET TROYE. Les carreaux incrustés de l'église Saint-Nicolas de cette ville offrent des motifs d'arabesques et d'ornements qu'il importe de rapprocher de ceux-ci, quoique la date de leur fabrication soit plus ancienne d'une quarantaine d'années. Le type une fois adopté a évidemment été continué, en se modifiant un peu.

« En présence de preuves si diverses et si convaincantes, ne conviendrait-il pas, une fois pour toutes, de rejeter au nombre des simples curiosités anonymes cet essai médiocre dans un genre malheureux? C'est d'ailleurs manquer presque de respect à la mémoire de Palissy que de lui prêter cette physionomie ennuyeuse et busonne, qui sent d'une lieue le hobereau ou l'échevin prenant un air grave pour poser devant la postérité. Si le potier de Saintes nous eût légué sa portraiture, la bonne opinion qu'il avait de sa personne l'eût empêché de se défigurer ainsi et lui eût fait mettre sur son visage un reflet de ce qu'il avait dans le cœur. Nous aurions dès lors sous les yeux une tête austère et vigoureuse, comme celle d'Ambroise Paré gravée par Estienne de Laulne, mais empreinte en même temps du génie moderne, comme celle de Mélanchthon par Durer. »

Ce portrait a encore été gravé dans les *Grandes inventions,* page 109, de M. Louis Figuier.

*
* *

M. Louis Figuier dans ce même ouvrage, page 114, a représenté « Bernard Palissy brûlant ses meubles pour entretenir le feu de ses fourneaux » ; et dans *Les savants de la renaissance,* page 172, « Palissy travaillant à la fusion de ses émaux » ; page 190, « Conférence publique de B. Palissy sur l'histoire naturelle », et page 194, la visite apocryphe de Henri III à la Bastille. Voir plus haut, page CLXIV.

*
* *

Pour le portrait de Cluny, voici ce qu'en dit M. Burty, *Conférence sur Palissy,* page 14 : « Nous sommes à peu près certain d'avoir sous les yeux son image véritable. Le musée de Cluny a eu la bonne fortune d'acquérir en 1865, une petite gouache dont l'exécution est très vraisemblablement contemporaine des dernières années de Palissy. Le nom de Palissy est, du reste, écrit en lettres d'or dans le champ, avec l'intention arrêtée de désigner à l'attention l'effigie d'une personnalité importante. Le costume est dans des tons très foncés, simple de coupe, assez agrémenté de broderies d'or cependant pour appartenir à une personne attachée à la maison du roi. La tête est très longue ; le front capace et fuyant. Les traits sont fatigués. L'expression générale est calme, bien que les yeux soient perçants et la bouche sardonique. » Aussi M. Philippe Burty l'a-t-il reproduit aussi dans son *B. Palissy* (1886), page 37. Il figure aussi dans la *Monographie* Delange et dans le volume de M. Louis Figuier, *Les savants de la Renaissance.*

*
* *

Le *Moniteur illustré des inventions* a publié un portrait de Palissy que j'ai reproduit dans ma première édition de *Palissy.* L'opuscule de Rossignol a aussi un portrait ; et celui de Pierre Jonain montre ceci : « Palissy est debout en justaucorps et fraise, avec des menottes et des fers aux pieds qui l'attachent à la muraille ; par terre un plat de rustiques figulines ; sur un bloc de maçonnerie près de laquelle est la gueule d'un four, une aiguière et la bible ouverte où l'on lit JE SÇAY MOURIR, mot de Sénèque. » « Portrait de fantaisie, comme on le comprend au boulevard du Temple, » dit M. Champfleury, page 314.

*
* *

On trouve aussi un portrait dans *Les hommes utiles. B. Palissy*, 1880.

*
* *

L'*Univers illustré* du 23 janvier 1867 reproduit d'après le tableau de Mme WARD, femme du peintre d'histoire anglais, une gravure représentant le potier au moment où, ouvrant son four, il s'aperçoit que ses poteries vernissées sont toutes couvertes de petits cailloux, « qui estoyent, page 213, si bien attachés autour des dits vaisseaux et liez avez l'esmail que, quand on passoit les mains par dessus, les dits cailloux coupoyent comme des rasoirs. Et combien que la besogne fust par ce moyen perdue, toutes fois aucuns en vouloyent acheter à vil pris. Mais parce que c'eust esté au décriement et rabaissement de mon honneur, je mis en pièces entièrement le total de la dite fournée... Mes voisins qui avoyent entendu cest affaire, disoyent que je n'estois qu'un fol et que j'eusse eu plus de huit francs de la besogne que j'avais rompue ; et estoyent toutes ces nouvelles jointes à mes douleurs. »

« Des plats, des pots brisés gisent pêle-mêle sur le sol ; le fils aîné, assis à terre, auprès du fourneau, les mains croisées sur le genou, songe tristement à tant de peines perdues, à tant de souffrances à endurer encore ; la plus petite fille dort, la tête appuyée sur les genoux de sa grande sœur qui considère mélancoliquement ces débris ; un petit garçon et une petite fille, debout, appuyés l'un sur l'autre, regardent toute cette scène sans y rien comprendre. La mère, éplorée, saisit d'une main fiévreuse le bras du potier qui, accablé de fatigues et de douleur, s'est laissé tomber sur un siège. Elle jette des yeux effarés sur ces monceaux de débris, et semble reprocher au père d'oublier ses enfants affamés. Lui ne voit rien, n'entend rien ; il songe seulement à ses émaux, à tant d'efforts inutiles, à tant de recherches sans résultat. Voilà la scène d'intérieur. Au dehors, les voisins et les créanciers, les uns moqueurs, les autres furieux, regardent curieusement cette scène de désolation. Il y a là une brave ménagère qui a bien de la peine à comprendre que l'on brise tant de beaux plats qui feraient bonne figure dans son vaisselier. L'ensemble de ce tableau est bon : les attitudes sont naturelles. Mais on ne saurait voir dans cette femme, à la figure fine et intelligente, la compagne de Palissy, cette Saintongeaise un peu dure et revêche, qui ne comprenait rien aux choses de l'art et qui savait si peu consoler maître Bernard dans ses travaux et dans ses peines. »

*
* *

Un tableau de M. Hector VETTER, à l'exposition de 1861, acheté par la loterie des artistes 25,000 francs, dit le prospectus, représente Palissy devant son four, et constatant avec désespoir que la fournée est gâtée, parce que sous la violence du feu les cailloux ont volé en éclats et se sont incrustés dans les plats et médailles. Sa chemise n'a pas séché sur lui depuis plus d'un mois. Il est assis dans l'attitude de la consternation. Derrière lui, en pleine lumière, se tient un groupe curieux. D'abord le prévôt ou le sénéchal, menton dans la main, incertain, méditant. Est-ce un malfaiteur qu'il a devant lui? un faux-monnayeur, comme on le lui a dit? Est-ce un inventeur qui demain sera glorieux? Est-ce un débiteur insolvable et fripon qu'il faut arrêter? La justice n'est jamais pressée de décider : il délibère. Près de lui, un ouvrier, le sourire de la raillerie à la lèvre, se frappe du poing le front et dit en le regardant : « Le pauvre homme..... il est réellement fou !... » Un autre, plus jeune, esprit enthousiaste, prend franchement son parti. Deux autres examinent un plat tiré de la fournaise et discutent sur son mérite, les commères jasent ; des enfants, dans l'insouciance de leur âge, jouent avec des têts, où l'on reconnaît des traces de couleuvres, de poissons et de coquillages. Pour lui, indifférent à tout ce qui se passe autour de lui, il médite, le regard penché vers le sol. Ce tableau, gravé par M. THIELLEY, porte par épigraphe ces paroles de Palissy : « Le bois m'ayant failli, ie fus contraint de brusler les ests   s qui soutenoyent les tailles de mon iardin, lesquelles estant bruslées, ie fus contraint de brusler les tables

et planchers de ma maison. J'estois en une telle angoisse que
ie ne sçaurois dire..... encore pour me consoler on se moquoit
de moy et m'estimoit on estre fol. » Et aussi ces belles lignes
de Lamartine, extraites de son *Civilisateur :* « Palissy, c'est le
patriarche de l'atelier, le poète du travail des mains, la parabole
faite homme pour ennoblir toute profession , qui a le labeur
pour mérite, le progrès pour mobile, Dieu pour fin ! »

   On ne pouvait choisir une meilleure situation et un plus
grand heureux sujet. Le tableau est digne du grand artiste qu'il
glorifie.

TABLE DES ÉCRIVAINS OU ARTISTES

CITÉS DANS LA BIBLIOGRAPHIE ET L'ICONOGRAPHIE.

LES ŒUVRES

DE MAISTRE

BERNARD PALISSY.

Sed, cùm in officinis artistarum plus philosophiæ realis et veræ habetur quàm in scholis philosophorum, consulendi sunt diligenter pictores, tinctores, ferrarii, aurifices, auriductores, agricolæ, milites, bombardarii, panifici, destillatores et id genus reliqui.

> THOMÆ CAMPANELLÆ, *De libris propriis et de recta ratione studendi Syntagma,* cap. II, de optimo genere philosophandi, art. V, de ordine legendi libros philosophicos.

DEVIS D'UNE GROTTE

POUR LA ROYNE MÈRE

———

Demande

La Royne Mère m'a donné charge entendre si vous luy sçauriez donner quelque devis, ou portraict, ou modelle de quelque ordonnance et façon estrange d'une Grotte, qu'elle a vouloir faire construire en quelque lieu délectable de ses terres, laquelle grotte elle prétend édifyer, enrichir et aorner de plusieurs jaspes estranges et de marbres, pourfires, couralz et diverses coquilles, en la forme et manière de celle que Monseigneur le Cardinal de Lorraine a faict construire à Mudon.

Responce.

S'il plaist à la Royne me commander luy fère service à tel chose, je luy donneray la plus rare invention de grotte que jusque icy aye esté inventée, et si ne sera en rien semblable à celle de Mudon.

Demande.

Je vous prie de me fère entendre de quelle chose vous voudriés aorner et enrichir vostre grotte, affin que j'en face le récyt à la dicte Royne.

Responce.

La grotte que je vous vouldrois conseiller fère, elle seroit toute, par le dehors, de pierres communes, et, par le dedans de terre niete, en forme de rochier estrange, le tout enrichy, insculpé et esmaillé de diverses choses inenarrables.

Demande.

Voire, mais cela seroit dangereux à rompre et de petite durée; car l'on sçait bien qu'il n'y a rien plus frangible que la terre.

Responce.

Et je vous asseure que, sy la Royne m'avoit commandé luy aire une grotte de l'invention susdite, qu'elle seroit de plus grand durée cent fois que non pas celle de Mudon; car ceulx qui lisent que la terre est par trop frangible, ilz l'entendent fort mal, car elle est beaucoup plus dure, quand elle est bien cuicte, que n'est pas la pierre; mais ce qui la faict appeler frangible, c'est par ce qu'on l'applique à vaisseaux qui sont terves; mais, si elle estoit cuicte par masses aussi grosses comme sont les pierres, il n'y a si bon ferrement qui ne fût soudain usé en les taillant en la forme que l'on taille les pierres. Aussi, si l'on faisoit des vaisseaux de pierres communes aussi terves que ceux de terre, ilz se trouveroyent beaucoup plus frangibles que non pas ceux de terre.

Demande.

Et pourquoy dis-tu qu'elle seroit de plus longue durée que celle de Mudon ?

Responce.

Parce que les enrichissemens, en dedans de celle de Mudon, sont cymentés et placqués, rapportés de plusieurs pièces, lesquelz seront subgeets à estre desrobés au changement des seigneurs du lieu; mais il ne sera pas ainsi de celle qui sera faicte de mon art, par ce que toute l'œuvre de terre qui sera par dedans sera massonée et lyée avecques la muraille du dehors, et, par tel moyen, l'on ne pourra rien arracher de sa parure que premièrement on ne rompe toute la muraille.

Demande.

Il fauldroit, pour ceste cause, que tu me fisses un discours bien au long de l'ordonnance de la grotte que tu vouldrois entreprendre pour ladicte Royne, et, me l'ayant donné par escrit, je mettray peine de luy faire entendre.

Responce.

S'il plaisoit à la Royne me commander une grotte, je la vouldrois faire en la forme d'une grande caverne d'un rochier: mais afin que la grotte fût délectable, je la vouldrois aorner des choses qu'il s'ensuyt.

Et premièrement, au dedans de l'entrée de la porte, je vouldrois faire certaines figures de termes divers, lesquelz seroient posez sur certains pieds d'estraz pour servir de colomne, et, au dessus des testes des dicts termes, il y auroit certains arquitrave, frize et cornische, timpanne et frontespice, et le tout insculpé d'une telle invention que je vous feray entendre cy-après: et, vers les deux costés du longis de la muraille, à dextre et à senestre, je vouldrois qu'il fût tout garny de nyches que aulcuns appellent doulcyers, lesquelles nyches ou doulcyers serviroient un chascun d'une chaire, entre lesquelles nyches il y auroit un pilastre et une colomne faisant la division des deux nyches; aussi, au dessoubz d'une chascune colomne, il y auroit un pied d'estratz, en ensuivant l'ordre des Antiques, et le tout enrichy en la manière que je vous diray par après.

Et quant au pignon, qui seroit à l'aultre bout de la grotte, je vouldrois l'enrichir de plusieurs termes, lesquels seroient portez sur un rochier qui contiendroit toute la largeur de la grotte, et, de haulteur, aultant qu'un homme pourroit toucher de la main, duquel rochier sortiroient plusieurs pissures de fontaines en la manière que je vous diray cy-après, et, au-dessus des testes des termes, il y auroit une arquitrave, frize et cornische, qui règneroit tout à l'entour de ladicte grotte, et, au dessus de la cornische, il y auroit, tout à l'entour un grand nombre de fenestres, qui monteroient jusques à un pied près du commencement des voultes, lesquelles fenestres seroient fort estranges, comme pourrés entendre cy après: aussi je vous feray entendre cy après le discours des voultes, mais premièrement je vous veux fère entendre l'enrichissement et beaulté des choses que je vous ai nommé cy dessus.

De la beaulté et aornement de la Grotte.

Notez que la grand rochier, qui seroit au pignon opposite du

tal, seroit insculpé par un nombre infini de bosses et conca-
z, lesquelles bosses et concavitéz seroient enrichies de certes mousses et de plusieurs espèces d'herbes qui ont ascoutumé
istre ès rochier et lieu aquatique, qui sont communément
olopandre, adienton, politricon, capillis Veneris et aultres
es espèces d'herbes que l'on aviseroit estre convenables,
    depuis le tiers du rochier en haut, je vouldrois mettre
sieurs lézars, langrottes, serpens et vipères qui rampe-
ent au long dudict rochier, et le surplus dudict rochier
ait aorné et enrichy d'un nombre infini de grenoilles,
ucres, escrevisses, tortues et vraignes de mer, et aussi de
tes espèces de coquilles maritimes. Aussi sur les bosses et
cavites il y auroit certains serpens, aspicz et vipères, couchez
ntortillez en telle sorte que la propre nature enseigne, et au
, joignant ledict rochier, il y auroit un fossé contenant la
zeur de ladicte grotte, lequel fossé seroit tout entièrement
né de toutes les espèces de poissons que nous avons en usaige,
uel poisson seroit ordinairement couvert d'un nombre infiny
pissures d'eau qui tomberoient dudict rochier dans le fossé,
ement que les pissures qui tomberoient feroient mouvoir l'eau
fossé, et, par certains esbluyssemens du mouvement de l'eau,
perdroit de veue par intervalles le poisson, en telle sorte que
i penseroit que ledict poisson se fut démené ou couru dans
icte eau; car il fault entendre que toutes ces choses cy dessus
oient insculpées et esmaillées si près du naturel qu'il est
ossible de le racompter.

Et, quant aux termes qui seront assis sur ce rochier des fon-
tes, il y en auroit un qui seroit comme une vieille estatue
ngée de l'ayr, ou dissoulte à cause des gelées, pour démonstrer
s grande antiquité.

Et, après cestuy-là, il y en auroit un aultre qui seroit taillé en
me d'un rochier rustique, au long duquel il y auroit plusieurs
usses et petites herbes et un nombre de branches de lierre,
ramperoient à l'entour d'iceluy, pour dénotter une grande
iquité.

tem, après cestuy là, il y en auroit un aultre qui seroit en façon comme bien souvent l'on trouve des pierres que, en quelque endroit qu'elles soient rompues, l'on y trouve un grand nombre de quoquilles, creues et formées au dedans de la mesme masse ; aussi s'y trouve ung nombre de chailloux, lesquelz chailloux et quoquilles sont beaucoup plus durs que non pas le résidu de la masse.

Item, il y en auroit un aultre qui seroit tout formé de diverses quoquilles maritimes, sçavoir est les deux yeux de deux coquilles, le nez, bouche, menton, front, joues, le tout de coquilles, voire tout le résidu du corps ; et, si quelqu'un ose disputer que ce n'est pas imiter nature, je prouveray que si, parce que je monstreray, si besoing est, plusieurs rochiers et pierrières que, en quelque endroict que l'on les puisse coupper, elles se trouvent toutes pleines de quoquilles, voire si près à près qu'elles se touchent l'une à l'aultre.

Item, pour fère esmerveiller les hommes, je en vouldrois fère trois ou quatre vestus et coiffez de modes estranges, lesquelz habillements et coiffures seroient de divers linges, toiles ou fustaines rayées, si très approchans de la nature qu'il n'y auroit homme qui ne pensast que ce fut la mesme chose que l'ouvrier auroit voulu imiter.

Et, quant aux nyches, colomnes, piedz d'estalz et pilastres, je les vouldrois fère de diverses couleurs de pierres rares, comme sont pourphires, jaspes, cassidoines et de diverses sortes d'agathes, marbres et grisons madrez, en imitant les natures les plus plaisantes qui se pourroient fère et imaginer.

Et, quant aux deux quadratures qui seroient à la dextre et senestre de l'entrée de la porte, s'il plaisoit à la Royne mère, je y vouldrois fère certaines figures après le naturel, voire imitant de si près la nature, jusques aux petits poilz des barbes et des soursilz, de la mesme grosseur qui est en la nature, seroient observez.

Et quant aux fenestres qui règneroient à l'entour, elles seroient d'une invention fort monstrueuse et beaulté indicible ; car je les vouldrais fère fort longues, estroites et biaises, ne tenans aucune ligne perpendiculaire ne directe, car elles seroient formées comme si un rochier avoit esté couppé indirectement pour passer un homme, en telle sorte que les fenestres se trouveroient biaises, tortues, bossues et contrefaites, et néantmoins elles seroient aornées, insculpées, madrées et jaspées de toutes les beaultés dessus dictes.

Et, quant aux voultes, elles seroient tortues, bossues et enrichies de semblable parure que dessus, et, tout ainsi que l'on voit èz vieulx bastimens que les pigeons, grolles, arondelles, fouynes et bellètes font leurs nydz, je vouldrois aussi insculper plusieurs de telles espèces d'animaulx ausdictes voultes.

Et, quant au pavement du dessoubz, je le vouldrois fère d'une invention toute nouvelle, non moins admirable que les aultres choses que dessus.

Aussi, parce qu'il y auroit une table de mesme matière, je vouldrois aussi luy fère un buffet de semblable parure, lequel je vouldrois asseoir joignant les fontaines.

Demande.

Et, sy vous vouliez édifyer un tel bastiment en un lieu qu'il n'y eût poinct d'eau, que vous serviroient voz fontaines?

Responce.

Encores pourroient elles servir beaucoup, parce que, si l'on vouloit banqueter en ce lieu, l'on pourroit fère pisser les fontaines durant le banquet, et ce par certaine quantité d'eau qu'on mectroit en un canal secret, qui seroit par le dehors de la grotte.

RECEPTE VÉRITABLE,

PAR LAQUELLE TOUS LES HOMMES DE LA FRANCE

POURRONT APPRENDRE

A MULTIPLIER ET AUGMENTER LEURS THRÉSORS.

———

Item, ceux qui n'ont jamais eu cognoissance des lettres pourront apprendre une philosophie nécessaire à tous les habitans de la terre.

Item, en ce livre est contenu le dessein d'un Jardin, autant délectable et d'utile invention qu'il en fut onques veu.

Item, le dessein et ordonnance d'une Ville de forteresse, la plus imprenable qu'homme ouyt jamais parler

Composé par

Maistre BERNARD PALISSY,

ouvrier de terre, et inventeur des rustiques figulines du Roy
et de Monseigneur le duc de Montmorancy, pair et connestable de France,
demeurant en la ville de Xaintes.

A LA ROCHELLE,
De l'imprimerie de Barthélemy Berton.
MDLXIII

F. B. à M. BERNARD PALISSY,

SON SINGULIER ET PARFAIT AMI.

SALUT.

Si le malin vulgaire, ami Bernard,
Mesdit souvent de ce qui est louable,
Craindras-tu point, veu mesme ton propre art
Luy divulguer ce livre profitable ?
Non, si me crois, car il m'est agréable,
Quoy que voudroyent envieux mal parler
Les ignorans de l'art tant admirable,
Par ton moyen, y pourront profiter

AU LECTEUR.

SALUT.

En petit corps gist souvent grand puissance,
Ce qu'entendras, lecteur, lisant ce livre,
Qui de nouveau est mis en évidence
Pour d'aucuns sois l'erreur ne faire vivre ;
Car il démonstre à l'œil ce qu'il faut suivre
Ou rejetter, en ses dits admirables ;
En recitant maints propos véritables,
Tend à ce but qu'Art, imitant Nature,
Peut accomplir que maints estiment fables,
Gens sans raison et d'inique censure.

A MONSEIGNEUR

LE MARESCHAL DE MONTMORANCY,

CHEVALIER DE L'ORDRE DU ROY,

CAPITAINE DE CINQUANTE LANCES,

GOUVERNEUR DE PARIS ET DE L'ISLE DE FRANCE

———

MONSEIGNEUR, *combien qu'aucuns ne voudroyent jamais ouyr parler des Escritures Sainctes, si est-ce que je n'ay trouvé rien meilleur que de suivre le conseil de Dieu, ses édits, statuts et ordonnances ; et, en regardant quel estoit son vouloir, j'ay trouvé que, par son Testament dernier, il a commandé à ses héritiers qu'ils eussent à manger le pain au labeur de leurs corps, et qu'ils eussent à multiplier les talens qu'il leur avoit laissez par son Testament. Quoy considéré, je n'ay voulu cacher en terre les talens qu'il luy a pleu me distribuer ; ains, pour les faire profiter et augmenter, suivant son commandement, je les ay voulu exhiber à un chacun, et singulièrement à Vostre Seigneurie, sachant bien que par vous ne seront mesprisez, combien qu'ils soyent provenus d'une bien pauvre thésorerie, estant portée par une personne fort abjecte et de basse condition.*

Ce néantmoins, puisqu'il a pleu à Monseigneur le Connestable, vostre père, me faire l'honneur de m'employer à son service à l'édification d'une admirable Grotte rustique, de nouvelle invention, je n'ay craint à vous adresser partie des talens que j'ay reçeus de celuy qui en a en abondance. Monseigneur, les talens, que je vous envoye, sont, en premier lieu, plusieurs beaux secrets de Nature et de l'Agriculture, lesquels j'ay mis en un livre, tendant à fin d'inviter tous les hommes de la terre à les rendre amateurs de vertu et juste labeur, et singulièrement en l'art d'agriculture, sans lequel nous ne saurions vivre. Et parce que je voy que la terre est cultivée le plus souvent par gens ignorans, qui ne la font qu'avorter, j'ay mis plusieurs enseignemens en ce livre, qui pourront estre le moyen qu'il se pourra cueillir plus de quatre millions de boisseaux de grain, par chacun an, en la France, plus que de coustume, pourveu qu'on vueille suivre mon conseil : ce que j'espère que vos sujets feront, après avoir reçeu l'advertissement que j'ay donné en ce livre.

Item, parce que vous estes un Seigneur puissant et magnanime, et de bon jugement, j'ay trouvé bon vous designer l'ordonnance d'un Jardin, autant beau qu'il en fut jamais au monde, horsmis celuy de Paradis terrestre, lequel dessein de jardin je m'asseure que trouverez de bonne invention.

Item, en ce livre est contenu le dessein et ordonnance d'une Ville de forteresse, telle que jusques yci on n'a point ouy parler de semblable. Il y a audit livre plusieurs autres choses fructueuses, que je laisseray dire à ceux qui, en le lisant, les retiendront et vous en feront le récit. Je n'ay point mis le pourtrait dudit jardin en ce livre, pour cause que plusieurs sont indignes de le veoir, et singulièrement les ennemis de vertu et de bon engin ; aussi que mon indigence et occupation de mon art ne l'a voulu permettre.

Je say qu'aucuns ignorans, ennemis de vertu et calomniaurs, diront que le dessein de ce jardin est un songe seulement, et le voudront, peut estre, comparer au Songe de Polyphile, ou bien voudront dire qu'il seroit de trop grand despence et qu'on ne pourroit trouver lieu commode pour l'édification dudit jardin, jouxte le dessein.

A ce je respons qu'il se trouvera plus de quatre mille maisons nobles en la France, auprès desquelles se trouveront plusieurs lieux commodes pour édifier ledit jardin jouxte la teneur de mon dessein. Et, quant à la despence, il y a en France plusieurs jardins qui ont plus cousté qu'icelluy ne cousteront. Quand il vous plaira me faire l'honneur de m'employer à cest affaire, je ne faudray à vous en faire soudain un pourtrait, et mesmes le mettray en exécution, s'il vous venoit à gré de ce faire.

Et quant est du dessein et ordonnance de la Ville de forteresse, je say qu'aucuns diront qu'il ne se faut arrester à mon dire, d'autant que je n'ay point exercé l'estat militaire, et qu'il est impossible de savoir faire ces choses sans avoir veu premièrement plusieurs batteries et assaux de villes. A ce je respons que l'œuvre que j'ay commencée pour Monseigneur le Connestable rend assez de tesmoignage du don que Dieu m'a donné, pour leur clore la bouche. Car, s'ils font inquisition, ils trouveront que telle besongne n'a onques esté veue. Item, ayant fait plus ample inquisition, ils trouveront que nul homme ne m'a apprins de savoir faire la besongne susdite.

Si donques il a pleu à Dieu de me distribuer de ses dons en l'art de terre, qui voudra nier qu'il ne soit aussi puissant de me donner d'entendre quelque chose en l'art militaire, lequel est plus apprins par nature, ou sens naturel, que non pas par pratique? La fortification d'une ville consiste principalement en traix et lignes de géométrie; et on sait bien que, grâces à Dieu, je ne suis point du tout despourveu de ces choses. J'ay prins la hardiesse vous proposer ces argumens, à fin d'obvier aux détractions qu'aucuns vous pourroyent persuader, en vous disant que la chose est impossible; toutesfois, je me soumets à recevoir honteuse mort, quand je ne feray apparoir la vérité estre telle, toutes fois et quantes qu'il vous plaira m'employer à cest affaire.

Si ces choses ne sont escrites à telle dextérité que Vostre Grandeur le mérite, il vous plaira me pardonner; ce que j'espère que ferez, veu que je ne suis ne grec, ne hébrieu, ne poëte, ne rhétoricien, ains un simple artisan, bien pauvrement instruit aux lettres. Ce néantmoins, pour ces causes, la chose de soy n'a pas moins de vertu que si elle estoit tirée d'un homme plus éloquent. J'ayme mieux dire vérité en mon langage rustique, que mensonge en un langage rhéthorique. Suy-

— 1 —

tant quoy, Monseigneur, j'espère que recevrez ce petit œuvre d'aussi bonne volonté que je desire qu'il vous soit agréable. Et en cest endroit, je prieray le Seigneur Dieu, Monseigneur, vous donner, en parfaite santé, bonne et longue vie. De Xaintes.

Vostre très-affectionné et très-humble serviteur,

BERNARD PALISSY.

A MA TRÈS CHÈRE

ET HONORÉE DAME

MADAME LA ROINE MÈRE.

MADAME, quelque temps après que, par vostre moyen et faveur, à la requeste de Monseigneur le Connestable, je fus délivré des mains de mes cruels ennemis, j'entray en un débat d'esprit sur le fait de l'ingratitude des hommes, sachant bien que la cause, pour laquelle ils me vouloyent livrer à la mort, n'estoit sinon pour leur avoir pourchassé leur bien, voire le plus grand bien qui leur pourroit jamais advenir. Quoy considéré, j'entray en moy-mesme pour fouiller les secrets de mon cœur et entrer en ma conscience, pour savoir s'il y avoit en moi quelque ingratitude, comme celle de ceux qui m'avaient livré au péril de la mort. Lors me vint à souvenir du bien qu'il vous a pleu me faire, quand de vostre grâce vous employâtes l'authorité du Roy pour ma délivrance. Quoy voyant, je trouvay que ce seroit en moy une grande ingratitude si je ne reconnoissois un tel bien. Ce néantmoins, mon indigence n'a voulu permettre que je me transportasse jusques en vostre présence pour vous remercier d'un tel bien, qui est la moindre récompense que je pourrois faire. Et, combien que Dieu m'aye donné plusieurs inventions desquelles je vous pourrois faire service, ce néantmoins je n'ay eu moyen vous le faire entendre, qui m'a causé mettre, en récompense de ce, plusieurs secrets en lumière contenus en ce livre, lesquels tendent à fin de multiplier les biens et vertus de tous les habitants du Royaume. Ma petitesse n'a osé prendre la hardiesse de desdier mon œuvre au Roy, sachant bien qu'au-

cans voudroyent dire que j'aurois ce fait, tendant à fin d'estre récompensé. Quand ainsi seroit, ce ne seroit rien de nouveau. Madame, il ne fut jamais que les bonnes intentions ne fussent récompensées par les Roys; ce néantmoins que j'ay espérance que cest œuvre sera plus utile au Roy que pour nul autre. Toutesfois, à cause de ma petitesse, je l'ay desdié à Monseigneur de Montmorancy, bon et fidèle serviteur du Roy, lequel j'espère qu'il saura très bien faire entendre à son souverain Prince et Roy. Il y a des choses escrites en ce livre qui pourront beaucoup servir à l'édification de vostre jardin de Chenonceaux; et, quand il vous plaira me commander vous y faire service, je ne faudray m'y employer. Et s'il vous venoit à gré de ce faire, je feray des choses que nul autre n'a fait encores jusques yci, qui sera l'endroit, Madame, où je prierai le Seigneur Dieu vous donner, en parfaite santé, longue et heureuse vie.

Votre très humble et très affectionné serviteur,

BERNARD PALISSY.

A MONSEIGNEUR

LE DUC DE MONTMORANCY,

PAIR ET CONNESTABLE DE FRANCE.

MONSEIGNEUR, *je croy que ne trouverez mauvais de ce que ne vous ay esté remercier, lors qu'il vous pleut employer la Roine-Mère pour me tirer hors des mains de mes ennemis mortels et capitaux. Vous savez que l'occupation de vostre œuvre, ensemble mon indigence, ne l'a voulu permettre ; je cuide que n'eussiez trouvé bon que j'eusse laissé vostre œuvre pour vous apporter un grand merci. Jésus Christ nous a laissé un conseil, escrit en Sainct Matthieu, chapitre 7, par lequel il nous défend de semer les marguerites devant les pourceaux, de peur que, se retournans contre nous, ils ne nous deschirent. Si j'eusse creu ce conseil, je n'eusse esté en peine vous prier pour ma délivrance, vous asseurant, à la vérité, que mes haineux n'ont eu occasion contre moy, sinon pour ce que je leur avois remonstré plusieurs fois certains passages des Escritures Sainctes, où il est escrit que celuy est malheureux et maudit qui boit le laict et vestist la laine de la brebis sans luy donner pasture. Et, combien que cela les deust inciter à m'aimer, ils ont par là prins occasion de me vouloir faire destruire comme malfaicteur, et est chose véritable que, si je me fusse confessé ès juges de ceste ville, qu'ils m'eussent fait mourir auparavant que j'eusse seu obtenir de vous aucun secours. Et l'occasion qui mouvoit aucuns juges à estre un corps et une ame et une mesme volonté avec le Doyen et Chapitre, mes parties, c'estoit parce qu'aucuns desdits juges estoyent parens dudit Doyen et Chapitre, et possèdent quelque morceau de bénéfice, lequel ils craignent perdre, parce que les laboureurs commencent à gronder, en payant les dixmes à ceux qui les reçoyvent sans les mériter. Je me fusse très bien donné garde de tomber entre leurs mains sanguinaires, n'eust esté que j'avois espérance qu'ils auroyent es-*

gard à vostre œuvre et à l'incitation de Monseigneur le Duc
de Montpensier, lequel me donna une sauve-garde, leur interdisant de non cognoistre ni entreprendre sur moy, ni sur ma
maison, sachant bien que nul homme ne pourroit achever
vostre œuvre que moy. Aussi estant entre leurs mains prisonnier, le Seigneur de Burie, et le Seigneur de Jarnac, et le Seigneur de Ponts prindrent bonne peine pour me faire délivrer,
tendant à fin que vostre œuvre fust parachevée. Quoy royant,
mes haineux m'envoyèrent de nuit à Bourdeaux, par voyes
obliques, sans avoir esgard, ni à vostre grandeur, ni à vostre
œuvre. Ce que je trouvay fort estrange, veu que Monsieur le
Conte de la Roche-Foucaut, combien, que pour lors, il tenoit
le parti de vos adversaires, ce néantmoins il porta tel honneur
à vostre grandeur qu'il ne voulut jamais qu'aucune ouverture fust faite en mon hastelier, à cause de vostre œuvre. Mais
les susdits de ceste ville ne firent pas ainsi, ains au contraire,
soudain que je fus prisonnier, ils firent ouverture et lieu public de partie de mon hastelier, et avoyent conclu en leur Maison de Ville de jetter mon hastelier à bas, lequel a esté partie
érigé à vos despens, et, eust esté exécutée une telle délibération, n'eust esté le Seigneur et Dame de Ponts qui prièrent
les susdits de n'exécuter leur intention.

Je vous ay escrit toutes ces choses, à fin que n'eussiez opinion que j'eusse esté prisonnier comme larron ou meurtrier.
Je say combien il vous saura très bien souvenir de ces choses
en temps et lieu, et, combien que vostre œuvre vous coustera
beaucoup davantage, pour le tort qu'ils vous ont fait en ma
personne, toutesfois j'espère que, suivant le conseil de Dieu,
vous leur rendrez bien pour mal, ce que je desire ; et, de ma
part, de mon pouvoir je tascheray à recognoistre le bien qu'il
vous a pleu me faire. Qui est l'endroit, où je prieray le Seigneur Dieu, Monseigneur, vous donner, en parfaite santé,
longue et heureuse vie.

Vostre très-humble et affectionné serviteur,
BERNARD PALISSY.

AU LECTEUR

SALUT

Ami lecteur, puis qu'il a pleu à Dieu que cest escrit soit tombé entre tes mains, je te prie ne sois si paresseux ou téméraire de te contenter de la lecture du commencement ou partie d'iceluy ; mais, à fin d'en apporter quelque fruit, pren peine de lire le tout, sans avoir esgard à la petitesse et abjecte condition de l'autheur, ni aussi à son langage rustique et mal orné, t'asseurant que tu ne trouveras rien à cet escrit qui ne te profite, ou peu ou prou ; et les choses qui, au commencement, te sembleront impossibles, tu les trouveras en fin véritables et aisées à croire. Sur toutes choses, je te prie te souvenir d'un passage qui est en l'Escriture Saincte, là où Sainct Paul dit qu'un chacun, selon qu'il aura reçeu des dons, qu'il en distribue aux autres.

Suyvant quoy, je te prie instruire les laboureurs, qui ne sont literez, à ce qu'ils ayent songneusement à s'estudier en la philosophie naturelle, suivant mon conseil, et singulièrement, que ce secret et enseignement des fumiers, que j'ay mis en ce livre, leur soit divulgué et manifesté, et ce jusqu'à tant qu'ils l'ayent en aussi grande estime comme la chose le merite ; comme ainsi soit que nul homme ne sauroit estimer combien le profit sera grand en la France, si en cest endroit ils veulent suivre mon conseil.

Il y a, en certaines parties de la Gascongne, et aucuns autres pays de France, un genre de terre qu'on appelle merle, de laquelle les laboureurs fument leurs champs, et disent qu'elle

vaut mieux que fumier: aussi disent-ils que, quand un champ
sera fumé de la dite terre, que ce sera assez pour dix années
Si je voy qu'on ne mesprise point mes escrits, et qu'ils soyent
mis en exécution, je prendray peine de cercher de la dite
merle en ce pays de Xaintonge, et feray un troisième livre,
par lequel j'apprendray toutes gens à cognoistre ladite merle,
et mesme la manière de l'appliquer aux champs, selon la méthode de ceux qui en usent ordinairement. Je say que mes
haineux ne voudront approuver mon œuvre, ni aussi les ma-
licieux et ignorans, car ils sont ennemis de toute vertu; mais,
pour estre justifié de leurs calomnies, envies et détractions,
j'appelleray à tesmoin tous les plus gentils esprits de France,
philosophes, gens bien vivans, pleins de vertus et de bonnes
mœurs, lesquels je say qu'ils auront mon œuvre en estime,
combien qu'elle soit escrite en langage rustique et mal poli;
et, s'il y a quelque faute, ils sauront bien excuser la condition de l'autheur.

Je say qu'aucuns ignorans diront qu'il faudroit la puissance d'un Roy pour faire un jardin jouxte le dessein que
j'ay mis en ce livre; mais à ce je respons que la despense ne
seroit si grande comme aucuns pourroyent penser. Et puis il
faut entendre que, tout ainsi qu'à un livre de médecine il y a
divers remedes selon les maladies diverses, et un chacun
prend ce qui luy fait besoin selon la diversité du mal, aussi,
en cas pareil au dessein de mon jardin, aucuns en pourront
tirer selon leurs portées et commoditez des lieux où ils habi-
teront. Voilà pourquoy nul ne pourra justement calomnier le
dessein de mon jardin.

Je say aussi que plusieurs se moqueront du dessein de la
ville de forteresse que j'ay mis en ce livre, et diront que c'est
resverie. Mais à ce je respons que, s'il y a quelque Seigneur,
chevalier de l'Ordre ou autres capitaines, qui soyent tant
curieux d'en savoir la vérité, qu'ils pensent de n'estre si sujets, ni captifs sous la puissance de leur argent que, pour le
contentement de leur esprit, ils ne m'en départent quelque peu
pour leur faire entendre par pourtrait et modelle la vérité de

la chose. Je say qu'ils trouveront estrange que je n'ay point mis en ce livre le pourtrait du jardin, ni aussi de la ville de forteresse; mais à ce je respons que mon indigence et l'occupation de mon art ne l'a voulu permettre.

J'ay aussi trouvé une telle ingratitude en plusieurs personnes que cela m'a causé me restraindre de trop grande libéralité; toutesfois le desir que j'ay du bien public et de faire service à la Noblesse de France m'incitera quelque jour de prendre le temps pour faire le pourtrait du jardin jouxte la teneur et dessein escrits en ce livre. Mais je voudrois prier la Noblesse de France, ausquels le pourtrait pourroit beaucoup servir, qu'après que j'auray employé mon temps pour leur faire service, qu'il leur plaise ne me rendre mal pour bien, comme ont fait les Ecclesiastiques Romains de ceste ville, lesquels m'ont voulu faire pendre pour leur avoir pourchassé le plus grand bien que jamais leur pourroit advenir, qui est pour les avoir voulu inciter à paistre leurs troupeaux suivant le commandement de Dieu. Et ne sauroit-on dire que jamais je leur eusse fait aucun tort; mais, parce que je leur avois remonstré leur perdition au dix-huitième de l'Apocalypse, tendant à fin de les amender, et que plusieurs fois aussi je leur avois monstré une authorité escrite au prophète Jérémie, où il dit : « Malédiction sur vous, Pasteurs, qui mangez le laict » et vestissez la laine, et laissez mes brebis esparses par les » montagnes! Je les redemanderay de vostre main, » eux, voyans telle chose, en lieu de s'amender, ils se sont endurcis et se sont bandez contre la lumière, à fin de cheminer le surplus de leurs jours en ténèbres, et ensuyvans leurs voluptez et desirs charnels accoustumez. Je n'eusse jamais pensé que par là ils eussent voulu prendre occasion de me faire mourir. Dieu m'est tesmoin que le mal qu'ils m'ont fait n'a esté pour autre occasion que pour la susdite; ce neantmoins, je prie Dieu qu'il les vueille amender. Qui sera l'endroit où je prieray un chacun qui verra ce livre de se rendre amateur de l'agriculture, suivant mon premier propos, qui est un juste labeur et digne d'estre prisé et honoré. Aussi, comme j'ay dit cy-dessus, que les simples soyent instruits par les doctes, à fin que nous ne soyons rédarguez, à la grande Journée, d'avoir caché les talens en terre, comme bien sarons que ceux qui les auront ainsi cachez seront bannis du Règne éternel, de derant la face de Celuy qui vit et règne éternellement au siècle des siècles. Amen.

Pour avoir plus facile intelligence du present discours,
nous le traitterons en forme de dialogue, auquel nous intro-
duirons deux personnes; l'une demandera, l'autre respondra,
comme s'ensuit :

Puisque nous sommes sur les propos des honneste et plaisirs, je te puis asseurer qu'il y a plusieurs jours que j'ay commencé à tracasser, d'un costé et d'autre, pour trouver quelque lieu montueux, propre et convenable pour édifier un jardin pour me retirer, et recréer mon esprit en temps de divorces, pestes, épidimies, et autres tribulations, desquelles nous sommes à ce jourd'huy grandement troublez.

Demande.

Je ne puis clairement entendre ton dessein, parce que tu dis que tu cerches un lieu montueux pour faire un jardin délectable. C'est une opinion contraire à celle de tous les antiques et modernes; car je say qu'on cerche communement les lieux planiers, pour edifier jardins ; aussi say-je bien que plusieurs, ayans des bosses et terriers en leurs jardins, se sont constituez en grands frais pour les applanir. Quoy considéré, je te prie me dire la cause qui t'a meu de cercher un lieu montueux pour édifier ton jardin.

Responce.

Quelques jours après que les esmotions et guerres civiles furent appaisées, et qu'il eût pleu à Dieu nous envoyer sa paix, j'estois un jour me pourmenant le long de la prairie de ceste ville de Xaintes, près du fleuve de Charante, et, ainsi que je contemplois les horribles dangers desquels Dieu m'avoit garenti au

temps des tumultes et horribles troubles passez, j'ouy la voix de
certaines vierges, qui estoyent assises sous certaines aubarées
et chantoyent le Pseaume cent quatriesme. Et, parce que leur
voix estoit douce et bien accordante, cela me fit oublier mes
premières pensées, et, m'estant arresté pour escouter ledit
Pseaume, je laissay le plaisir des voix, et entray en contemplation sur le sens dudit Pseaume, et, ayant noté les poincts d'iceluy,
je fus tout confus en admiration sur la sagesse du Prophète
Royal, en disant en moy-mesme : « O divine et admirable bonté
« de Dieu ! A la mienne volonté que nous eussions les œuvres de
« tes mains en telle révérence comme le Prophète nous enseigne
« en ce pseaume. » Et, des lors, je pensay de figurer en quelque
grand tableau les beaux paysages que le Prophète descrit au
Pseaume susdit, mais, bien tost après, mon courage fut changé,
veu que les peintures sont de peu de durée, et pensay de trouver
un lieu convenable pour édifier un jardin jouxte le dessein, ornement, et excellente beauté, ou partie de ce que le Prophète a
descrit en son Pseaume, et, ayant desjà figuré en mon esprit ledit
jardin, je trouvay que, tout par un moyen, je pourrois auprès dudit jardin édifier un Palais ou amphithéâtre de refuge, pour
recevoir les Chrestiens exilez en temps de persécution, qui seroit
une saincte délectation et honneste occupation de corps et d'esprit.

Demande.

Je te trouve fort eslongné de toute opinion commune en deux
instances. La première est, parce que tu dis qu'il est requis
trouver un lieu montueux pour édifier un jardin delectable, et
l'autre parce que tu dis que tu voudrois aussi édifier un amphithéâtre de refuge pour les Chrestiens exilez, ce que ne puis
prendre à la bonne part, considéré que nous avons la Paix,
aussi que nous espérons que, de brief, on aura liberté de prescher
par toute la France, et non seulement en la France, mais aussi par
tout le monde. Car il est ainsi escrit en Sainct Matthieu, chapitre
XXIII, là où le Seigneur dit que l'Evangile du Royaume sera presché en l'universel monde, en tesmoignage à toutes gens. Voylà
qui me fait dire et asseurer qu'il n'est plus de besoin de cercher
des citez de refuge pour les Chrestiens.

Responce.

Tu as fort mal considéré les sentences du nouveau Testament : car il est escrit que les enfans et esleus de Dieu seront persecutez jusqu'à la fin, et chassez et moquez, bannis et exilez. Et, quant à la sentence que tu as amenée, escrite en Sainct Matthieu, vrai est qu'il est escrit que l'Evangile du Royaume sera presché à l'universel monde ; mais il ne dit pas qu'il sera reçeu de tous, mais bien dit qu'il sera en tesmoignage à tous, savoir est pour justifier les croyans, et pour condemner justement les infidèles. Suyvant quoy, il est à conclurre que les pervers et iniques, symoniaques, avaricieux et toute espèce de gens meschants, seront toujours prests à persécuter ceux qui par lignes directes voudront suivre les statuts et ordonnances de nostre Seigneur.

Demande.

Quant au premier poinct, je te le donne gagné ; mais, quant est de ce que tu dis qu'il est requis un lieu montueux pour édifier jardins, je ne puis à ce accorder.

Responce.

Je say que toute folie accoustumée est prinse comme par une loy et vertu ; mais à ce je ne m'arreste, et ne veux aucunement estre imitateur de mes prédecesseurs ès choses spirituelles et temporelles, sinon en ce qu'ils auront bien fait selon l'ordonnance de Dieu. Je voy de si grans abus et ignorances en tous les arts, qu'il semble que tout ordre soit la plus grande part perverti, et qu'un chacun laboure la terre sans aucune philosophie, et vont tousjours le trot accoustumé, en ensuivant la trace de leurs prédecesseurs, sans considérer les natures, ni causes principales de l'agriculture.

Demande.

Tu me fais, à ce coup, plus esbahir de tes propos que je ne fus onques. Il semble, à t'ouyr parler, qu'il est requis quelque philosophie aux laboureurs, chose que je trouve estrange.

Responce.

Je te dis qu'il n'est nul art au monde auquel soit requis une plus grande philosophie qu'à l'agriculture, et te dis que, si l'agriculture est conduite sans philosophie, que c'est autant que

journellement violer la terre et les choses qu'elle produit. Et
m'esmerveille que la terre et natures, produites en icelle, ne
crient vengeance contre certains meurtrisseurs, ignorans et in-
grats, qui journellement ne font que gaster et dissiper les arbres
et plantes, sans aucune considération. Je t'ose aussi bien dire,
que, si la terre estoit cultivée à son devoir, qu'un journaut produiroit plus de fruit que non pas deux en la sorte qu'elle est
cultivée journellement.

Te souvient-il point avoir leu une histoire, qu'il y avoit un
certain personnage agriculteur, qui estoit si très bon philosophe
et subtil ingénieux, que, par son labeur et industrie, il faisoit
qu'un peu de terre qu'il avoit luy rendoit plus de fruict que non
pas une grande quantité de celles de ses voisins, dont s'en ensuivit une envie; car ses voisins, voyans telles choses, furent marris
de son bien, et l'accusèrent qu'il estoit sorcier et que, par sa
sorcellerie, il faisoit que sa terre portoit plus de fruict que non
pas celle de ses voisins. Quoy voyant, les juges de la cité, le feirent convenir pour luy faire déclarer qui estoit la cause que ses
terres apportoyent si grande abondance de fruicts. Quoy voyant,
le bon homme print ses enfans et serviteurs, son chariot et has-
telage, et avec ce plusieurs outils d'agriculture, lesquels il alla
exhiber devant les juges, en leur remonstrant que la sorcelerie de
laquelle il usoit en ses terres, estoit le propre labeur de ses
mains, et des mains de ses enfants et serviteurs, et les divers
outils qu'il avoit inventez, dont le bon homme fut grandement
loué et renvoyé en son labourage, et par tel moyen l'envie de ses
voisins fut amplement cognuë.

Demande.

Je te prie, di moy en quoy est-ce qu'il est besoin que les laboureurs ayent quelque philosophic; car je say que plusieurs se
moqueront d'une telle opinion, et mesme je say que Sainct Paul
le défend aux Colossiens, chapitre ij, où il dit : « Donnez vous
» garde d'estre séduits par vaines philosophies. »

Responce.

Tu t'abuses, en m'allégant ce passage de Sainct Paul en cest
endroit, d'autant qu'il ne fait rien contre moy ; car, quand Sainct

Paul dit : « Donnez vous garde d'estre séduist par philosophie, » il adjouste vaine. Mais celle dont je te parle n'est point vaine, ains est saincte et approuvée bonne, mesme par Sainct Paul ; mais tu dois entendre que, quand Sainct Paul escrit qu'on se donne garde de vaine philosophie, il parle à ceux qui par philosophie humaine vouloyent cognoistre Dieu. Par quoy je conclus que cela ne fait rien contre mon opinion.

Comment cuides-tu qu'un laboureur cognoistra les saisons de labourer, planter ou semer, sans philosophie ? Je t'ose bien dire, qu'on pourra labourer la terre en telle saison que cela lui causera plus de dommage que de profit. Item, comment cognoistra un laboureur la différence des terres, sans philosophie ? Les unes sont propres pour les fromens, les autres pour les scigles, les autres pour les pois, et autres pour les fefves. Les fefves creuës en un champ sont cuisantes, et, tout auprès d'icelles, y aura un autre champ duquel les fefves, qui y seront produites, ne seront jamais cuisantes ; pareillement en est-il de toutes espèces de légumes. Aussi il y a des eaux desquelles les légumes ne pourront cuire, et il y a d'autres eaux desquelles les légumes seront cuisans.

Brief, il est impossible de te pouvoir réciter combien la philosophie naturelle est requise aux agriculteurs. Et ce n'est sans cause que je t'ay mis ces propos en avant ; car les actes ignorans, que je voy tous les jours commettre en l'art d'Agriculture, m'ont causé plusieurs fois me tourmenter en mon esprit et me cholérer en ma seule pensée, parce que je voy qu'un chacun tasche à s'agrandir, et cercher des moyens pour sucer la substance de la terre sans y travailler, et cependant on laisse les pauvres ignares pour le cultivement de ladite terre, dont s'en ensuit que la terre, et ce qu'elle produit, est souvent adultérée, et est commise grande violence ès bestes bovines, que Dieu a créées pour le soulagement de l'homme.

Demande.

Je te prie me monstrer quelque faute commise en l'agriculture, à fin de me faire croire ce que tu dis.

Responce.

Quand tu iras par les villages, considère un peu les fumiers

des laboureurs, et tu verras qu'ils les mettent hors de leurs estables, tantost en lieu haut et tantost en lieu bas, sans aucune considération; mais qu'il soit appilé, il leur suffit. Et puis pren garde
au temps des pluyes, et tu verras que les eaux, qui tombent sur
lesdits fumiers, emportent une teinture noire, en passant par
ledit fumier, et, trouvant le bas, pente, ou inclination du lieu où
les fumiers seront mis, les eaux, qui passeront par lesdits fumiers,
emporteront ladite teinture, qui est la principale et le total de la
substance du fumier. Par quoy le fumier, ainsi lavé, ne peut
servir sinon de parade, mais, estant porté au champ, il n'y fait
aucun profit. Voilà pas donques une ignorance manifeste, qui est
grandement à regretter?

Demande.

Je ne croy rien de cela, si tu ne me donnes autre raison.

Responce.

Tu dois entendre premièrement la cause pourquoy on porte le
fumier au champ, et, ayant entendu la cause, tu croiras aisément
ce que je t'ay dit. Il faut que tu me confesses que, quand tu ap-
portes le fumier au champ, que c'est pour luy rebailler une partie de ce qui luy a esté osté. Car il est ainsi qu'en semant le blé,
on a espérance qu'un grain en apportera plusieurs; or cela ne
peut estre sans prendre quelque substance de la terre; et, si le
champ a esté semé plusieurs années, sa substance est emportée
avec les pailles et grains. Par quoy, il est besoin de rapporter les
fumiers, bouës et immondicitez, et mesme les excréments et ordures, tant des hommes que des bestes, si possible estoit, à fin de
rapporter au lieu la mesme substance qui luy aura esté ostée. Et
voila pourquoy je dis que les fumiers ne doivent estre mis à la
merci des pluyes, parce que les pluyes, en passant par lesdits fumiers, emportent le sel, qui est la principale substance et vertu
du fumier.

Demande.

Tu m'as dit à present un propos qui me fait plus resver que
tous les autres, et say que plusieurs se moqueront de toy parce
que tu dis qu'il y a du sel ès fumiers. Je te prie, donne moy
quelque raison apparente pour me le faire croire.

Responce.

Par cy devant tu trouvois estrange que je te disois qu'il est requis aux laboureurs quelque philosophie, et à present tu me demandes une raison, qui est assez despendante de mon premier propos. Je te la diray, mais je te prie l'avoir en tel estime comme elle le requiert de soy ; en entendant icelle, tu entendras plusieurs choses que par cy devant tu as ignoré.

Note donques qu'il n'est aucune semence, tant bonne que mauvaise, qui n'apporte en soy quelque espèce de sel, et, quand les pailles, foins, et autres herbes sont putréfiées, les eaux, qui passent à travers, emportent le sel qui estoit èsdites pailles, et autres herbes, ou foins, et, tout ainsi comme tu vois qu'un merlu salé, ou autre poisson, qui auroit long temps trempé, perdroit en fin toute sa substance salcitive et en fin n'auroit aucun goust, en cas pareil te faut croire que les fumiers perdent leur sel, quand ils sont lavez des pluyes. Et, quant est de ce que tu me pourrois alléguer en disant que le fumier demeure fumier, et qu'estant porté en la terre il pourra encore beaucoup servir, je te donneray un exemple contraire.

Ne sais-tu pas bien que ceux qui tirent les essences des herbes et espiceries, ils tireront la substance de la canelle, sans desfaire aucunement la forme ? Toutesfois tu trouveras qu'en la liqueur, qu'ils auront tiré de la canelle, ils auront emporté de ladite canelle la saveur, la senteur, et entièrement la vertu d'icelle ; ce néantmoins, la canelle demeurera en sa forme et aura apparence de canelle comme auparavant, mais, si tu en manges, tu n'y trouveras ni senteur, ni saveur, ni vertu. Voilà un exemple qui doit suffire pour te faire croire ce que dessus.

Demande.

Quand tu m'aurois presché l'espace de cent ans, si est-ce que tu ne me saurois faire à croire qu'il y eust du sel és fumiers, ny à toutes espèces de plantes, comme tu me veux faire croire.

Responce.

Je te donneray à present des argumens, qui te feront croire ce que tu ignores, ou bien il faudroit que tu eusses la teste d'un asne sur tes espaules.

En premier lieu, il faut que tu me confesses que le salicor est
une herbe qui croist communément ès terres des marais de Narbonne et de Xaintonge. Or ladite herbe, estant bruslée, se réduit
en pierre de sel, lequel sel les apoticaires et philosophes alchimistals appellent salis alcaly; brief, c'est un sel provenu d'une
herbe.

Item, la fougere aussi est une herbe, et, estant bruslée, se réduit en pierre de sel, tesmoins les verriers qui se servent dudit
sel à faire leurs verres, avec autres choses que nous dirons, quand
le propos se présentera, en traittant des pierres. Item, considere
un peu les cannes desquelles on fait le sucre ; c'est une herbe
nouée, et creuse comme une jambe de seigle, faite en façon de
roseau ; ce néantmoins, d'icelle herbe le sucre est tiré, qui n'est
autre chose que sel.

Vray est que tous les sels n'ont pas une même saveur, ny une
mesme vertu, et ne font une mesme action ; néantmoins je te puis
asseurer qu'il y a un nombre infini d'espèces de sels sur la terre.
Si elles n'ont une mesme saveur et une mesme apparence et une
mesme action, cela n'empesche toutesfois qu'elles ne soyent sel.
Et t'ose bien dire derechef et soustenir hardiment qu'il n'est
aucune plante. ni espèce d'herbe sur la terre, qu'elle n'aye en soy
quelque espèce de sel et te dis encore qu'il n'est nul arbre , de
quelque genre que ce soit, qu'il n'en aye consequemment les uns
plus et les autres moins. Et, qui plus est, je t'ose dire que , s'il
n'y avoit du sel ès fruits, qu'ils n'auroyent ne saveur, ni vertu,
ne odeur, et ne pourroit-on empescher qu'ils ne fussent putré-
fiez. Et, à fin que tu ne dises que je parle sans raison, je te baille
en premier lieu le principal fruit qui est à notre usage , à savoir
le fruit de la vigne.

Il est chose certaine que, la lie du vin estant bruslée, elle se réduit en sel, que nous appelons sel de tartare. Or ce sel est grandement mordicatif et corrosif. Quand il est mis en lieu humide, il se
reduit en huile de tartare, et plusieurs guerissent les enderces
dudit huile, parce qu'il est corrosif. Le sel de l'herbe salicor,
quand il est tenu en lieu humide, il est ainsi oligineux comme
celuy de tartare. Voilà des raisons qui te doivent faire croire qu'il

y a du sel aux arbres et plantes. Qui me demanderoit combien il
y a d'espèces de sel, je voudrois respondre qu'il y en d'autant d'espèces que de diverses saveurs. Il est donc à conclurre que le sel
du poivre et de la maniguette est plus corrosif que celuy de la canelle, et que, de tant plus les vins sont forts et puissans, de tant
plus il y a abondance de sel, qui cause la force et vertu dudit
vin. Qu'ainsi ne soit, contemple un peu les vins de Montpellier,
ils ont une puissance et force admirable, tellement que les râpes
de leurs raisins bruslent et calcinent les lamines d'airain, et les
reduisent en vert de gris, et, si quelqu'un ose dire que cela ne se
se fait par la vertu du sel qui est ausdites râpes, mon dire est
aisé à vérifier parce que c'est chose certaine que, si on met du
sel commun, ou du sel de tartare, dedans une poile d'airain, elle
deviendra verde en moins de vingt et quatre heures, pourveu que
le sel soit dissout, et cela se fera à cause de son aquité.

Voila un argument qui te doit suffire pour le tout ; toutesfois,
pour mieux te faire entendre ces choses, je te veux apprendre
à présent de tirer du sel de toutes espèces d'arbres, herbes et
plantes, et si te le feray entendre présentement, sans mettre la
main à l'œuvre. Tu me confesseras aisément que toutes cendres
sont aptes à la buée : aussi tu me confesseras qu'elles ne peuvent
servir qu'une fois en ladite buée. Si tu me confesses cela, c'est assez, car par là tu dois entendre que le sel qui estoit aux cendres
s'est dissout et meslé parmi la lessive, et cela a causé emporter les
saletez et ordures des linges, à cause de sa mordication, dont s'ensuit que la lessive est teinte et oliginéuse dudit sel, qui est dissout
parmi, et la lessive estant venue en sa perfection, elle a emporté
tout le sel qui estoit ausdites cendres, d'où vient que les cendres
demeurent altérées et inutiles, et la lessive qui a emporté le sel
desdites cendres a tousjours quelque vertu de nettoyer. Si tu ne
veux croire ces raisons, pren un chauderon de lessive, et le fay
bouillir jusques à ce que l'humide soit tout evaporé, et lors tu
trouveras le sel au fons de la chaudière.

Si les arguments susdits ne sont suffisans, pren garde à la fumée
du bois ; car il est ainsi que les fumées de toute espèce de bois
font cuire les yeux, et endommagent la veuë, et ce, pour cause

de certaine saleitude qu'elle attire du bois, lors que les autres humeurs sont exhallées par la véhémence du feu qui chasse les matieres aiveuses et humides. Et qu'ainsi ne soit, tu le cognoistras lors que tu feras bouillir l'eau dans quelque chaudière, par ce que la fumée de ladite eau ne te nuira aucunement à la veuë, combien que tu présentes les yeux sur ladite fumée.

Et, pour mieux encore te prouver qu'il y a du sel ès bois et plantes, considère l'escorce de laquelle les tanneurs courrayent leurs peaux ; si elle est sechée et pulverisée, elle endurcist et garde de putréfier les peaux des bœufs et autres bestes. Cuidestu que les escorces de chesne eussent vertu d'empescher la putréfaction desdites peaux, sans qu'il y eust du sel èsdites escorces ? Non, pour vray, et, si ainsi estoit que l'escorce eust ceste vertu, elle pourroit servir plusieurs fois ; mais, dès qu'elle a servi une fois, l'humidité de la peau a fait attraction, et a dissout le sel qui estoit en l'escorce, et l'a prins et attiré à soy pour se fortifier et endurcir. Et, ainsi, ladite escorce ne sert plus de rien que de mettre au feu, après qu'elle a servi une fois seulement.

Autre exemple. Il me souvient avoir veu certaines pierres, qui estoient faites de paille bruslée, ce qui ne peut estre fait sans que lesdites pailles tiennent en soy grande quantité de sel. Item, le feu se print une fois à une grange pleine de foin ; le feu fut si grand que ledit foin en fin fut réduit en pierre, de la manière que je t'ai conté du salicor et de la fougere ; mais, parce qu'en iceluy foin il y a moins de sel qu'au salicor et au tartare , lesdites pierres de foin et de paille ne sont sujettes à dissolution, ains endurent l'injure du temps comme pourroit faire un lopin d'excrément de fer. Je say aussi que plusieurs verriers, de ceux qui font les verres des vitres, se servent de la cendre du bois de fayan en lieu de salicor, qui vaut autant à dire que la cendre dudit fayan n'est autre chose que sel, car autrement elle ne pourroit servir à cest affaire.

Quand je voudrois mettre par escrit tous les exemples que je pourrois trouver, il me faudroit un bien long temps ; mais, pour conclusion, je te dis, comme dessus, qu'il y a un nombre infini d'espèces de sel, voire autant d'espèces diverses que de diverses saveurs. La couppe-rose et vitriol ne sont que sel, le bourras n'est que sel, l'alun sel, le salpestre sel, et le nitre sel. Je te dis que, sans qu'il y eust du sel en toutes choses, elles ne pourroyent se soustenir, ains soudain seroyent putréfiées et anichilées. Le sel affermit et garde de putréfier les lards et autres chairs ; tesmoins les Egyptiens , qui faisoyent de grands pyramides pour garder les corps de leurs rois trespassez, et, pour empescher la putréfaction desdits corps, ils les poudroyent de nitre, qui est un sel, comme j'ay dit, et de certaines espiceries qui tiennent en soy grande quantité de sel. Et, par tel moyen, leurs corps estoyent conservez sans putréfaction , mesme jusques à ce jourd'huy. On en trouve encore èsdites pyramides, qui ont esté si bien conservez que la chair desdits morts sert aujourd'huy d'une médecine, qu'on appelle momie.

Je te demande, as-tu pas veu certains laboureurs que, quand ils veulent semer une terre deux années suivantes, ils font brusler le gleu, ou paille du reste du blé, qui aura esté couppé, et en la cendre de ladite paille sera trouvé le sel que la paille avoit attiré de la terre, lequel sel, demeurant dans le champ, aidera derechef à la terre. Et ainsi, la paille estant bruslée dedans le champ, elle servira d'autant de fumier, parce qu'elle laissera la mesme substance qu'elle avoit attirée de la terre. Il est temps que je face fin à ce propos : car, si tu ne veux croire les raisons susdites, ce seroit grand folie de te donner autres exemples. Toutesfois, parce que notre propos a esté, dès le commencement, pour te remonstrer que les pluyes emportent le sel des fumiers qui sont au descouvert, je te donneray encore, pour conclurre mon propos, un exemple qui te suffira pour le tout.

Pren garde au temps des semailles, et tu verras que les laboureurs apporteront leurs fumiers aux champs, quelque temps auparavant semer la terre; ils mettront iceluy fumier par monceaux ou pilots dans le champ, et, quelque temps après, ils le viendront espandre par tout le champ. Mais au lieu, où ledit pilot de fumier aura reposé quelque temps, ils n'y laisseront rien dudit fumier, ains le jetteront deçà et delà, mais au lieu où ledit fumier aura reposé quelque temps, tu verras qu'après que le blé qui aura esté se-

mé sera grand, il sera en cest endroit plus espès, plus haut, plus
verd, et plus gaillard que non pas ès autres endroits. Par là, tu
peux aisément cognoistre que ce n'est pas le fumier qui a causé
cela, car le laboureur le jette autre part ; mais c'est que, quand
ledit fumier estoit au champ par pilots, les pluyes qui sont sur-
venues ont passé à travers desdits pilots de fumier, et sont des-
cendues à travers du fumier jusqu'à la terre, et, en passant, ont
dissout et emporté certaines parties du sel qui estoit audit fumier.

Tout ainsi que tu vois que les eaux, qui passent à travers des
terres salpestreuses, emportent avec elles le salpestre, et, après
que les eaux ont passé par lesdites terres, lesdites terres ne peuvent plus servir à faire salpestre, car les eaux qui ont passé ont
emporté tout le sel ; autant en est-il des cendres, desquelles les
salpestreurs se servent, et semblablement de celles qui servent
aux buées. Et voilà pourquoy elles sont après inutiles, qui est le
poinct qui te doit faire croire ce que je t'ay dit dès le commencement, c'est à savoir que les eaux, qui passent par les fumiers,
emportent tout le sel et rendent le fumier inutile, qui est une
ignorance de très-grand poids ; et, si elle estoit corrigée, on ne
sauroit estimer combien le profit seroit grand. A la mienne volonté qu'un chacun qui verra ce secret soit aussi songneux à le
garder, comme de soy il le mérite.

Demande.

Dy moy, comment donc pourrois-je garder de gaster mon
fumier ?

Responce.

Si tu veux que ton fumier te serve à plein et à outrance, il faut
que tu creuses une fosse en quelque lieu convenable, près de tes
estables, et, icelle fosse creusée en manière d'un claune ou d'un
abruvoir, faut que tu paves de cailloux, ou de pierres, ou de
briques, ledit claune ou fosse, et, icelay bien pavé avec du mortier de chaux et de sable, tu porteras tes fumiers pour garder en
ladite fosse, jusques au temps qu'il le faudra porter aux champs.
Et, afin que ledit fumier ne soit gasté par les pluyes, ni par le
soleil, tu feras quelque manière de loge pour couvrir ledit fumier, et, quand il viendra au temps des semailles, tu porteras

ledit fumier dans le champ avec toute sa substance, et tu trouveras que le pavé de la fosse ou receptacle aura gardé toute la liqueur du fumier, qui autrement se fust perdue, et la terre eust
sucé partie de la substance dudit fumier. Et te faut noter icy que,
si au fons de la fosse ou receptacle dudit fumier, se trouve quelque matière claire qui sera descendue des fumiers, et que ladite
matière ne se puisse porter dans des paniers, il faut que tu
prenes des basses, qui puissent tenir l'eau, comme si tu voulois porter de la vendange, et, lors, tu porteras ladite matiere
claire, soit urine des bestes ou ce que voudras. Je t'asseure que
c'est le meilleur du fumier, voire le plus salé ; et, si tu le fais
ainsi, tu rapporteras à la terre la mesme chose qui luy avoit esté
ostée par les accroissements des semences, et les semences, que
tu y mettras après, reprendront la mesme chose que tu y auras
porté.

Voilà comment il faut qu'un chacun mette peine d'entendre
son art, et pourquoy il est requis que les laboureurs ayent quelque
philosophie, ou autrement ils ne font qu'avorter la terre et
meurtrir les arbres. Les abus qu'ils commettent tous les jours ès
arbres, me contraignent en parler ainsi d'affection.

Demande.

Tu fais semblant que des arbres ce sont des hommes, et icy
semble qu'ils te font grand pitié. Tu dis que les laboureurs les
meurtrissent ; voilà un propos qui me donne occasion de rire.

Responce.

C'est le naturel des fols et des ennemis de science. Toutes fois
je say bien ce que je dis ; car, en passant par les taillis, j'ay
contemplé plusieurs fois la manière de coupper les bois, et ay
veu que les buscherons de ce pays, en couppant leurs taillis,
laissoyent la seppe ou tronc, qui demeuroit en terre, tout fendu,
brisé, et esclatté, ne se soucians du tronc pourveu qu'ils eussent
le bois qui est produit dudit tronc, combien qu'ils esperassent
que, toutes les cinq années, les troncs en produiroyent encores
autant. Je m'esmerveille que le bois ne crie d'estre ainsi vilaine-
ment meurtri. Penses-tu que la seppe qui est ainsi fendue et
esclattée en plusieurs lieux, qu'elle ne se ressente de la fraction

et extorsion qui luy aura esté faicte? Ne sais-tu pas bien que les
vents et pluyes apporteront certaines poussières dans les fentes
de ladite seppe, qui causera que la seppe se pourrira au milieu,
et ne se pourra resouder, et sera à tout jamais malade de l'extorsion qui luy aura esté faite?

Et pour mieux te faire entendre ces choses, contemple un peu
les aubiers, lesquels sur un mesme degré produisent plusieurs
branches, qui croissent directement en haut en peu de temps, et
icelles parvenues à la grosseur ou environ du bras d'un homme,
on les vient à coupper, et la mesme année que lesdites branches
auront esté couppées, près et joignant la couppe d'icelles il sortira un nombre de gittes, qui derechef viendront à la mesme
grosseur que les susdites, et par tel moyen la teste de l'aubier
s'engrossira en cest endroit, après que plusieurs années on luy
aura couppé ses branches, desquelles aucuns font des cercles
et des paux pour soustenir les seps des vignes. Dont s'en
ensuivra que les couppes de la multitude des branches, qui
auront esté couppées sur la teste dudit aubier, feront un receptacle d'eau sur ladite teste, laquelle eau, estant ainsi retenue, entrera petit à petit dans le centre et moile de l'aubier, et pourrira
la jambe et tronc, comme tu peux appercevoir en plusieurs aubiers, lesquels tu trouveras communément pourris par le dedans,
et, s'ils estoyent couppez par science, ce mal seroit obvié par la
prudence de l'homme.

Veux-tu que je te produise tesmoignage de mon dire? Va
à un Chirurgien, et luy fay un interrogatoire en disant ainsi :
« Maistre, il est advenu à ce jourd'huy que deux hommes ont eu
» chacun d'eux un bras couppé, et y en a un d'iceux à qui on
» l'a couppé d'un glaive trenchant, du beau premier coup tout
» nettement, à cause que le glaive estoit bien aiguisé; mais à
» l'autre, on luy a couppé d'une serpe toute esbréchée, en telle
» sorte qu'il lui a falu donner plusieurs coups devant que le
» bras fust couppé; dont s'ensuit que les os sont froissez, et la
» chair meurtrie et lambineuse, ou serpilleuse, à l'endroit où ledit
» bras a esté couppé. Je vous prie me dire, lequel des deux bras
» sera le plus aisé à guérir. » Si le Chirurgien entend son art, il

te dira soudain que celuy, qui a eu le bras couppé nettement par
le glaive trenchant, est beaucoup plus aisé à guérir que l'autre.
Semblablement je te puis asseurer qu'une branche d'arbre
couppée par science, la playe de l'arbre sera beaucoup plus tost
guérie que non pas celle qui par violence et inconsidérément
sera froissée. Voilà pourquoy je voudrois que les laboureurs et
buscherons eussent ceste considération, quand ils coupperont les
branches des arbres, en espérance que la seppe apporte encore
branches, qu'ils eussent esgard de faire la couppe nettement
et en pente, à fin que les eaux, ni aucune chose, ne se peust
retenir sur ladite couppe, et sur toutes choses qu'on se donnast
bien garde de les froisser ni fendre en les couppant.

Veux-tu ouyr un bel exemple? Il y avoit deux laboureurs,
qui avoyent arrenté une terre nouvelle, et, pour icelle clorre,
ils avoyent fait un fossé par esgale portion, et, sur le bord dudit
fossé, ils avoyent planté des espines un mesme jour l'un et l'autre. Quelque temps après que les espines furent grandes et
bonnes à faire fagots pour chauffer les fours, ils vont ensemble
accorder qu'il faloit estaucer leur palice ou haye, à fin que les
espines produissent derechef multitude de gittes et branches.
Cela fait et accordé, au jour déterminé l'un d'iceux print un
volant, qui est un ferrement comme une serpe, mais il est em-
manché au bout d'un baston, et ainsi celuy qui avoit le volant
couppoit ses espines de bien loin, à grands coups, craignant
s'espiner, et, en les couppant, faisoit plusieurs fautes et fractions
aux seppes et racines desdites espines. Mais son compagnon,
plus sage que luy, monstra qu'il avoit quelque philosophie en
son esprit, car il prist une sie, et, ayant des gans aux mains, il
sia toutes les branches de ses espines avec ladite sie, en telle
sorte qu'il ne fut faite aucune fraction : mais plusieurs se
moquoyent de luy, dont à la fin ils furent moquez ; car la partie
de la haye qui avoit esté siée ainsi sagement, elle se trouva avoir
produit derechef ses branches en deux années plus grosses et
grandes que non pas celles de son compagnon en cinq années. Voilà un tesmoignage qui te doit donner occasion de prémé-
diter et philosopher les choses devant que les commencer. Ce

n'est donc pas sans cause que je t'ay dit qu'il est requis une grande philosophie en l'art d'agriculture.

Demande.

Tu m'as dit que les aubiers estoyent creux et pourris au dedans du cœur, à cause des eaux qui sont retenues sur la teste, pour la faute ou imprudence de ceux qui couppent les branches; toutesfois j'ay veu plusieurs chesnes ès forests, qui avoyent la jambe creuse et n'avoyent jamais esté estancez ou couppez.

Response.

Cela n'empesche pas que ma raison ne soit légitime, mais en cest endroit tu dois entendre que plusieurs arbres ont des carrefours sur la rencontre des fourches, et plusieurs branches qui ont prins leur accroissement en un mesme endroit, et, en se dilatant l'une deçà et l'autre delà, elles font un certain réceptacle entre lesdites branches sur lesdits carrefours ; et, en temps de pluyes, les eaux qui descoulent le long des branches sont retenues sur lesdits carrefours, et, ainsi, par succession de temps, elles percent et pénètrent la jambe de l'arbre jusques à la racine, parce que le naturel de l'eau est de tirer tousjours en bas. Voilà qui cause que lesdits arbres sont creux dedans le corps.

Veux-tu bien clairement entendre ces choses? Pren garde au bois de noyer, et tu trouveras que quand il est vieux, le bois est maderé, ou figuré, et de couleur noire par le dedans du tronc, et pour ceste cause, les vieux noyers sont plus estimez à faire menuserie que non pas les jeunes, car le bois des jeunes est blanc, et n'y a aucune figure. Cela te doit asseurer que les eaux, qui distillent le long des branches, se retienent et arrestent sur les carrefours desdits noyers, et petit à petit lesdites eaux entrent par les porres dudit noyer. Et, si tu ne veux croire que le bois de noyer soit porreux, va chez un menusier, et tu trouveras que, quand il rabote quelque table ou membrure dudit noyer, il se fait des escoupeaux longs et terves comme papier. Pren un desdits escoupeaux et le regarde contre le jour, et tu verras là un nombre infini de petits pertuis, qui est la cause que ledit bois est fort espongeux, et sujet à s'enfler soudain qu'il reçoit quelque humidité

Je te donneray encore un exemple fort aisé. Il faut que tu me confesses, que le bois d'érable est plus maderé, figuré et damasquiné, que nul autre bois, et, pour ceste cause, les Flamans en font des tables merveilleusement belles, car, ayans un tronc bien damasquiné, ils le sieront bien terve, et l'enchasseront dans quelque autre table de moindre estime; en joignant et assemblant plusieurs desdites tables ensemble, ils cercheront le racord des figures de la damasquine, tellement qu'il semblera que toutes les dites tables jointes ensemble ne sont qu'une mesme piece, à cause que le racord des figures empesche la cognoissance de l'assemblage.

Veux-tu sçavoir à présent qui est la cause que ledit bois se trouve ainsi figuré ? Noto qu'il est tout branchu depuis la racine jusques aux branches, et, parce qu'il ne produit ancun fruit profitable, on couppe souvent les branches et laisse on le tronc ; lors, les branches estans couppées, la teste du tronc se renforce d'escorce et de gittes, et fait un receptacle sur lequel sont retenues quantitez d'eaux ès temps des pluyes, ainsi que je t'ay dit ci dessus. L'eau a son naturel de percer tousjours en bas, et, passant par les porres le long du tronc, en tirant en bas, elle trouve qu'à l'endroit des branches de la jambe, le bois est plus dur, et moins porreux, parce que les nœuds desdites branches prennent leur origine dès le centre du tronc. Et, ainsi que ladite eau descend en bas et qu'elle trouve le dur de la naissance et la branche, elle est contrainte se desvier par autre voye en tenant lignes obliques , et , tant plus il y a de branches audit tronc, d'autant plus se trouvent diverses figures au bois d'érable. Et pour bien cognoistre cela, va à un ruisseau où il n'y ay guère d'eau, et mets plusieurs pierres dedans le cours de l'eau, environ distantes de quatre doits l'une de l'autre ; si les pierres sont un peu plus hautes que l'eau, tu verras que les pierres feront divertir l'eau en la manière que dessus. Si ce secret estoit cogneu de tous, les bois d'érable ils ne seroyent bruslez, ains seroyent gardez précieusement, desquels on pourroit faire de belles colonnes et autres telles choses.

Puis que nous sommes sur le propos des arbres et des abus que les ignorans commettent au gouvernement d'iceux , combien

penses-tu qu'il y ait de gens qui regardent le temps et saison convenable pour coupper les bois de haute futée? De ma part, je
pense qu'il y en a bien peu. Vray est que communément ils ne
les couppent pas en esté, parce qu'ils ont d'autres affaires qui les
pressent, et, parce qu'ils n'ont rien à faire en hyver et qu'il fait
bon travailler pour s'eschauffer, ils couppent communément leurs
bois en hyver ; car en esté ils ne pourroyent finer de journaliers,
par quoy sont contraints d'attendre l'hyver. Mais il faut philosopher plus outre ; car, si les bois sont couppéz ès jours que le vent
est au sus, ou au ouëst, ce sont les vents humides, lesquels par
leurs actions font enfler les bois et remplir les porres d'humidité ;
et estans ainsi enflez, humectez et abbruvez, s'ils sont couppez en
tel estat, l'humeur qui est dedans les porres s'eschauffera, et engendrera quelques cossons, ou vermines, qui quelque temps
après gasteront le bois. Quoy qu'il en soit, la cherpante d'un
bois couppé en la saison susdite sera de petite durée ; mais si le
bois est couppé en temps de froidures, et que le vent soit au
nord, les porres desdits bois sont resserez en telle sorte que,
comme l'homme est plus sain et plus fort en temps de froidures
que non pas au temps que par sueur les humèurs sont dilatées
et les porres ouverts, semblablement le bois qui est couppé au
temps que le vent est au nord, il est plus halis et plus fort que
non pas en esté.

Et te faut aussi noter que nulle nature ne produit son fruit sans
extrême travail, voire et douleur, je dis autant bien les natures
végétatives comme les sensibles et raisonnables. Si la poule devient maigre pour espellir ses poulets, et la chiene souffre en
produisant ses petits, et conséquemment toutes espèces et genres,
et mesme la vipère, qui meurt en produisant son semblable, je
te puis aussi asseurer que les natures végétatives et insensibles
souffrent en produisant leurs fruits. J'estais quelque fois ès Isles
de Xaintonge, où j'apperçeu une vigne plus chargée de fruits que
toutes les autres, et, m'enquérant de la raison, on me respondit
qu'elle estoit chargée à la mort ; lors ayant demandé l'interpré-
tation de cela, on me dist qu'on luy avoit laissé plus de rameaux
que de coustume, parce qu'on la vouloit arracher après la

cueillie, et que, autrement, on n'eust voulu permettre qu'elle eust chargé si abondamment, qui vaut autant à dire que, si on laissoit faire ausdites vignes ce qu'elles voudroyent, qu'elles se tueroyent, à cause de l'abondance des fruits qu'elles s'efforceroyent de produire. J'ay contemplé plusieurs fois des arbres et plantes, qui par sécheresse, ou autre accident, se mouroyent ; toutesfois, devant que mourir, ils se hastoyent de fleurir et produire graines et fruits devant le temps accoustumé. Or, si ainsi est que les arbres et autres végétatifs travaillent et sont malades en produisant, il faut conclurre que, si tu couppes les arbres au temps des fruits, des fleurs et des fueilles, tu les couppes en leur maladie, dont la foiblesse de ladite maladie demeurera ausdits arbres, et la charpente qui sera faite desdits arbres ne sera jamais si forte ni de si grande durée que celle qui sera faite des arbres qui seront couppez au temps d'hyver et froidures sèches, comme j'ay dit cy-dessus.

Si tu es homme de bon jugement, tu peus à présent cognoistre par les arguments susdits, que ce n'est pas sans cause que j'ay dit qu'il est requis quelque philosophie à ceux qui exercent l'art d'agriculture, et, si tu eusses entendu ce qu'un bon laboureur devroit entendre, tu n'eusses trouvé estrange ce propos que je t'ay dit au commencement, c'est à sçavoir que je cerchois un lieu montueux pour édifier un jardin excellent et de grand revenu.

Demande.

A la vérité, j'ay trouvé cela fort estrange, et ne puis encore entendre la cause ; parquoy je te prie me la dire, à fin de m'oster de ceste fantasie.

Responce.

Tu dois entendre que les terres des lieux montueux sont plus salées que non pas celles des vallées, et, pour ceste cause, les arbres fruitiers qui croissent sur les hauts terriers produisent leurs fruits plus salez et de meilleur goust que ceux des vallées. Voilà une raison qui te doit suffire pour le tout.

Demande.

Cuides-tu que je te croye de ce que tu dis à présent, de dire qu'il y aye du sel en la terre, et mesme en toutes espèces ?

Responce.

Véritablement tu as un pauvre jugement. Je t'ay prouvé cy devant que, en toutes espèces d'arbres, herbes et plantes, il y avoit du sel, et à present tu veux ignorer qu'il y en aye en toutes terres. Et où penses-tu que les arbres, herbes et plantes, prenent leur sel, s'ils ne le tirent de la terre? Tu trouverois bien estrange si je te disois qu'il y a aussi du sel en toutes espèces de pierres, et non seulement ès espèces de pierres, mais je te dis aussi qu'il y en a en toutes espèces de métaux ; car, n'y en ayant point, nulle chose ne se pourroit tenir en son estre, ains se reduiroit soudain en cendre.

Demande.

Si de ces choses tu ne me donnes des raisons bien apparentes, je ne croiray rien de tout ce que tu m'en as dit.

Responce.

Il te faut yci entendre que la cause, qui tient la forme et bosse des montagnes, n'est autre chose que les rochers qui y sont, tout ainsi comme les os d'un homme tienent la forme de la chair, de laquelle ils sont revestus. Et, tout ainsi que, si l'homme avoit les os froissez et escachez, la forme du corps se viendroit à encliner, perdre et rabaisser son estre, semblablement, si les pierres qui sont ès montagnes se venoyent à réduire en terre, lesdites montagnes perdroyent leur forme ; car les eaux, qui descendent des nues, emmèneroyent les terres desdites montagnes aux vallées, et ainsi il n'y auroit plus de montagnes, mais les pierres, comme je t'ay dit, tienent ladite forme. Et, parce que èsdites pierres il y a plus de sel que non pas en la terre, les terres, qui sont sur les rochers, se ressentent du sel desdites pierres : car, tout ainsi que je t'ay dit que l'aquité de la fumée du bois estoit tesmoignage qu'elle portoit en soy quelque salcitude, qui faisoit cuire et gaster les yeux, semblablement la vapeur, qui sort des rochers desdites montagnes, apporte quelque salcitude ès terres qui sont dessus, qui causent que les fruits qui y croissent sont plus salez et de meilleur goust, et ne sont si sujets à putréfaction et pourriture comme ceux qui sont produits ès vallées, et ceux des vallées sont communément plus fades et de mauvaise saveur et sujets à pourriture. Et ce, pour cause que les terres des vallées

sont sujettes à recevoir et donner passage ès eaux qui descendent des montagnes, lesquelles eaux font dissoudre et emportent
le sel des terres desdites vallées, qui causent que les fruits ne
sont guère salez. Item, les arbres, qui sont plantez ès vallées, ne
peuvent porter si grande abondance de fruits que ceux des montagnes, ou terriers hauts ; et la cause est parce que les arbres des
vallées sont trop guais à cause de l'abondance d'humeur, qui fait
qu'ils employent leur temps et force à produire grande quantité
de bois et branches, et cerchent le soleil, et devienent plus
hauts et plus droits que ceux qui sont aux terriers hauts ; aussi
lesdits arbres des vallées, en cas pareil, n'ont point si grande quantité d'huile en leur bois comme ceux des hauts terriers et montagnes. Voilà aussi pourquoy ils ne bruslent pas si bien que ceux
des hauts lieux , et ne sont lesdits arbres de si longue durée. Et,
si tu ne veux croire qu'il y aye du sel ès fruits, contemple un peu
quelque arbre de serisier, pommier ou prunier; si tu vois une
année qu'il n'aye guère de fruit et que le temps se porte sec, tu
trouveras ce fruit là d'une excellente saveur, et, s'il advient une
année fort mouillée et que ledit arbre aye grande quantité de
fruit, tu trouveras que ledit fruit sera fade, et de mauvaise saveur, et de peu de garde. Et cela adviendra pour deux causes; la
première est parce que le tronc et branches dudit arbre n'ont pas
assez de sel pour en distribuer abondamment à si grande quan-
té de fruit ; l'autre parce que l'année a esté pluvieuse, et que les
pluyes ont emporté partie du sel dudit fruit, comme il seroit d'un
poisson salé, qui seroit pendu à une branche dudit arbre.

Demande.

Quant est de ces raisons que tu m'as données des fruits, elles
sont assez aisées à croire; mais de croire qu'il y aye du sel aux
pierres et métaux, il n'y a homme qui me le seust faire accroire.

Responce.

Tu trouves bien estrange que je dis qu'il y a du sel en toutes
espèces de pierres et métaux. Tu t'esbahiras donc beaucoup plus
quand je te diray qu'aucunes pierres sont presque toutes de sel,
et si te prouveray par bonnes raisons qu'il y a certains métaux

qui ne sont autre chose que sel, et, à fin que tu n'ayes occasion de
t'en aller mal édifié de mes propos, commençons du mineur au
majeur.

Tu me confesseras, en premier lieu, que les pierres de chaux
empeschent la putréfaction, et endurcissent et mondifient les
peaux des bestes mortes, ou autrement elles ne pourroyent servir
aux Courrayeurs. Tu es bien asne si tu penses que la pierre de
chaux aye ceste vertu sans qu'il y eust du sel. Passons outre ; je
te demande : Pourquoy est-ce que les Courrayeurs jettent ladite
chaux après qu'elle a servi une fois? N'est-ce pas parce que son
sel s'est dissout, et, estant dissout, a salé lesdites peaux, et le
résidu de la pierre est demeuré inutile? Car autrement ladite
chaux pourroit servir plusieurs fois. Je t'ay donné cy dessus un
exemple du sel de l'éscorce du bois, duquel se servent les Tanneurs ; l'une raison te doit assez suffire pour te faire croire
l'autre. Si tu tastes de la chaux dissoute sur le bout de la langue,
tu trouveras une mordication salcitive beaucoup plus poignante
que celle du sel commun. Item, tout ainsi que le sel du vin,
qu'on appelle cendre gravelée, nettoye les draps et est bon à la
buée, aussi fait le sel qui est aux cendres du bois. Semblablement le sel de la pierre de chaux, est bon à la buée, quelque
chose qu'on die qu'il brusle les draps ; cela ne peut estre, si
n'estoit que, dedans un peu d'eau, on mist une grande quantité
de ladite chaux ; mais, si une moyenne quantité de chaux est
mise et dissoute dedans assez bonne quantité d'eau et que ladite
chaux aye trempé quelque temps dedans ladite eau, le sel qui y
est se viendra à dissoudre et mesler parmi l'eau ; lors ladite eau,
estant salée du sel de la chaux, sera fort apte pour servir à la
buée, comme je t'ay dit cy devant que l'eau qui distille des fumiers est presque le total de ce qui deust estre porté en la terre.
Voilà les raisons qui te doivent faire croire le total ; toutesfois je
te donneray encore certains exemples, qui te feront croire ce que
tu ignores à present.

Considere un peu certaines pierres qu'on appelle gelices ou
venteuses, et tu verras qu'elles se consomment journellement, et
se réduisent en cendre, ou menue poussière. Veux-tu savoir la

ause de cela? C'est parce qu'il n'y a pas long temps que ladite pierre a esté faite, et a esté tirée de sa racine devant que sa dé- coction fust parachevée, dont s'ensuit que l'humidité de l'air et pluyes qui donnent contre, font dissoudre le sel qui est en ladite pierre, et, le sel estant ainsi dissout et réduit en eau, il laisse ses autres parties ausquelles il s'estoit joint : et de là vient que adite pierre se reduit de rechef en terre, comme elle estoit pre- nierement, et estant reduite en terre, elle n'est jamais oisifve ; ar, si on ne luy donne quelque semence, elle se travaillera à produire espines et chardons, ou autres espèces d'herbes, arbres u plantes, ou bien, quand la saison sera convenable, elle se ré- luira de rechef en pierre. Pour bien cognoistre ces choses, quand u passeras près des murailles qui sont gastées par l'injure du emps, taste sur la langue de la poussiere qui tombe desdites ierres, et tu trouveras qu'elle sera salée, et que certains ro- hers, qui sont descouvers, combien qu'ils soyent encore au lieu le leur essence, ils sont sujets à l'injure du temps. Et dois icy ioter, que les murailles et rochers qui sont ainsi incisez par l'in- ure du temps, le sont beaucoup plus devers la partie du Sus et u Ouëst que non pas du Nord, qui est attestation de mon dire, 'est à savoir que l'humidité fait dissoudre le sel, qui estoit la ause de la tenance, forme, et décoction de la pierre, et mesme a vois que le sel commun, estant dedans les maisons, se dissout e soy-mesme en temps de pluyes, qui sont agitées par lesdits ents du Ouëst et Sus.

Demande.

L'opinion que tu m'as dite à présent est la plus menteuse que ouys jamais parler ; car tu dis que la pierre qui depuis peu de emps a esté faite est sujette à se dissoudre à cause de l'injure du emps, et je sçay que, dès le commencement que Dieu fit le Ciel t la Terre, il fit aussi toutes les pierres, et n'en fut fait oncques epuis. Et mesme le Pseaume, sur lequel tu veux édifier ton jar- in, rend tesmoignage que le tout a esté fait dès le commence- ient de la création du monde.

Responce.

Je ne vis onques homme de si dure cervelle que toy. Je say

bien qu'il est escrit, au livre de Genèse, que Dieu créa toutes
choses en six jours, et qu'il se reposa le septiesme ; mais pourtant Dieu ne créa pas ces choses pour les laisser oisifves, ains
chacune fait son devoir, selon le commandement qui luy est
donné de Dieu. Les Astres et Planetes ne sont pas oisifves; la
Mer se pourmeine d'un costé et d'autre, et se travaille à produire
choses profitables; la Terre semblablement n'est jamais oisifve ;
ce qui se consomme naturellement en elle, elle le renouvelle et
le reforme de rechef ; si ce n'est en une sorte, elle le refait en
une autre. Et voilà pourquoy tu dois porter les fumiers en terre,
à fin que de rechef la terre prene la mesme substance qu'elle
luy avoit donnée.

Or faut yci noter que, tout ainsi que l'extérieur de la Terre se
travaille pour enfanter quelque chose, pareillement le dedans et
matrice de la terre se travaille aussi à produire. En aucuns
lieux elle produit du charbon fort utile, en d'autres lieux elle
conçoit et engendre du fer, de l'argent, du plomb, de l'estain,
de l'or, du marbre, du jaspe et de toutes espèces de mineraux,
et espèces de terres argileuses, et, en plusieurs lieux, elle engendre et produit du bituman, qui est une espèce de gomme oli-
gineuse qui brusle comme résine. Et advient souvent que dedans la matrice de la Terre s'allumera du feu par quelque compression, et, quand le feu trouve quelque minière de bituman, ou
de souffre, ou de charbon de terre, ledit feu se nourrist et en-
tretient ainsi sous la terre : et advient souvent que par un long
espace de temps aucunes montagnes deviendront vallées par un
tremblement de terre ou grande véhémence que ledit feu engendrera, ou bien que les pierres, métaux, et autres minéraux qui
tenoyent la bosse de la montagne se brusleront, et, en se con-
sommant par feu, ladite montagne se pourra encliner et baisser
petit à petit ; aussi autres montagnes se pourront manifester et
eslever, pour l'accroissement des roches et minéraux qui croissent en icelles, ou bien il adviendra qu'une contrée de pays sera
abysmée, ou abaissée par un tremblement de terre, et alors ce qui
restera sera trouvé montueux, et ainsi, la terre trouvera toujours
de quoy se travailler, tant ès parties intérieures que extérieures.

Et quant est de ce que tu te moques que je t'ay dit que les
pierres croissent en terre, il n'y a aucune occasion ni raison de
se moquer de moy : mais ceux qui s'en moqueront se déclare-
ront ignorans devant les doctes, car il est certain que si, depuis
la création du monde, il n'estoit creu aucune pierre en la terre,
il seroit difficile d'en trouver aujourd'huy une charge de cheval
en tout un royaume, sinon en quelques montagnes et déserts, ou
autres lieux non habitez, et te donneray à présent à cognoistre
qu'il est ainsi que je t'ay dit. Considère un peu combien de millions de pippes de pierres sont journellement gastées à faire de
la chaux. Item, considère un peu les chemins ; tu trouveras qu'un
nombre infini de pierres sont réduites en poussière par les cha-
riots et chevaux, qui passent journellement par lesdits chemins.
Item, regarde un peu travailler les massons, quand ils feront
quelque bastiment de pierre de taille, et tu verras que une bien
grande partie de ladite pierre est gastée, et mise en poussière ou
en farine par lesdits massons. Il n'y a homme au monde ny esprit si subtil qui seust nombrer la grande quantité de pierres
qui sont journellement dissoutes et pulvérisées par l'effet des
gelées, non comprins un nombre infini d'autres accidens, qui
journellement gastent, consument, et réduisent les pierres en
terre. Par quoy je puis asseurément conclurre que, si les pierres
n'eussent esté aucunement formées, creuës, et augmentées depuis
la première création escrite au livre de Genèse, qu'il seroit aujourd'huy difficile d'en pouvoir trouver une seule, sinon, comme
j'ay dit cy devant, ès hautes montagnes et lieux déserts et non
habitez, et sera bien gros d'esprit celuy qui ne le croira ainsi,
s'il a esgard ès choses susdites.

Demande.

Donne moy donc quelque raison, qui me face entendre comment les pierres croissent journellement entre nous, et lors je ne
t'importuneray plus.

Responce.

Sur toutes les choses qui m'ont fait croire et entendre que la
terre produisoit ordinairement des pierres, ç'a esté parce que
j'ay trouvé plusieurs fois des pierres, qu'en quelque part qu'on

les eust peu rompre, il se trouvoit des coquilles, lesquelles coquilles estoyent de pierre plus dure que non pas le résidu, qui a
esté la cause que je me suis tourmenté et débatu en mon esprit,
l'espace de plusieurs jours, pour admirer et contempler qui pouvoit estre le moyen et cause de cela.

Et quelque jour, ainsi que j'estois és Isles de Xaintonge, en allant de Marepnes à la Rochelle, j'apperçeu un fossé creusé de
de nouveau, duquel on avoit tiré plus de cent charretées de
pierres, lesquelles, en quelque lieu ou endroit qu'on les seust
casser, elles se trouvoyent pleines de coquilles, je dis si près à
près qu'on n'eust seu mettre un dos de cousteau entre elles sans
les toucher. Et dès lors je commençay à baisser la teste le long
de mon chemin, à fin de ne voir rien qui m'empeschast d'imaginer qui pourroit estre la cause de cela, et, estant en ce travail
d'esprit, je pensay dès lors, chose que je crois encore à présent
et m'asseure qu'il est véritable, que près dudit fossé il y a eu
d'autres fois quelque habitation, et ceux qui pour lors y habi-
toient, après qu'ils avoyent mangé le poisson qui estoit dedans la
coquille, ils jettoyent lesdites coquilles dedans cette vallée, où
estoit ledit fossé, et, par succession de temps, lesdites coquilles
s'estoyent dissoutes en la terre, et aussi la terre de ce bourbier
s'estoit mondifiée, et les saletez pourries et réduites en terre fine,
comme terre argileuse, et, ainsi que lesdites coquilles se venoyent
à dissoudre et liquifier, et la substance et vertu du sel desdites
coquilles faisoyent attraction de la terre prochaine et la réduisoyent en pierre avec soy ; toutesfois, parce que lesdites coquilles
tenoyent plus de sel en soy qu'elles n'en donnoyent à la terre,
elles se congeloyent d'une congélation beaucoup plus dure que
non pas la terre, mais l'un et l'autre se réduisoyent en pierre,
sans que lesdites coquilles perdissent leur forme. Voilà la
cause, qui depuis ce temps là, me fit imaginer et repaistre mon
esprit de plusieurs secrets de nature, desquels je t'en monstreray aucuns.

Item, une autre fois je me pourmenois le long des rochers de
cette ville de Xaintes, et, en contemplant les natures, j'apperceu
en un rocher certaines pierres, qui estoyent faites en façon d'une

corne de mouton, non pas si longues ni si courbées, mais communément estoyent arquées et avoyent environ demi-pied de long. Je fus l'espace de plusieurs années devant que je cogneusse qui pouvoit estre la cause que ces pierres estoyent formées en telle sorte; mais il advint un jour qu'un nommé Pierre Guoy, bourgeois et eschevin de cette ville de Xaintes, trouva en sa mestairie une desdites pierres, qui estoit ouverte par la moitié et avoit certaines dentelcures qui se joignoyent admirablement l'une dans l'autre, et, parce que ledit Guoy savoit que j'estois curieux de telles choses, il me fit un présent de ladite pierre, dont je fus grandement resjouy, et dès lors je cogneu que ladite pierre avoit esté d'autres fois une coquille de poisson, duquel nous n'en voyons plus. Et faut estimer et croire que ce genre de poisson a d'autres fois fréquenté à la mer de Xaintonge, car il se trouve grand nombre desdites pierres: mais le genre du poisson s'est perdu à cause qu'on l'a pesché par trop souvent, comme aussi le genre des saumons se commence à perdre en plusieurs contrées des bras de mer, parce que sans cesse on cerche à le prendre, à cause de sa bonté.

J'estois quelque fois à Sainct-Denis d'Olleron, qui est la fin d'une isle de Xaintonge, où je prins une vingtaine de femmes et enfans pour me venir aider à cercher sur les rochers maritimes certaines coquilles, desquelles j'avois nécessairement affaire, et, m'estant rendu sur un rocher, qui estoit journellement couvert de l'eau de la mer, il me fut monstré un grand nombre de poisson armé, qui estoit fait en forme d'un pelion de chastagne, plat par dessous, et un trou bien petit duquel il s'attachoit à la roche, et prenoit nourriture par ledit trou. Or, ledit poisson n'a aucune forme, ains est une liqueur semblable à l'huitre; toutesfois elle remplist toute sa coquille. Le dehors et dessus de sa coquille est tout garny d'un poil dur, et poignant comme celui d'un hérisson; aussi ledit poisson s'appelle hérisson. Je fus fort aise de l'avoir trouvé, et, en ayant prins et emporté une douzaine en ma maison, je fus grandement déçu; car, quand le dedans de la coquille fut osté, la racine du poil, qui, tenoit contre la coquille, se putréfia en peu de jours, et ledit poil tomba; et, après que le

4

poil fut tombé, la coquille demeura toute nette, et, à l'endroit de
la racine de chacun poil, se trouva une bossette, lesquelles bos-
settes sont mises par un si bel ordre qu'elles rendent la coquille
plaisante et admirable.

Or, quelque temps après, il y eut un advocat, homme fameux
et amateur des lettres et des arts, qui, en disputant de quelque
art, il me monstra deux pierres, toutes semblables de forme ausdites coquilles d'hérisson, qui toutesfois estoyent toutes massives,
et soustenoit ledit advocat, nommé Babaud, que lesdites pierres
avoyent esté ainsi taillées par la main de quelque ouvrier,
et fut fort estonné quand je luy maintins que lesdites pierres
estoyent naturelles, et trouva fort estrange que je disois que je
savois bien la cause pourquoy elles avoyent prins une telle forme
en la terre: car j'avois desjà considéré que c'estoit de ces coquilles
d'hérisson, qui à succession de temps s'estoyent liquifiées et en
fin réduites en pierre, voire que la salcitude de ladite coquille
avoit aussi congelé et réduit en pierre la terre qui estoit entrée
dans ladite coquille. Or ay-je recouvert, depuis ce temps là, plusieurs desdites coquilles, qui sont converties en pierre.

Voilà qui te doit faire croire que journellement la terre produit
des pierres, et qu'en plusieurs lieux la terre se réduit en pierre
par l'action du sel, qui fait le principal de la congelation, comme
tu peux cognoistre que, pour cause que les coquilles sont salées,
elles attirent à soy ce qui leur est propre pour se reduire en pierre.

Item, ay trouvé plusieurs coquilles de sourdon, qui estoyent
réduites en pierre; toutesfois elles estoyent massives, combien
qu'elles fussent jointes comme si le poisson eust esté dedans. Et
que diras-tu de ceux qui ont trouvé des os d'hommes enclos dedans des pierres, et autres ont trouvé des monnoyes antiques?
N'est-ce pas bien attestation que les pierres augmentent en la
terre? Veux-tu encore un bel exemple? Il y a certaines pierrières,
desquelles la pierre a un nombre infini de fins; combien
qu'elles se tiennent en une masse, si est-ce qu'en mettant des
coins par dessous, elle se fendra aisément, et se lèvera en sus.
Veux-tu savoir comme on la tire? Sache que, parce que les
veines ou fins de ladite pierre sont en traversant, Vitruve dit

qu'en coupßant ladite pierre il faut marquer son lict : car, si les massons mettoyent la pierre, qui estoit couchée en son lict, debout, le bout qui estoit de travers, cela causeroit que ladite pierre se fendroit et s'esclatteroit pour la pesanteur de celles qui seroyent mises dessus. Toutes pierrières ne sont pas ainsi : il y en a aucunes qui n'ont ne long ne travers, mais sont si bien congelées qu'on ne regarde pas du costé qu'on les met.

Venons à présent à la cause qu'aucunes pierres ont si grand nombre de veines, lesquelles sont aisées à fendre, et pourquoy? c'est que les veines ne sont aussi bien descendantes d'en haut comme elles vont en traversant. La cause de cela est parce qu'au dessus de la pierrière il y a une grande espesseur de terres ; il est bien vray que, quand la pierre se faisoit, l'eau qui tomboit des pluyes, passant à travers de ladite terre, prenoit avec soy quelque espèce de sel, et, l'eau estant descendue jusques à la profondeur du lieu où elle s'arrestoit, ladite eau, ainsi salée, convertissoit et congeloit la terre, où elle estoit arrestée, en pierre; et pour ce coup se formoit une couche, ou lict de ladite pierre, et, estant ladite pierre endurcie, elle servoit après de réceptacle pour les autres eaux qui tomboyent après, et passoyent à travers des terres jusques audit receptacle, et, ayant prins encore un coup quelque sel en passant par les terres, il se formoit une autre couche, ou lict, qui se formoit et se joignoit avec le premier ; et ainsi à diverses fois, années et saisons, plusieurs minières de pierres ont esté augmentées et augmentent journellement en la matrice de la terre. Et il advient quelquefois qu'un lict et couche de pierre aura par dessus quelque couche de terre glueuse, qui causera quelque saleté au dessus du terrier ou lict ; les autres eaux qui se congèleront avec la terre, qui est dessus ledit lict, ne se pourroyent joindre ou souder ensemble à cause de la saleté contraire; dont se commencera un lict à part, et se trouvera une séparation en ladite roche, que les pierreurs appellent une fin.

Demande.

Penses-tu me trouver si beste que je croye à present une telle folie, que tu m'as yci proposé? Ne say-je pas bien que si ainsi estoit, que depuis la création du monde toutes les eaux et la terre seroyent

converties en pierre, et qu'à présent les poissons seroyent à sec ?
Responce.
Je t'asseure que je ne cogneus onques une si grande beste que toy : j'ay perdu mon temps de tout ce que je t'ay dit cy devant, car tu n'as rien conçeu. T'ay-je pas dit que, tout ainsi que journellement les pierres estoyent augmentées d'une part, qu'en cas pareil elles estoyent diminuées d'une autre part, et, en se diminuant par fractions, brisures, et dissolutions des vents, pluyes et gelées, lors qu'elles sont dissoutes, elles rendent l'eau, le sel et la terre, de laquelle elles avoyent prins leur essence ?
Demande.
Voire ; mais je voy bien souvent des pierres qui sont fort blanches, et toutesfois la terre qui est dessus est noire. S'il y avoit de ladite terre comme tu dis, la pierre ne seroit ainsi blanche, ains seroit de la couleur de la terre qui est dessus , puis qu'elle a esté formée de partie d'icelle.
Responce.
Si tu avois quelque philosophie , tu n'eusses ainsi argumenté ; car c'est chose certaine que le sel blanchist la terre en la congélation, et non seulement la terre , mais plusieurs autres choses, tesmoins les experts alchimistes, qui souventes fois prendront du sel de tartare, ou du sel de salicor, ou quelque autre espèce de sel, pour blanchir le cuivre et le faire ressembler argent. Le plomb aussi qui est noir, quand il est calciné par la vapeur salcitive du vinaigre, il se réduit en blanc de plomb, de quoy la séruse est faite et blanc rasé, qui est la plus blanche de toutes les drogues. Et, quant est de ce que tu as allégué que, depuis le commencement du monde, toutes les eaux eussent esté converties en pierre, s'il estoit ainsi comme je t'ay dit, tu as fort mal entendu ce poinct ; car je ne t'ay point dit que toute l'eau qui passoit à travers des terres se convertissoit en pierre, mais seulement une partie. Et qu'ainsi ne soit qu'il n'y aye de l'eau dedans les pierres, considère celles qu'on fait cuire pour faire la chaux, et tu trouveras qu'elles sont pesantes devant qu'estre cuites, et, après qu'elles sont cuites, elles sont légères. N'est-ce pas attestation que l'eau, qui estoit jointe avec le sel de la terre,

s'est évaporé par la véhémence du feu, et les autres parties sont demeurées altérées, qui cause que, soudain qu'on met de l'eau dessus, lesdites pierres de chaux, se trouvans altérées, emboivent si très violemment que cela les cause soudain reduire en farine ? Et te faut yci noter que les pierres qui sont faites d'un bien long-temps, l'eau et les autres parties se sont si bien unies qu'elles ne peuvent être propres à faire la chaux, à cause que leur congélation est plus parfaite, comme je te feray bien entendre, en te parlant des cailloux ; mais les pierres bonnes à faire chaux, il n'y a pas long temps qu'elles sont congelées et formées, et, si autrement estoit qu'ainsi que je te dis, toutes pierres seroyent bonnes à faire chaux. Et, quand est de l'autre poinct que l'eau, qui passe à tra-vers des terres se réduit en pierre et que je t'ay dit que cela ne s'entendoit pas du tout, ains d'une partie, considère un peu la ma-nière de faire le salpestre. On fera bouillir l'eau qui aura passé par la terre salpestreuse et par les cendres. Est-ce pour-tant à dire que toute ladite eau se convertisse en salpestre ? Non. Pareillement, toute l'eau, qui passe à travers des terres, ne se convertist pas en pierre, mais une partie ; et ainsi il y a bien peu d'endroits en la terre qui ne soyent foncez de pierre, ou d'une es-pèce, ou d'autre, car autrement il seroit difficile de trouver une seule fontaine.

Demande.

Je te prie, laisse pour ceste heure le propos des pierres, et me fay une petite énarration de ces fontaines, puis que le propos s'y présente.

Responce.

Je t'ay dit cy devant qu'il y a bien peu de terre, qui ne soit foncée par dessous de pierres, ou de mines de métaux, ou de terre argileuse, voire bien souvent foncée de toutes les trois es-pèces ; dont s'ensuit que, quand les eaux des pluyes tombent de l'air sur la terre, elles sont retenues sur lesdits rochers, et lesdits rochers servent de vaisseau et receptacle pour les-dites eaux, car autrement les eaux descendroyent jusques aux abysmes ou au centre de la terre ; mais, estans ainsi retenues sur les rochers, elles trouvent quelquefois des jointures et veines èsdits rochers, et, ayans trouvé tant peu soit-il d'aspiration, soit terve, ou fente, ou quoy que ce soit, lesdites eaux prendront leur cours devers la partie pendante, pourveu qu'elles trouvent tant peu soit-il d'ouverture. Et de là vient le plus souvent que des rochers et lieux montueux sortent plusieurs belles fontaines, et, de tant plus elles viennent de loin, sortans et passans par des bonnes terres, d'autant plus lesdites eaux seront saines et purifiées, et de bonne saveur. Aussi, communément, les eaux, qui sortent desdits rochers, sont plus salées et de meilleur goust que les autres, parce qu'elles font toujours quelque peu d'attraction du sel qui est esdits rochers.

Demande.

Tu reviens tousjours au propos de ce sel, et on ne te sauroit oster de la teste qu'il n'y aye du sel aux pierres.

Responce.

Je ne t'ay pas dit aux pierres seulement, mais aussi aux cailloux, et en toutes choses.

Demande.

Je te nie à présent qu'il y aye aucun sel aux cailloux et te prouveray le contraire par certains argumens que tu m'as cy devant baillez. Tu m'as dit que les pierres qu'on appeloit gélices ou venteuses se dissolvoyent à l'humidité du temps, à cause du sel qui estoit en elles: aussi tu m'as dit que des pierres à faire chaux l'humide s'évaporoit pour la véhémence du feu. Or, est-il chose certaine que les cailloux ne sont sujets à nuls de ces accidens, car je n'en vis jamais dissoudre par l'injure du temps; aussi le feu ne chasse aucunement l'humeur desdits cailloux. Te voilà donques vaincu par tes mesmes raisons.

Responce.

Je veux à présent prouver mon dire véritable, par les mesmes raisons que tu prens pour le rendre menteur. Tu dis qu'aux cailloux il n'y a aucune espèce de sel, parce qu'ils ne sont sujets à se dissoudre, ne par eau, ne par feu; cela n'empesche point qu'il n'y en aye, voire beaucoup plus abondamment que non pas ès pierres tendres, bonnes à massonner Et qu'ainsi ne soit, as-tu jamais veu faire verre qu'il n'y eust du sel? As-tu aussi jamais

veu aucun qui seust faire fondre ou liquifier les cailloux sans sel ?
Il faut nécessairement que, pour faire liquifier les cailloux, qu'on
y mette quelque espèce de sel ; or, le plus apte pour cest affaire
est le salicor, et, après cestuy là, le sel de tartare y est fort propre ;
car il a pouvoir de contraindre les autres choses à se liquifier,
combien que d'elles-mesmes ne soyent liquifiables. Tu m'as dit
que les cailloux n'estoyent sujets à nulle dissolution par humidité,
ne par feu, et par là tu as voulu prouver qu'ils ne tenoyent point
de sel en leur nature. Mais tu n'as pas dit ce qui est du caillou ,
car véritablement, quand il est mis en une fournaise extrêmement
chaude, comme les fournaises à faire chaux ou verre , ou autres
telles fournaises, ésquelles le feu est extrêmement violent, lesdits
cailloux se viennent à vitrifier d'eux-mesmes , sans aucune mix-
tion, ce qui est une attestation bien notoire que les cailloux ont
en eux grande quantité de sel, qui leur cause se vitrifier, voire
que le sel qui est en soy tient si bien fixes les autres espèces, que
lesdits cailloux ont retenu leur humeur en telle sorte qu'ils ne se
peuvent jamais exhaller, ains toutes les matières desdits cailloux
sont fixes et inséparables. Et, qu'ainsi ne soit , pren un certain
poids de verre, qui aura esté fait desdits cailloux et du salicor; fay
le chauffer le plus violemment que tu pourras ; si est-ce que tu
trouveras encore son poids. Par cy devant, je t'avois bien dit que
l'humidité de la pierre de chaux s'exhalloit au feu, mais quand
est du sel qui est en ladite pierre, je ne t'avois pas dit qu'il fust
sujet à exhallation, mais bien à se dissoudre. Voilà une raison
qui te doit faire croire que, tant plus il y a de sel en une pierre,
d'autant plus elle est fixe.

J'ay encore un exemple pour te le mieux prouver. Il est ainsi
que le verre le plus beau est fait de sel et de cailloux. Or est-il
fixe autant que matière de ce monde, comme je t'ay dit : toutesfois il est transparent, qui est signe et apparence évidente qu'il
n'y a guère de terre. Il s'ensuit donc qu'il y en a bien peu au caillou
et au salicor. Que dirons-nous donc que c'est de ces matières
ainsi diaphanées? Nous pourrons dire qu'il n'y a guère autre
chose que de l'eau et du sel, et bien peu de terre ; car la terre
n'est pas diaphane de soy, et , s'il y en avoit quantité, le verre

ne pourroit estre transparent. Suivant quoy, que pourrons nous
dire du caillou, sinon qu'il est engendré de semblables matieres
que le verre ? Et ce, d'autant qu'il est diaphane comme le
verre, et aussi sujet à se vitrifier de soy-mesme sans aucun aide,
et la vitrification ne se pourroit faire sans sel. Par quoy, il est
à conclurre que èsdits cailloux il y a une bonne portion de sel.

Demande.

Tu m'as cy devant dit qui estoit la cause que la pierre s'augmen-
toit assiduellement ès minières ; mais, quant est des cailloux qui
sont faits de petites pièces, tu ne m'as pas dit la cause, ne l'origine de l'essence.

Responce.

En ce pays de Xaintonge nous avons grande quantité de terres
varèneuses, ausquelles se trouve un nombre de cailloux, qui
se forme annuellement en la terre, qui sont fort cornus et raboteux, et mal plaisans par le dehors ; mais par le dedans, ils sont
blancs et cristallins, fort plaisants, et propres à faire verres et
pierreries artificielles. La cause que lesdits cailloux sont ainsi
cornus et raboteux par le dehors, c'est à cause] de la place et
lieu où ils ont esté formez, qui est que, quelque temps après que
les herbes et pailles dudit champ ont esté pourries et qu'il aura
demeuré longtemps sans pleuvoir, il viendra quelque temps
après, qu'il fera une certaine pluye, qui prendra le sel de la terre
et des herbes qui avoyent esté pourries dans le champ ; et, ainsi
que l'eau courra le long du seillon du champ, elle trouvera quelque trou de taupe ou de souris, ou autre animal, et, l'eau ayant
entré dedans le trou, le sel qu'elle aura amené prendra de la terre
et de l'eau ce qu'il luy en faut, et, selon la grosseur du trou et de
la matière, il se congèlera une pierre, ou caillou, tel que je t'ay
dit cy dessus, qui sera bossu, raboteux et mal plaisant, selon la
forme de la place où il aura esté congelé.

Veux-tu que je te donne des raisons, qui m'ont fait cognoistre
qu'il est ainsi? Quelque fois je cerchois des cailloux pour faire de
l'esmail et des pierres artificielles ; or, après avoir assemblé un
grand nombre desdits cailloux, en les voulant piler, j'en trouvay
une quantité qui estoyent creux dedans, où il y avoit certaines

pointes comme celles de diamant, luisantes, transparentes et
fort belles. Alors je me commençay à tormenter pour savoir qui
estoit la cause de cela, et, ne le pouvant entendre par théorique,
ne philosophie naturelle, il me print desir de l'entendre par pratique, et, ayant prins une bonne quantité de salpestre, je le fis
dissoudre dans une chaudière avec de l'eau, laquelle je fis bouillir, et, estant ainsi bouillie et dissoute, je la mis refroidir, et,
l'eau estant froide, j'apperçeu que le salpestre s'estoit congelé
aux extremitez de la chaudière, et lors je vuiday l'eau de ladite
chaudière, et trouvay que les glaçons du salpestre estoient formez
par quadratures et pointes fort plaisantes. Quoy considéré dès lors
en mon esprit, je vi que les cailloux, dont je t'ay parlé, estoient
aussi congelez ; mais ceux qui se trouvèrent massifs, c'est signe
et évidente preuve qu'il y avoit assez de matière pour remplir la
fosse et, ceux qui estoyent creux, c'est qu'il y avoit une superfluité
d'eau, laquelle s'estoit desséchée pendant que la congélation se
faisoit aux extrêmes parties, et, quand l'humidité du milieu se
desséchoit, les matières propres pour le caillou demouroyent
fermes, et congelées par le dedans comme petites pointes de diamant.

Je ne te dis chose que je ne te monstre de quoy, si tu veux venir en mon Cabinet, car je te monstreray de toutes espèces de
pierres que je t'ay parlé. J'ay trouvé quelques especes de cailloux, qui ont un trou ou canal qui passe tout à travers desdits
cailloux ; cela m'a fait asseurément croire que l'eau, qui appor-
toit les matières du caillou, passoit tout à travers pendant que
ledit caillou se congeloit, et, parce que le cours de l'eau ne trouvoit aucune fermure qui l'arrestast, elle a tousjours passé à travers dudit caillou, et, en passant en ceste sorte, la vistesse de l'eau
a empesché qu'il ne se fît congélation au milieu dudit caillou,
dont s'en est ensuivi que le caillou est demeuré creux comme une
canelle tout à travers. Tu peux prendre cest exemple par les
ruisseaux courans, au temps des gelées, lesquels se congèlent aux
extremitez, mais non pas au cours principal, à cause de la vistesse
de l'eau.

Il y a un autre exemple qui m'a fait croire que les pierres ont esté congelées de certaine liqueur par la vertu du sel. Quelque fois, ainsi que j'allois de Xaintes à Marepnes, passant par les brandes de Sainct-Sorlin, je vi certains manouvriers, qui tiroyent de la terre d'argile pour faire de la thuile, et, ainsi que j'estois arresté pour contempler la nature de la terre susdite, j'apperçeu un grand nombre de petis tourteaux de marcacites, qui se trouvoyent parmy ladite terre. Et, ayant contemplé plus outre, je cogneus que lesdites pierres de marcacites avoyent une forme telle comme si quelqu'un avoit coulé de la cire fondue petit à petit avec une cueillère; car lesdites marcacites estoyent faites par rotonditez conglacées, la première plus évasée que la seconde, et la seconde plus que la tierce, et conséquemment toutes les circulations et rotonditez estoyent faites en appetissant en montant en haut, et en la fin de ladite pierre il y avoit une pointe, qui me faisoit naturellement cognoistre que c'estoit la fin et dernière goutte de la liqueur, qui avoit distillé lors que lesdites marcacites se congeloyent. Si de cela tu ne me veux croire, va t'en ausdits terriers, et tu trouveras quantité desdites marcacites, et, si tu les gardes long temps, tu trouveras qu'elles chaumeniront, et taste au bout de la langue, et tu trouveras qu'elles sont salées, qui te fera croire que les métaux ont en eux du sel aussi bien comme les pierres; car les marcacites ne sont autre chose que commencement de quelque métal. Et qu'ainsi ne soit, pren deux desdites pierres et les frote l'une contre l'autre, et tu trouveras qu'elles sentiront comme le souffre, et mesme, si tu les frappes, il en sortira du feu comme fait des autres mines de métaux.

Je te veux alléguer encore un exemple de la congélation des cailloux. Quelque fois que j'estois à Tours durant les Grands-Jours de Paris, qui estoyent lors audit Tours, il y eut un grand vicaire dudit Tours, abbé de Turpenay et maistre des requestes de la Royne de Navarre, homme philosophe et amateur des lettres et de bonnes inventions. Il me monstra en son Cabinet plusieurs et diverses pierres: mais, entre toutes les plus admirables, il me monstra une grande quantité de cailloux blancs, formez à la propre semblance de dragées de diverses façons, et en faisoit ledit abbé plusieurs présens comme de chose admirable. Quelques

jours après, il me mena en son abbaye de Turpenay, et en passant
par un village, qui est le long de la rivière de Loire, il me monstra une grande caverne, par laquelle on alloit bien avant sous
terre par le dessous des rochers; et me dist qu'au dedans de ladite
caverne il y avoit un rocher, duquel tomboit de l'eau par petites
gouttes bien lentement, et, en distillant, elle se congeloit et se
réduisoit en une masse de caillou blanc, et me dit qu'on mettoit,
par dessous l'eau qui distilloit, de la paille, à fin que les gouttes
qui distilleroyent se congelassent sur ladite paille pour faire des
dragées de diverses façons, et m'asseura ledit abbé que la dragée
qu'il m'avoit monstrée avoit esté prinse en ce lieu là et qu'elle
avoit esté faite par le moyen susdit; aussi plusieurs gens dudit
village m'attesterent la chose estre telle.

Tu peux bien donc croire à présent que l'eau des pluyes, qui
passe à travers des terres qui sont au dessus du rocher, apporte
quelque espèce de sel qui cause la congélation de ces pierres, qui
est le propos que je t'ay tousjours tenu; cela se peut encore aujourd'huy vérifier. Nous pouvons aussi juger par là que le cristal
et autres pierres transparentes sont congelées la plus grand part
d'eau et de sel.

Demande.

Par quel argument me voudrois-tu faire croire que le cristal
soit fait d'une eau congelée?

Responce.

J'avois une fois une boule de cristal, qui estoit bien nette,
ronde, et bien polie; quand je la regardois en l'air, j'apperce-
vois certaines estincelles à travers dudit cristal. Après, je prenois une phiole pleine d'eau claire, et voyois aussi des bluettes
ou estincelles semblables à celles du cristal. Je prenois aussi une
pièce de glace et la regardois en l'air, et, en cas pareil, j'apper-
cevois des petites bluettes et estincelles comme dessus, et me
sembloit que les trois choses susdites se ressembloyent de couleur, de pesanteur, et de froidure. Voilà qui me donna occasion
d'entendre et cognoistre que toutes les pierres transparentes sont
la pluspart de matière aiveuse, et, de tant plus elles sont
aiveuses, elles résistent plus vaillamment au feu, et, de tant

plus qu'elles sont de nature froide, de tant plus elles se cassent en se froidissant, quand elles sont une fois eschauffées.

Demande.

Entre toutes les choses que tu m'as conté de la croissance des pierres, je ne trouve rien si estrange que ce que tu m'as dit des varaines ; car tu dis qu'en ceste terre là il y a quelque espèce de sel qui cause la congélation desdites pierres.

Responce.

Veux-tu que de cela je te donne présentement un bon argument ? Va t'en à un four à chaux, duquel le mortier sera fait de ladite varaine ; si ledit four a chauffé deux ou trois fois, tu verras que son mortier se sera vitrifié. J'en ay veu aucuns duquel le mortier estoit si fort vitrifié qu'il y avoit plusieurs tétines de verre, qui pendoyent és vostes dudit fourneau. Penses-tu que la terre se fust ainsi vitrifiée s'il n'y avoit quelque espèce de sel ?

Tu trouverois bien estrange si quelqu'un te disoit qu'il y a du bois qui se réduist en pierre ; il te fascheroit beaucoup de le croire. Toutesfois je croy qu'il est ainsi, et say bien les causes pourquoy cela se fait. Il y a un gentilhomme près de Pèrehorade, qui est l'habitation et ville du visconte d'Orto, cinq lieux distante de Bayonne, lequel gentilhomme est seigneur de la Mothe et est secrétaire du Roy de Navarre, homme fort curieux et amateur de vertu. Il se trouva quelquefois à la Cour, en la compagnie du feu roy de Navarre, auquel temps il fut apporté audit Roy une pièce de bois qui estoit réduite en pierre, dont plusieurs furent esmerveillez, et, après que ledit sieur eust reçeu ladite pierre, il commanda à un quidam de ses serviteurs de la luy serrer avec ses autres richesses. Lors le seigneur de la Mothe, secrétaire susdit, pria ledit quidam de luy en donner un petit morceau, ce qu'il fit, et ledit de la Mothe, passant par ceste ville de Xaintes, m'en fit un présent, sachant bien à la vérité que j'estois curieux de telles choses.

Cela te peut estre dur à croire ; mais, de ma part, je say à la vérité qu'il est ainsi, et depuis je me suis enquis d'où c'estoit que le bois réduit en pierre avoit esté apporté. Il me fut dit qu'il y avoit une certaine forest de fayan, qui estoit une partie

marescageuse, dont je conclus en mon esprit que le bois de fayan
tient en soy plus de sel que nulle autre espèce de bois ; parquoy
il faut croire que, quand ledit bois est pourri et que son sel est
humecté, il réduit le bois, qui est desjà pourri, en espèce de fumier ou terre, et, dès lors, le sel, qui est dissout dudit bois, endurcist l'humeur pourrie du bois et la réduist en pierre, qui est
la mesme raison que je t'ay dit des coquilles, c'est que, pour se
mollifier et réduire en pierre, elles ne perdent aucunement leur
forme ; semblablement le bois, estant réduit en pierre, tient
encore la forme du bois, tout ainsi comme les coquilles. Et voilà
comment Nature n'est pas si tost destruite d'un effet qu'elle ne
recommence soudain un autre, qui est ce que je t'ay tousjours
dit que la terre et autres élémens ne sont jamais oisifs. Sais-tu
ce qui me fait croire que le bois de fayan est plus apte à reduire
en pierre que non pas les autres bois? C'est parce qu'il a en
soy une si grande quantité de sel qu'il y a aucunes verrières de
verre de vitre, où, après qu'ils ont chauffé leur fourneau dudit
fayan, ils prennent la cendre pour se servir à faire verres de
vitres en lieu de salicor ou de fougère. Il ne faut donc trouver
estrange si ledit bois, estant pourri, est propre pour se réduire
en pierre, attendu qu'il est propre et utile à faire verres : car,
tout bien considéré, le verre n'est autre chose qu'une pierre.

Pourquoy est-ce que tu trouves estrange que je dis que les
pierres s'engendrent annuellement en la terre, veu qu'elles s'engendrent bien dedans le corps des hommes et dedans la teste
des bestes? Il n'est pas jusques aux limaces rouges qui n'en
ayent. Les Médecins disent que les poissons portans coquilles,
sont dangereux d'engendrer la pierre ; c'est une attestation de
tout ce que j'ay dit cy devant que, si le poisson qui porte coquille engendre la pierre, la coquille a esté formée de la propre
substance du poisson, et ainsi ils sont d'une mesme nature. Je
finiray donc mon propos, en concluant que tout ce que j'ay dit
cy dessus contient vérité.

Combien que j'eusse cy devant conclu ce que je prétendois
traitter, de l'essence des pierres et de l'action du sel, si est-ce
qu'à fin que le secret, que j'ay donné des fumiers, serve à l'uni-

versel et qu'on ne mesprise en cest endroit mon conseil. pour tousjours mieux asseurer que le sel a affinité avec toutes choses et que, sans iceluy, toutes choses se putréfieroyent soudain, j'ay voulu encore t'advertir que j'ay leu quelque historien, qui dit qu'en Arabie se trouve quelques contrées de pierre de sel, desquelles on bastit les maisons. Tu ne dois donc trouver estrange si je t'ay dit que les cailloux, qui sont transparens comme verres, sont congelez par le sel. Et, quant à ce que je t'ay dit qu'aucunes pierres se consomment à l'humidité de l'air, je te dis à present, non seulement les pierres, mais aussi le verre, auquel y a grande quantité de sel. Et, qu'ainsi ne soit, tu trouveras, ès temples de Poitou et de Bretagne, un nombre infini de vitres, qui sont incisées par le dehors par l'injure du temps, et les vitriers disent que la Lune a ce fait, mais ils me pardonneront; car c'est l'humidité des pluyes, qui a fait dissoudre quelque partie du sel dudit verre. Je te dis derechef que le sel fait des congélations merveilleuses.

Les Alchimistes en ont senti quelque chose, car ils se tourmentent fort après ces sels préparez. Il me souvient avoir veu un potier, qui faisoit broier du plomb calciné à un moulin à bras, et, ainsi qu'on luy annonça l'heure du disner, il envoya ses serviteurs devant et print une poignée de sel commun, et le mesla parmi sondit plomb, qui estoit destrampé clair comme eau, et, l'ayant meslé, il donna deux ou trois tours à son moulin à fin que ses serviteurs n'apperçeussent le beau secret qui luy avoit esté apprins de mettre du sel dedans son plomb pour faire la couleur plus belle. Mais, au retour du disner, ce fut une fort belle risée, car il trouva que le sel, le plomb, et l'eau s'estoyent si bien endurcis et congelez, par la vertu du sel, qu'il ne fut possible de plus virer les meules, et estoit le dessus et le dessous si bien prins l'un à l'autre qu'il fut difficile de les séparer. Voilà une histoire que je t'ay voulu dire pour mieux t'asseurer que le sel a vertu de congeler et les métaux et les pierres.

Demande.

Puis que tu as cerché la manière de cognoistre ainsi les pierres et cailloux et l'effet de leur essence, me sçaurois-tu donner quelque raison des douze pierres rares, lesquelles Sainct Jean, en son Apocalypse, prend comme par une figure des douze fondemens de la Saincte Cité de Jérusalem? Car il faut entendre que les douze pierres sont dures et indissolubles, puis que Sainct Jean les prend par figure d'un perpétuel bastiment.

Responce.

Le Jaspe, qui est une desdites pierres, est une eau qui a passé par beaucoup de terres, et, en passant, ell . prins la substance salcitive, et est tombée sur un certain réceptacle, et, estant ainsi cheute, devant qu'estre congelée sont tombées autres gouttes d'eau, qui, en passant à travers des terres, ont trouvé quelque espèce de marcacites, ou métaux parfaicts, et, ayant prins teinture ès choses susdites, les gouttes d'eau, qui estoyent ainsi teintes, sont cheutes sur l'autre eau, et ainsi l'eau teinte, tombant sur la blanche, a fait plusieurs figures, ydées, ou damasquinées, en ladite pierre de jaspe. Et, parce qu'une partie de l'eau a apporté avec soy une substance de sel métallique, la congélation de la pierre s'est faite merveilleusement dure, et sa dureté est cause que, quand ladite pierre est polic, le polissement est merveilleusement beau et ses figures fort plaisantes.

Quant est du Calcidoine, je t'en dis en cas pareil.

La Thopasse est une eau, qui aussi a passé par quelque minière de fer, où elle a prins sa teinture jaune, et de là vient que la substance metallique luy donne quelque dureté davantage.

L'Esmeraude est une eau fort nette, qui a passé à travers des minières d'airain, ou de couppe-rose, de laquelle l'airain est fait, et là a prins sa teinture de verre et le sel qui a causé sa congélation ; car ladite couppe-rose n'est autre chose que sel, qui est tousjours tesmoignage de ce que je t'ay dit cy devant.

La Turquoise est aussi une eau, qui a distillé et passé par certaines veines des minières d'airain et de saphre, et de là vient qu'elle tient aucunement couleur des deux espèces des minéraux, et y a parmi lesdites especes quelque quantité de terre, qui cause que ladite pierre n'a point de transparence comme l'Esmeraude.

Le Saphyr est, comme dessus, une eau bien pure ; mais, parce

qu'elle a passé par quelque minière de saphre, elle tient un peu
de la couleur et teinture dudit saphre.

Le Diamant n'est autre chose qu'une eau comme le cristal;
mais il est congelé par quelque rare espèce de sel, pur et monde,
lequel est tellement endurci en sa congélation qu'il est plus dur
que nulle des autres pierres, et faut yci noter que son excellente
beauté procède en partie de sa dureté, et ce, d'autant que le polissement est plus beau, d'autant plus que la pierre est dure. Les
lapidaires disent ainsi : « Voilà un diamant qui a une belle eau. »
Ils parlent bien, mais il y a du cristal que, s'il estoit ainsi dur
qu'est le Diamant, il se trouveroit aussi lumineux et excellent en
beauté comme le Diamant, et ne cognoistroit-on aucunement la
différence de l'un avec l'autre.

Demande.

Jusques icy tu as tousjours persisté, en disant qu'en toutes espèces de pierres il y avoit du sel. J'en ay rompu plusieurs, et
principalement certains cailloux, qui avoyent la propre semblance de sel ; toutesfois, quand je tastois à la langue, je n'y
trouvois aucune saveur.

Responce.

Cela n'empesche point qu'il n'y aye du sel. Si tu tastes à la
langue une pesle d'airain, tu n'y trouveras aucun goust; toutesfois l'airain est venu de couppe-roze, qui n'est autre chose que
sel. Veux-tu bien savoir la cause pourquoy, en tastant à la
langue, tu n'aperçois aucun goust de sel? La cause est parce que
les matières sont si bien fixes qu'elles ne se peuvent dissoudre
par l'humidité de la langue, comme fait le sel commun. Le sel
commun, la couppe-roze, le vitrial, l'alun, le sel harmonial, et
le sel de tartare, toutes ces especes, soudain qu'elles sont, tant
peu soit-il, humectées du bout de la langue, elles se dissondent,
et lors la langue trouve aisément le goust, parce que l'humidité
de ladite langue fait attraction et dilate les parties de toutes ces
espèces de sel ; mais, quand un sel est bien fixe avec l'eau et la
terre, ou autres choses à luy jointes, lors il ne se peut dissoudre
que par bonne philosophie, ou par le moyen et pratique de
philosophie. Exemple. Le verre est, la plus grand partie, de sel

et d'eau ; je dis de sel, à cause du salicor qui est un sel d'herbe ;
après, je dis d'eau, parce que les cailloux, ou sable, joints au
sel de salicor, sont partie d'eau et de sel. Or est-il ainsi que, si
tu tastes un verre à la langue, tu n'as garde de le trouver salé,
combien que ce ne soit la plus grande partie que sel. Qui est
donc la cause que l'humidité de la langue ne peut faire attraction de la saveur dudit sel? C'est pour la mesme cause que
j'ay dit, que les matières terrestres, aiveuses et salcitives, sont
si bien jointes ensemble qu'elles ne se peuvent dissoudre,
sinon par industrie et pratique. Un jour un alchimiste trouva
fort estrange que je luy dis que je tirerois du sel d'un verre ;
il pensoit estre bon philosophe, mais il n'avoit pas encore
pratiqué jusque-là, combien que la chose fust assez aisée. Je
ne te parleray plus de ces choses, sachant bien que, si tu ne
reçois les raisons que je t'ay données, ce seroit folie de t'en
monstrer d'avantage.

Demande.

Je ne t'en feray aussi plus de question, mais je voudrois que
tu m'eusses dit quelque chose de l'essence des métaux.

Responce:

C'est une règle, bien accordée entre les philosophes, que les
métaux sont engendrez de souphre et d'argent vif, ce que je leur
accorde ; ce néantmoins, il y a quelque espèce de sel qui aide à
la congélation. Nous ne pouvons nier que l'argent, l'estain, le
plomb et le fer, ne tiennent la plus grand part de la couleur et
du poids de l'argent vif. Item nous savons qu'auparavant que
les métaux soyent purifiez ils sentent le souphre, et toutesfois
je ne puis accorder que le souphre, qui estoit à la minière d'argent, soit fixé avec ledit argent, parce que les orphèvres disent
que le souphre empesche de souder l'argent et est grandement
ennemi de la forge d'argent. Bien croiray-je que ledit souphre
aye aidé à la descoction dudit argent, et qu'ainsi que la minière
estoit à la fournaise, le souphre se soit exhallé. Quant est de
l'or, les philosophes disent qu'il est engendré de souphre rouge
et de vif argent, voulans dire par là que le souphre rouge a donné
la teinture à l'or. Quant est de moy, je ne vi onques souphre

rouge : mais, quand ainsi seroit qu'il s'en trouveroit quantité,
si ne pourrois-je accorder que l'or print sa teinture dudit souphre ;
car il faut nécessairement que ce qui a teint ledit o, soit de plus
haute couleur que rouge, car un rouge ne peut augmenter un
autre rouge sans se palesir. Je crois plustost que la teinture de
l'or seroit venue de l'antimoine que non pas du souphre, et
ce à cause que sa teinture jaune est de si haute couleur qu'une
livre d'antimoine pourra teindre un grand nombre de livres d'argent vif, ou autre métal blanc.

   Je suis fort esmerveillé comment on peut croire que l'or puisse
servir à restaurer les personnes sans estre dissout ; c'est pour
les mesmes causes que je t'ay dit que tu ne peus trouver le goust
du sel, si premièrement il ne se dissout. Et, si ainsi est qu'on ne
trouve point de saveur ès pierres salées ausquelles le sel est fixé
parfaitement, combien moins de goust trouvera un malade en
l'or, s'il n'est dissout? Or il est ainsi qu'il n'y a rien plus fixe
que l'or ; tu l'as beau tremper et bouillir, tu n'as garde de le
dissoudre. Il me semble que la nourriture de l'homme est en ce
que son estomac cuist et dissout les choses qu'il prend par la
bouche, et puis la substance se départ par toutes les parties du
corps, et voilà une nourriture et restaurant. Mais comment l'estomac d'un homme débile, et quasi mort, pourra-t-il dissoudre
l'or et le départir par toutes les parties de son corps, veu que
les fournaises, voire mesme eschauffées d'une chaleur plus que
violente, ne le peuvent consommer? Il faudroit que l'estomac de
l'homme malade fust plus chaut que les fournaises, ou je n'y entens rien. Vray est qu'aucuns philosophes alchimistes disent
savoir rendre l'or en eau par quelque dissolution ; véritablement,
s'ils le peuvent dissoudre, il est potable. Or venons à present
à sçavoir si, estant potable, il peut servir de nourriture.

   Les philosophes disent qu'il est de souphre et d'argent vif ;
estant donc dissout, ce sera du souphre et de l'argent vif que tu
donneras à boire aux malades ; autre chose n'en peux-tu tirer
que ce qui y a esté mis, et toutesfois tu dis que le vif argent est
une poison. Veux-tu donc nourrir le malade de poison, pour le
restaurer? Je ne puis entendre autrement cest affaire : parquoy,

je m'en tairay pour le présent, et le laisseray disputer à ceux
qui le croyent autrement que moy.

Demande.

Comment oses-tu tenir un tel propos contre la commune opinion de tous les médecins? Car il ne fut onques qu'on ne fist du
restaurant d'or.

Responce.

Je ne t'ay pas dit mal des médecins. J'en serois bien marri,
car il y en a en ceste ville à qui je suis grandement tenu, et singulièrement à monsieur l'Amoureux, lequel m'a secouru de ses
biens et du labeur de son art. Toutesfois, comme par une manière
de dispute, ils ne doivent trouver mauvais si je dis ce qu'il m'en
semble.

Je say bien que plusieurs médecins et apoticaires ont fait
bouillir de l'or dans les ventres des chapons gras pour restaurer les malades, et disoyent que l'or se diminuoit, ce qu'on
n'a garde de me faire croire; tu l'as beau bouillir et fricasser, tu
n'as garde de le faire amoindrir de poids. Si le sel ou gresse du
pot fait trouver sa couleur plus pâle sur la superficie seulement,
cela ne fait rien contre mon opinion. Si l'or se pouvoit diminuer
en bouillant, les alchimistes auroyent gagné le prix, et ne se faudroit tant travailler pour dissoudre l'or; car, après qu'ils en auroyent fait bouillir une grande quantité, ils prendroyent l'eau où
ledit or auroit esté bouilli, et, ayant fait évaporer l'humide, ils
trouveroyent l'or au fond de leur vaisseau, duquel ils se serviroyent à ce qu'ils prétendent.

Je te demande : Sais-tu que c'est à dire restaurant? N'est-ce pas
à dire nourriture et réparation de nature? Veux-tu un peu penser
l'effet et le naturel des choses qui restaurent les corps des humains?
Considère un peu toutes les choses qui sont bonnes à manger et à
restaurer, et tu trouveras que, soudain qu'elles sont sur la langue, elles se commencent à dissoudre, car autrement la langue
ne pourroit juger de la saveur de la chose. Et, si la langue ne reçoit
aucune saveur ni goust, bon ne mauvais, de ce qui luy est présenté, tu peux par là aisément juger que le ventre ne l'estomac
ne pourront aussi recevoir quelque saveur de ce qui leur sera

présenté. Considère aussi que nulle chose n'est bonne pour nourriture que d'elle-mesme ne soit sujette à s'eschauffer, corrompre, et putréfier ; c'est un argument bien notable pour soustenir mon propos. Or il est ainsi que l'or n'est sujet à nul de ces accidens : tu as beau appiler des escus ensemble, ils n'ont garde de s'eschauffer ne putréfier, comme font les choses bonnes à manger. Que diras-tu là ? As-tu quelque chose pour légitimement contredire à ce propos ?

Peut-estre que tu diras qu'il faut croire les doctes et anciens, qui ont escrit ces choses il y a un bien long temps, et qu'il ne se faut arrester à mon dire, d'autant que je ne suis ne grec, ne latin, et que je n'ay rien veu des livres des médecins. A ce je respons que les Anciens estoyent aussi bien hommes comme les Modernes, et qu'ils peuvent aussi bien avoir failli comme nous. Et, qu'ainsi ne soit, regarde un peu les œuvres d'Ysidore, et du Lapidaire, et de Dioscorides, et plusieurs autres autheurs anciens. Quand ils parlent des pierres rares, ils disent que les unes ont vertu contre les diables, et les autres contre les sorciers, et les autres pour rendre l'homme constant, plaisant, beau et victorieux en bataille, et plus d'un millier d'autres vertus qu'ils attribuent ausdites pierres. Je te demande : N'est-ce pas une fausse opinion, et directement contre les authoritez de l'Escriture Saincte ? Si ainsi est que ces docteurs anciens et tant excellens ayent erré en parlant des pierres, pourquoy est-ce que tu voudrois me nier qu'ils ne puissent avoir erré en parlant de l'or ?

Si tu dis que peut-estre que l'or, estant dans le corps, a pouvoir d'attirer à soy les mauvaises humeurs, comme l'émant tire le fer, je te demande, Pourquoy est-ce donc que tu le sépares en tant de parties : Car les uns le mangent estant limé, et les autres battu par fucilles et despecé bien menu. Or, si l'émant estoit ainsi pulvérisé, il n'auroit pouvoir d'attirer le fer, comme il a, estant joint en une masse.

Par quoy je conclus que, si on ne me donne meilleure raison que celles que j'ay alléguées, je ne saurois croire que l'or seust restaurer un malade, non plus que feroit du sable dedans l'estomac, et ce d'autant qu'il est impossible à nul estomac le pouvoir dissoudre.

Demande.

Dès le premier commencement de nostre propos, tu m'as dit que tu cerchois un lieu montueux pour édifier un jardin de plaisance. Tu sais que j'ay trouvé fort estrange une telle opinion, et toutesfois tu ne m'as aucunement contenté, comme des autres choses que nous avons parlé. Je voudrois te prier de m'en donner quelque raison.

Responce.

Es-tu encore si ignorant que tu ne saches qu'il ne fût jamais montagne qu'au pied d'icelle n'y eust une vallée? Quand je t'ay dit que je cerchois un lieu montueux pour édifier mon jardin, je ne t'ay pas dit que je voulois faire le jardin sur la montagne; mais, pour avoir la commodité du jardin, il faut nécessairement qu'il y aye des montagnes auprès d'iceluy.

Demande.

Je te prie me faire un discours de l'ordonnance du jardin que tu veux édifier.

Responce.

Le propos sera bien prolixe, mais toutesfois je te le feray assez bien entendre.

Il est impossible d'avoir un lieu propre pour faire un jardin qu'il n'y aye quelque fontaine, ou ruisseau, qui passe par le jardin, et pour ceste cause je veux eslire un lieu planier, au bas de quelque montagne ou haut terrier, à fin de prendre quelque source d'eau dudit terrier, pour la faire dilater à mon plaisir par toutes les parties de mon jardin, et alors, ayant trouvé telle commodité, je designeray et ordonneray mon jardin de telle invention que jamais homme n'a veu le semblable. Et m'asseure qu'ayant trouvé ce lieu je feray un autant beau jardin qu'il en fût jamais sous le ciel, hors-mis le jardin de Paradis terrestre.

Demande.

Et où penses-tu trouver un haut terrier, où il y aye quelque source d'eau, et une plaine au bas de la montagne, comme tu demandes?

Responce.

Il y a en France plus de quatre mille maisons nobles, où ladite commodité se pourroit aisément trouver, et singulièrement le long des fleuves, comme tu dirois le long de la rivière de Loire, le long de la Gironde, de la Garonne, du Lot, du Tar et presque le long des autres fleuves; cela n'est point impossible. Quant à la commodité, je penserois trouver bien tost un lieu commode le long d'une rivière.

Demande.

Di moy donc comment tu prétens orner ton jardin, après que tu auras acheté la place.

Responce.

En premier lieu, je marqueray la quadrature de mon jardin, de telle longueur et largeur que j'aviseray estre requise, et feray ladite quadrature en quelque plaine, qui soit environnée de montagnes, terriers, ou rochers, devers le costé du vent de Nord et du vent d'Ouest, à fin que lesdites montagnes, terriers, ou rochers, me servent ès choses que je te diray cy après. J'aviseray aussi de situer mon jardin au dessous de quelque source d'eau, sortant desdits rochers et venant de lieu haut, et, ce fait, je feray madite quadrature. Mais, quoy qu'il soit, je veux édifier mon jardin en un lieu où il y aye une prée par dessous, pour sortir aucunesfois dudit jardin en la prée, et ce pour les causes qui seront desduites cy après. Et, ayant ainsi fermé la situation du jardin, je viendray lors à le diviser en quatre parties esgales, et, pour la séparation desdites parties, il y aura une grand hallée, qui croisera ledit jardin, et aux quatre bouts de ladite croisée, il y aura à chacun bout un cabinet, et, au milieu du jardin et croisée, il y aura un amphithéatre, tel que je te diray cy après. Aux quatre anglets dudit jardin, il y aura en chacun un cabinet, qui sont, en nombre, huit cabinets et un amphithéatre qui seront édifiez au jardin; mais tu dois entendre que tous les huit cabinets seront diversement estoffez, et de telle invention qu'on n'en a encore jamais veu, ni ouy parler. Voilà pourquoy je veux ériger mon jardin sur le psaume cent quatre, là où le Prophète descrit les œuvres excellentes et merveilleuses de Dieu, et, en les contemplant, il s'humilie devant luy et commande à son âme de louër le Seigneur en toutes ses merveilles. Je veux aussi édifier ce jardin admirable à fin de donner occasion aux hommes de se rendre amateurs du cultivement de la terre, et de laisser toutes occupations, ou délices vicieux et mauvais trafics, pour s'amuser au cultivement de la terre.

Demande.

Je te prie me désigner ou me faire un discours de ces beaux cabinets, que tu prétens ainsi eriger.

Responce.

En premier lieu, tu dois entendre que je feray venir la source d'eau, ou partie d'icelle, du rocher aux huict cabinets susdits, ce qui me sera assez aisé à faire : car, ainsi que l'eau distillera de la montagne ou rocher, je prendray sa source et la mène- ray, par toutes les parties de mon jardin, où bon me semblera, et en donneray à chacun cabinet une portion, ainsi que je verray estre nécessaire, et édifieray mes cabinets de telle invention que de chacun d'eux sortira plus de cent pisseures d'eau, et ce, par les moyens que je te feray entendre en te faisant le discours de la beauté des cabinets. Venons donc au discours de tous mes ca- binets l'un après l'autre.

Du premier Cabinet.

Le premier cabinet, qui sera devers le vent du Nord, au coin et anglet du jardin, au bas et joignant le pied de la montagne ou rocher, je le bastiray de briques cuites; mais elles seront for- mées de telle sorte que ledit cabinet se trouvera ressembler la forme d'un rocher, qu'on auroit creusé sur le lieu mesme, ayant par le dedans, plusieurs siéges concaves au dedans de la muraille, et, entre-deux d'un chacun des siéges, il y aura une colomne, et, au-dessous d'icelle, un piédestal, et, au dessus des testes des chapiteaux des colomnes, il y aura un architrave, frise et cor- niche, qui régnera autour dudit cabinet; et, au long de la frise, il y aura certaines lettres antiques pour orner ladite frise, et aussi au long de ladite frise, y aura en escrit: DIEU N'A PRINS PLAISIR EN RIEN, SINON EN L'HOMME AUQUEL HABITE SAPIENCE. Et ainsi mon cabinet aura ses fenestres devers le costé du Midi, et seront les- dites fenestres et entrée dudit cabinet en manière d'un rocher ; aussi ledit cabinet sera, du costé du Nord et du costé de Ouest,

massonné contre les terriers, ou rochers, en telle sorte qu'en
descendant du haut terrier on se pourra rendre sur ledit Cabinet
sans cognoistre qu'il y aye aucun bastiment dessous, et, à fin de
rendre ledit cabinet plus plaisant, je feray planter, sur la voste
d'iceluy, plusieurs arbrisseaux, portans fruits bons pour la nourriture des oiseaux, et aussi certaines herbes desquelles ils sont
amateurs de la graine, à fin d'accoustumer lesdits oiseaux à se
venir reposer et dire leurs chansonnettes sur lesdits arbrisseaux,
pour donner plaisir à ceux qui seront au dedans dudit cabinet et
jardin.

Et le dehors dudit cabinet sera massonné de grosses pierres
de rochers, sans estre polies, ni incisées, à fin que le dehors
dudit cabinet n'aye en soi aucune forme de bastiment, et, en
massonnant le dehors dudit cabinet, j'amèneray un canal d'eau,
lequel je feray passer au dedans de la muraille, et, estant ainsi
massonné dans le mur, je le dilateray en plusieurs parties de
pisseures, qui sortiront par le dehors dudit cabinet en telle sorte
que ledit cabinet ressemblant un rocher, on pensera que lesdites
pisseures sortent dudit cabinet sans aucun artifice, à cause que
le dehors d'iceluy cabinet semblera un rocher, et lesdites pisseures, estans cheutes, se rendront à un certain lieu que je te
diray cy après; mais je te veux premièrement discourir la beauté
du polissement du dedans du cabinet.

Quand le cabinet sera ainsi massonné, je le viendray couvrir
de plusieurs couleurs d'esmails, depuis le sommet des vostes
jusques au pied et pavé d'iceluy; quoy fait, je viendray faire un
grand feu dedans le cabinet susdit, et ce jusques à tant que lesdits esmails soyent fondus ou liquifiez sur ladite massonnerie.
Et ainsi les esmails en se liquifiant couleront, et en se coulant
s'entremesleront, et en s'entremeslant ils feront des figures et
ydées fort plaisantes, et le feu estant osté dudit cabinet, on trouvera que lesdits esmails auront couvert la jointure des briques,
desquelles le cabinet sera massonné, et en telle sorte que ledit
cabinet semblera par le dedans estre tout d'une pièce, parce
qu'il n'y aura aucune apparition de jointures. Et si sera ledit
cabinet luisant d'un tel polissement que les lizers et langroltes

qui entreront dedans se verront comme en un miroir, et admireront les statues ; que si quelqu'un les surprend, elles ne pourront monter au long de la muraille dudit cabinet à cause de son polissement. Et, par tel moyen, ledit cabinet durera à jamais, et n'y faudra aucune tapisserie, car sa parure sera d'une telle beauté comme si elle estoit d'un jaspe, ou porfire, ou calcédoine bien poli.

Du second Cabinet.

Le second cabinet, qui sera en l'autre coin ou anglet, qui aura aussi son regard devers la partie méridionale, sera, par le dehors, de semblable ornement et parure que le premier ; aussi, par dessus sa voste, il y aura certains arbrisseaux plantez ainsi que je t'ay dit du premier ; aussi le dedans dudit cabinet sera tout massonné de briques, mais lesdites briques seront massonnées et façonnées d'une telle industrie qu'il y aura au dedans du bastiment plusieurs figures de termes qui serviront de colomnes, et seront posez lesdits termes sur un certain embassement, qui servira de siége pour ceux qui seront assis dedans ledit cabinet, et, au dessus desdites figures de termes, il y aura un architrave, frise et corniche, qui règnera à l'entour du dessus desdites figures, et au dedans de la frise y aura plusieurs grandes lettres antiques, et y aura en escrit : LA CRAINTE DE DIEU EST LE COMMENCEMENT DE SAPIENCE. Lesdits termes, qui feront gestes et grimaces estranges, seront esmaillez de plusieurs et diverses couleurs, qui seroyent trop longues à desduire ; aussi tout le résidu dudit cabinet sera esmaillé de diverses couleurs d'esmails, et, tout ainsi que je t'ay dit que les esmails du premier cabinet seroyent fondus sur le lieu mesme, ainsi en sera fait de cestuy second, et ce à fin que les jointures et la massonnerie ne soit apperçeuë, et que le tout luise comme une pierre cristaline.

Du troisième Cabinet.

Le troisième cabinet, qui sera à l'autre coin, devers la partie du midy, du costé de la prairie, sera vosté et couvert des terres et arbres en telle forme que le premier ; aussi sortira du dehors du cabinet plusieurs pisseures d'eau comme du premier, et le

dedans sera aussi massonné de briques; mais sa façon sera différente aux autres; car il sera tout rustique, comme si un rocher
avoit esté creusé à grands coups de marteaux. Toutesfois, il y
aura, tout à l'entour dudit cabinet, certaines concavitez creusées
dedans la muraille, qui serviront de siéges, et au dessus il y
aura espèce ou manière d'architrave, frise et corniche, non pas
proprement insculpées, mais comme qui se moqueroit en les
formant et les insculpant à grans coups de marteaux; toutesfois
elles auront quelque apparence, et seront gravées certaines
lettres antiques au long de ladite frise qui dénoteront que la
Sapience n'habitera point au corps sujet à péché, ni en l'âme
mal affectionnée. Or ce cabinet sera couvert d'un esmail blanc
maderé, moucheté et jaspé de diverses couleurs par dessus ledit
blanc, de telle sorte que lesdits esmails et diversitez de couleurs
couvriront les jointures des briques et de la massonnerie. Et
ainsi ledit cabinet apparoistra estre tout d'une mesme pièce
comme le premier, et ses esmails seront luisans et plaisans
comme ceux du premier et second.

Du quatrième Cabinet.

Le quatrième cabinet sera massonné de briques comme les
trois susdits, mais la façon sera fort différente des trois premiers·
car il sera massonné, par le dedans, d'une telle industrie qu',
semblera proprement que ce soit un rocher, qui auroit esté cavé
pour tirer la pierre du dedans. Or ledit cabinet sera tortu,
bossu, ayant plusieurs bosses et concavitez biaises, ne tenant
aucune apparence ni forme d'art d'insculpture, ni labeur de
main d'homme, et seront les vostes tortues de telle sorte qu'elles
auront quelque apparence de vouloir tomber, à cause qu'il y
aura plusieurs bosses pendantes. Toutesfois, parce qu'aux trois
susdits il y a à chacun d'iceux une authorité notable escrite et
prinse en *la Sapience*, en ce quatrième cy sera escrit : SANS
SAPIENCE EST IMPOSSIBLE DE PLAIRE A DIEU. Et ledit cabinet sera
comme d'un esmail de couleur d'un calcidoine jaspé, maderé et
moucheté d'un esmail blanc, qui, en se fondant ou liquifiant,
fera plusieurs veines, figures et idées estranges, en se dilatant

et dissoudant d'en haut au bas dudit cabinet, et, en ce faisant, il couvrira les jointures des briques, desquelles ledit cabinet sera massonné, en telle sorte qu'il semblera qu'il soit d'une mesme pièce comme les trois susdits, et par le dehors sera massonné de grosses pierres, telles comme elles seront prinses au rocher, sans estre aucunement taillées ni façonnées, à fin que le dehors dudit cabinet ressemble proprement un rocher naturel. Et, parce que ledit cabinet sera érigé joignant le pied de la montagne, qui est devers le costé du Ouëst, en l'anglet qui est devers le Midi, ice-luy cabinet estant dessus couvert de terre et ayant plusieurs arbres plantez sur ladite terre, il y aura bien peu d'apparence de bastiment, parce qu'en descendant du terrier haut on pourra marcher sur la voste dudit cabinet, sans appercevoir qu'il y aye aucune forme de bastiment. Et, tout ainsi que je t'ay dit qu'au premier cabinet il y auroit plusieurs pisseures d'eau qui sortiront de la muraille par le dehors, aussi en ce quatrième en sortira abondamment, qui sera chose de grande récréation. Et, ainsi qu'au premier cabinet je t'ay dit qu'il y auroit certains arbres portans fruits pour les oiseaux, il y en aura aussi à ce quatrième cy. Aussi les fenestres seront de telle monstruosité que les pre-mières. Voilà le discours des quatre cabinets.

Des Cabinets qui seront aux quatre bouts de la croisée, qui traversera le milieu du jardin du travers et du long.

Quant est de ces quatre cabinets cy, ils seront faits de certains hommeaux, que je planteray tout à l'entour de la circonférence de la place, que j'auray pourtraite pour la grandeur de mes cabinets susdits, et, combien qu'au commencement de mon pro-pos tu pourras per' estre juger en toy-mesme que ce n'est rien de nouveau que e faire des cabinets d'hommeaux ou autres arbres, toutesfois, si tu veux ouyr patiemment mon propos, je te feray bien entendre que ce sera une grandissime chose, voire telle qu'homme n'a veu la semblable. Ayes donc patience, et ne me redargue point de prolixité.

Au premier des quatre cabinets, qui seront ainsi faits d'hom-meaux, y aura, au dedans et dessous la couverture des branches desdits cabinets, à chacun un rocher, qui sera massonné avec la muraille de la closture du jardin. Ce premier rocher donc, qui sera au cabinet du costé du vent de Nord, sera faît de terre cuite, insculpée et esmaillée, en façon d'un rocher tortu, bossu, et de diverses couleurs estranges, ainsi que je fay la Grotte de Monseigneur le Connestable, non pas proprement d'une telle ordonnance, parce que ce n'est pas aussi un œuvre semblable. Note donc qu'au bas et pied du rocher, il y aura un fossé naturel, ou réceptacle d'eau, qui tiendra autant en longueur comme ledit rocher. Pour ceste cause, je feray plusieurs bosses en mon rocher, le long dudit fossé, sur lesquelles bosses je mettray plusieurs grenouilles, tortues, chancres, escrevisses, et un grand nombre de coquilles de toutes espèces, à fin de mieux imiter les rochers. Aussi y aura plusieurs branches de coural, duquel les racines seront tout au pied du rocher, à fin que lesdits couraux ayent apparence d'avoir creu dedans ledit fossé.

Item, un peu plus haut dudit rocher, y aura plusieurs troux et concavitez, sur lesquelles y aura plusieurs serpents, aspics et vipères, qui seront couchées et entortillées sur lesdites bosses et au dedans des troux. Et tout le résidu du haut du rocher sera ainsi biais, tortu, bossu, ayant un nombre d'espèce d'herbes et de mousses insculpées, qui coustumièrement croissent ès rochers et lieux humides, comme sont scolopendre, capilli Veneris, adianthe, politricon, et autres telles espèces d'herbes, et au dessus desdites mousses et herbes, il y aura un grand nombre de serpents, aspics, vipères, langrotes et lizers, qui ramperont le long du rocher, les uns en haut, les autres de travers, et les autres descendans en bas, tenans et faisans plusieurs gestes et plaisans contournemens. Et tous lesdits animaux seront insculpez et esmaillez si près de la nature que les autres lizers naturels et serpents les viendront souvent admirer, comme tu vois qu'il y a un chien, en mon hastelier de l'art de terre, que plusieurs autres chiens se sont prins à gronder à l'encontre, pensans qu'il fust naturel. Et dudit rocher distillera un grand nombre de pisseures d'eau, qui tomberont dedans le fossé qui sera dans ledit cabinet, auquel fossé y aura un grand nombre de poissons naturels, et des grenouilles et tortues. Et, par ce que sur le terrier, joignant ledit fossé, il y aura plusieurs poissons et grenouilles insculpées de mon art de terre, ceux qui iront voir ledit cabinet cuideront que lesdits poissons, tortues, et grenouilles soyent naturelles et qu'elles soyent sorties dudit fossé, d'autant qu'audit fossé il y en aura de naturelles.

Aussi audit rocher sera formé quelque espèce de buffet, pour tenir les verres et coupes de ceux qui banqueteront dans le cabinet. Et par un mesme moyen seront formez audit rocher certains parquets et petis réceptacles pour faire rafreschir le vin pendant l'heure du repas, lesquels réceptacles auront tousjours l'eau froide à cause que, quand ils seront pleins à la mesure ordonnée de leur grandeur, la superfluité de l'eau tombera dedans le fossé, et ainsi l'eau sera toujours vive dedans lesdits receptacles. Aussi audit cabinet y aura une table, de semblable estoffe que le rocher, laquelle sera assise aussi sur un rocher, et sera ladite table en façon ovale, estant esmaillée, enrichie, et colorée de diverses couleurs d'esmail, qui luiront comme un cristallin. Et ceux, qui seront assis pour banqueter en ladite table, pourront mettre de l'eau vive en leur vin sans sortir dudit cabinet, ains la prendront ès pisseures des fontaines dudit rocher.

Et quant est à present des hommeaux, qui feront la closture et couverture dudit cabinet, ils seront mis et dressez par un tel ordre que les jambes des hommeaux serviront de colomnes, et les branches feront un architrave, frise et corniche, et tympane, et frontespice, en observant l'ordre de la massonnerie.

Demande.

Véritablement je pense que tu es insensé de vouloir observer les reigles d'architecture ès bastimens faits d'arbres, et tu sçais que les arbres croissent tous les jours et qu'ils ne peuvent tenir longuement quelque mesure que tu leur saurois donner, et nous savons que les anciens architectes n'ont rien fait qu'avec certaines mesures et grandes considérations, tesmoins Victruve et Sébastiane, qui ont fait certains livres d'architecture.

Response.

Tu te devois bien esfrayer et eslever contre moy. Tu as allegué
de belles raisons pour me prouver d'estre insensé et mespriser
l'invention de mon jardin, veu que c'est une chose de si grande
estime. Si tu as leu les livres que tu dis d'architecture, tu trouveras que les anciens inventeurs des excellens édifices ont prins
leurs pourtraits et exemplaires de leurs colomnes ès arbres et
formes humaines, et, qu'ainsi ne soit, mesure un peu leurs
colomnes, et tu trouveras qu'elles sont plus grosses par le bas
de la jambe que non pas en haut, qui est une des raisons qu'ils
ont prins en formant leurs colomnes. Et aussi les colomnes faites
d'arbres seront trouvées tousjours plus rares et excellentes que
non pas celles des pierres, et, si tu veux tant honorer celles des
pierres que tu les vueilles préférer à celles qui seront faites de
jambes d'arbres, je te diray que c'est contre toute disposition du
droit divin et humain; car les œuvres du souverain et premier
édificateur doivent estre en plus grand honneur que non pas celle
des édificateurs humains. Item, tu sais qu'une pourtraiture qui
aura esté contrefaite à l'exemple d'une autre pourtraiture, la
contrefacture ou pourtraiture qui aura esté faite ne sera jamais
tant estimée comme l'original sur lequel on aura prins le pourtrait. Par quoy les colomnes de pierre ne se peuvent glorifier
contre celles de bois, ne dire : « Nous sommes plus parfaites, »
et ce, d'autant que celles de bois ont engendré, ou pour le moins
ont aprins à faire celles de pierre. Et, 'puis que le souverain
géometrien et premier édificateur y a mis la main, il les faut plus
estimer que celles des pierres, quelques rares qu'elles soyent,
hors-mis qu'elles fussent de pierre de jaspe, ou d'autres pierres
rares.

Demande.

Voire, mais les colomnes des pierres qui ont esté insculpées
par nos anciens édificateurs, elles ont chacune un chapiteau, pour
imiter la teste de l'humaine nature. Aussi les anciens édificateurs
ont insculpé, au pied d'une chacune desdites colomnes, une basse,
qui signifie le pied de l'homme. Et, quand ceux de Corinthe
inventèrent leurs genres de colomnes, desquelles ils édifièrent le

temple de la grand Diane qui estoit un merveilleux bastiment,
ils firent au corps de leurs colomnes certains canaux et voyes
creuses, qui dénotoyent les plis et froncis des robes et cotes de
leur déesse Diane. Aussi au chapiteau de leurs colomnes, ils
mirent certains roleaux, façonnez en manière d'une ligne aspi-
ralle, lesquels entortillemens signifioyent les cheveux et coiffure
de ladite Diane. Voilà comment nos anciens édificateurs n'ont
rien fait sans grande considération et raison bien asseurée. Mais
toy, quelle raison, mesure ni ordre pourrois-tu tenir à ton bastiment fait de pieds et branches d'hommeaux, veu que lesdits
hommeaux augmentent tous les jours en grosseur et hauteur?

Responce.

Pour vray, je pense que tu as une teste sans cervelle. N'as-tu
point considéré tant de beaux jardins, qui sont en France,
ausquels les jardiniers ont tondu les romarins, lizos, et plusieurs
autres espèces d'herbes? Les unes auront la forme d'une grue,
les autres la forme d'un coq, les autres la forme d'une oye, et
conséquemment de plusieurs autres espèces d'animaux; et mesme
j'ai veu, en certains jardins, qu'on a fait certains gens-d'armes
à cheval et à pied, et grand nombre de diverses armoiries, lettres
et devises; mais toutes ces choses sont de peu de durée, et les
faut refaçonner souvent. Si ainsi est que les choses, qui sont de
peu de profit et de petite durée, soyent tant estimées, combien
penses-tu que le bastiment de mes cabinets méritera d'estre
estimé, veu que la chose sera de longue durée, et aisée à entretenir, utile et profitable voire si profitable que, quand par vieillesse elle sera inutile au bastiment et closture desdits cabinets,
si est ce qu'encore les colomnes auront grandement profité, à
cause du bois qu'elles rendront à son possesseur. Et, quant est
de l'entretien, tant il s'en faut qu'il ne soit de si grands frais
que celuy des petites herbes sus escrites, car ces petites herbes ne
sauroyent tenir leur forme guère longtemps sans estre tondues;
mais les colomnes de mes cabinets dureront pour le moins la vie
d'un homme, ou de deux, sans y faire aucune réparation. Quant
est des branches, il les faudra estausser et arranger une fois ou
deux l'année; c'est pour le plus. Cognois-tu pas par là que mon

bastiment, ainsi fait de pieds d'hommeaux, sera grandement utile, excellent et louable ?

Demande.

Voire, mais je ne puis entendre l'ordre que tu prétens tenir au bastiment et édification de ton cabinet. Fay m'en présentement quelque discours, par lequel je le puisse aisément entendre.

Responce.

Après que les hommeaux seront plantés, jou̅te la quadrature et circonférence de mon cabinet, et que je seray asseuré que lesdits hommeaux auront prins racine, je couperay toutes les branches jusques à la hauteur des colomnes, et, ce fait, je marqueray ou inciseray le pied de l'hommeau à l'endroit où je voudray faire la basse de la colomne; semblablement, à l'endroit de là où je voudray faire le chapiteau, je feray quelque incision, marque ou concussion, et lors Nature, se trouvant grevée en ces deux parties, elle envoyera secours et abondance de saveur et humeur pour renforcer et guérir lesdites playes. Et de là adviendra qu'en ces parties blessées s'engendrera une superfluité de bois, qui causera la forme du chapiteau et basse de la colomne, et, ainsi que les colomnes croistront et augmenteront, la forme aussi du chapiteau et basse augmentera.

Voilà comment les jambes des hommeaux auront tousjours une chacune la forme d'une colomne, et, les branches qui auront leur naissance sur le bout dudit chapiteau, je les ployeray de travers, pour se rendre directement depuis la naissance, qui sera sur ledit chapiteau, jusques au dessous du chapiteau de l'autre prochaine colomne, et les branches, ou partie d'icelles, qui seront en la colomne circonvoisine, je les feray directement coucher pour se rendre sur le chapiteau de la première colomne; toutesfois je laisseray tousjours une quantité de branches pour faire les autres membres despendans de la massonnerie et architecture dudit cabinet. Et par tel moyen les premières branches, ainsi couchées d'une colonne à autre, feront directement une forme d'architrave, parce que je leur donneray quelque avancement, en les couchant l'une sur l'autre, pour former les mollures de l'architrave.

Et, quant est de la frise qui s'ensuit après, je ne l'occuperay d'aucunes branches traversantes, mais je prendray premièrement certaines branches de celles que j'auray laissé debout, et, les ayans couchées de la manière des autres, j'en feray la forme de la corniche en telle sorte que je t'ay dit de l'architrave; car je feray avancer les branches par degrez, mesurées par art de Géometrie et Architecture, à fin de faire trouver et apparoistre les mollures de ladite corniche de la mesure que lesdites mollures doivent avoir. Et ainsi, l'architrave et la corniche estans formez à leur raison, la frise demeurera vuide, et, pour l'ornement et excellence de ladite frise, je plieray certaines gittes, qui procéderont de l'architrave et de la corniche, et, en les pliant et arrangeant au dedans de ladite frise, je feray tenir à chacune gitte, ou branche, une forme de lettre antique bien proportionnée.

Et à fin que l'ingratitude ne soit redarguée mesme par les choses insensibles et végétatives, il y aura en escrit en ladite frise une authorité prinse au livre de *Sapience*, où il est escrit que « lorsque les fols periront, ils appelleront la Sapience, et » elle se moquera d'eux, parce qu'ils n'ont tenu conte d'elle » lorsqu'elle les appelloit par les carrefours, rues, lieux, assem- » blées et sermons publics. » Voilà qui sera escrit en ladite frise, à fin que les hommes qui rejetteront Sapience, Discipline, et Doctrine, soyent mesme condamnez par les tesmoignages des ames végétatives et insensibles. Quoy fait, je prendray le résidu des branches, et en formeray un frontespice en chacune face dudit cabinet, et seront les mollures dudit frontespice formées des branches qui resteront, qui sera la fin et total des branches et de la massonnerie. Et, parce qu'en ce faisant les tympanes se trouveront vuides et percez à jour, je mettray à un chacun desdits tympanes une devise de lettres antiques et romaines, lesquelles lettres seront formées de petites gittes qui procèderont des branches de la corniche et du frontespice, et ainsi lesdits tympanes seront enrichis de devises aussi bien que la frise. Et, quant est des devises qui y seront, je les mettray par ordre cy-après.

Pour conclusion, saches que, le cabinet estant ainsi fait, les branches qui croistront au dessus des frontespices et sommité du

bastiment, je les feray coucher l'une sur l'autre d'une telle invention qu'il ne pleuvra aucunement dedans ledit cabinet, non
plus que s'il estoit couvert d'ardoise. Voilà toute l'édification du
premier des quatre cabinets verds.

Du second Cabinet verd.

Le second cabinet verd, qui sera du costé du vent de Es, sera
érigé et construit d'hommeaux en la propre forme que les susdits. Mais le rocher du dedans, qui sera joint avec la muraille de
la cloison et fermure du jardin, sera d'une autre invention;
car il sera massonné de certains cailloux blancs et diaphanes,
lesquels j'ay amassez en plusieurs et divers champs, rochers et
montagnes; et seront lesdits cailloux arrengez et massonnez en
ladite muraille d'un si bel ordre, qu'il y aura plusieurs riches
concavitez et retraites qui serviront d'autant de sièges pour reposer ceux qui iront audit cabinet.

Et d'iceluy rocher sortira un nombre infini de pisseures d'eau,
qui feront mouvoir cetains moulinets, et les moulinets feront
jouer certains soufflets, et les soufflets jetteront leur vent dedans
certains flajols, qui seront dedans un ruisseau qui sera au pied
du rocher, en telle sorte que les soufflets contraindront les flajols
rendre leur voix, eux estans dedans l'eau, dont s'en ensuivront
plusieurs voix de flajols gargouillantes, qui en leur gargouille-
ment imiteront de bien près les chants de divers oiseaux, et singulièrement le chant du rossignol. Or ledit rocher sera tenu luisant
et net, à cause des eaux qui journellement distilleront dessus.

Et quant est de la devise, qui sera en la frise dudit cabinet, il
y aura en escrit : LES ENFANS DE SAPIENCE SONT L'EGLISE DES
JUSTES. *Eccles* 3.

Et, à celle qui sera aux tympanes, dedans le tympane de la
première face, y aura en escrit : LES COGITATIONS PERVERSES SE
SEPARENT DE DIEU. *Sapience 1.*

Et au tympane de la seconde face il y aura en escrit : EN L'AME
MAL AFFECTIONNÉE N'ENTRERA POINT DE SAPIENCE. *Sapience 1.*

Et au tympane de la troisième, y aura en escrit : CELUY EST
MALHEUREUX, QUI REJETTE SAPIENCE. *Sapience 3.*

Du troisième Cabinet verd.

Le troisième cabinet sera erigé comme les deux premiers, et n'y aura rien à dire qu'ils ne se ressemblent, hors-mis le rocher du dedans et fons dudit cabinet; car, parce que ce cabinet cy sera au bout de l'allée devers le costé du vent d'Ouëst au pied de la montagne, le rocher dudit cabinet sera taillé de la mesme pièce de la montagne, et, en le formant et taillant, les secrets des canaux et pisseures d'eau seront encloses, fermées et massonnées au dedans dudit rocher à fin qu'il semble que les eaux sortent naturellement de ce rocher. Mais, pour rendre ledit rocher plus admirable, je feray enchasser dedans ledit rocher plusieurs couraux, tels qu'ils vienent de leur nature, sans estre polis, à fin qu'il semble qu'ils ayent creu audit rocher. Aussi dans iceluy rocher je feray enchasser plusieurs pierres rares, que je feray apporter de divers pays et contrées, comme sont calcidoines, jaspes, porfires, marbres, cristals et autres cailloux riches et plaisans à la veuë, et seront lesdites pierres enchassées en la roche sans aucun polissement, et seront si bien jointes dedans l'incision qu'on fera en ladite roche qu'il n'y aura aucune apparence d'artifice, ains semblera que lesdites choses soyent ainsi venues de sa propre nature. Et d'iceluy rocher sortiront plusieurs pisseures d'eau comme des trois susdits, et dedans ce cabinet cy il y aura une table de quelque pierre rare, laquelle sera assise sur un rocher propre pour cest affaire, auquel rocher seront ainsi enchassées plusieurs et diverses espèces de pierres rares comme dessus.

Et en la frise dudit cabinet sera escrit : LE FRUIT DES BONS LABEURS EST GLORIEUX. *Sapience 3.*

Et au tympane de la première face sera escrit : DESIR DE SAPIENCE MEINE AU REGNE ETERNEL. *Sapience 6.*

Et au tympane de la seconde face sera escrit : DIEU N'AIME PERSONNE QUE CELUY QUI HABITE AVEC SAPIENCE. *Sapience 7.*

Et au troisième et dernier tympane il y aura en escrit : PAR SAPIENCE L'HOMME AURA IMMORTALITÉ. *Sapience 8.*

Et y aura audit cabinet, à dextre et à senestre, plusieurs sièges entre les colonnes, lesquels seront faits de certaines gittes que les racines des hommeaux et colomnes auront produites en bas, car c'est chose certaine que les hommeaux ont en eux ce naturel de produire plusieurs gittes de la racine.

Du dernier Cabinet verd.

Le dernier cabinet, qui sera au bout de l'allée, devers le vent de Sus, sera de la semblable forme que les trois susdits, savoir est d'hommeaux. Mais le rocher, qui sera joignant la muraille de la closture, sera fort estrange et plaisant, car je feray cercher plusieurs pierres et divers cailloux.

Il se trouve souvent, ès ports et havres de ceste mer Océane, plusieurs pierres diverses que les marchands d'estrange pays apportent au fond de leurs navires pour garder qu'il ne soit trop léger, car autrement le navire estant vuide verseroit soudain par la violence des vents, et, quand ils sont arrivez, ils jettent lesdites pierres sur le bord de la mer. Il s'en trouve bien souvent, qui sont toutes semées de petites estincelles ressemblantes argent, et de plusieurs diverses couleurs. Au pays de Poitou s'en trouve de toutes grosseurs, qui sont si très blanches qu'estans rompues elles ont couleur d'un sel blanc ou de sucre fin, et en ay veu d'aussi grosses que barriques. En ce pays de Xaintonge, ès parties limitrofes de la mer, s'en trouve grande quantité, qui, en quelque part ou endroit qu'on les puisse rompre, elles sont toutes pleines de coquilles, qui sont formées en la mesme pierre. Ayant donc amassé un grand nombre de toutes ces diverses pierres, je massonneray mon rocher plus estrangement que les susdits. Je les formeray en telle sorte qu'il y aura par dessus plusieurs vostes, et en icelles y aura plusieurs grandes pierres pendantes, et, pour donner grace audit rocher, il y aura plusieurs piliers qui seront conduits par lignes obliques et indirectes.

Ce rocher sera trouvé fort estrange parce qu'auparavant le massonner, je tailleray plusieurs serpents, aspics et vipères, où par le derrière d'iceux y aura une languette, ou queuë de la mesme estoffe, savoir est de terre, et, ayant cuit et esmaillé lesdits animaux, je les massonneray parmi les cailloux, pierres et rocher, en telle sorte qu'il semblera proprement qu'ils soyent en vie et qu'ils rampent au long dudit rocher. Aussi de mon art de terre je formeray certaines pierres, qui seront esmaillées de couleur de turquoise, lesquelles pierres, ayans une queuë par derriere, seront liées et massonnées avec ledit rocher, et en iceluy rocher je formeray quelque manière d'architrave, frise et corniche, toutesfois sans aucunement tailler les pierres, ains seront massonnées en la propre forme qu'on les trouvera.

Et, à fin de mieux enrichir ledit rocher, je feray que le champ de la frise sera d'une mesme couleur de pierre, et, en massonnant ladite frise, je l'enrichiray de certaines lettres antiques, qui seront formées de petis cailloux ou pierres d'autre couleur que ladite frise. Et en ce faisant, j'escriray une sentence, prise en Esaie le Prophete, chap. 55, qui dit ainsi : VOUS TOUS AYANT SOIF, VENEZ, ET BUVEZ POUR NEANT DE L'EAU DE LA FONTAINE VIVE. Et ladite devise sera convenable en ce lieu, parce que dudit rocher sortira grand nombre de pisseures d'eau, qui tomberont dedans un fossé, qui sera pavé, orné, enrichi et muraillé desdites pierres et cailloux estranges.

Et sur le bord dudit fossé, il y aura une certaine plate-forme, pour mettre les vases, couppes et verres, pour le service dudit cabinet. Et y aura audit cabinet une table sur un pilier et rocher de semblable parure que ledit rocher. Et entre les colomnes et pieds desdits hommeaux, qui feront la cloison et couverture dudit cabinet, y aura plusieurs sièges, de semblable parure et estoffe que le rocher, et, en la frise, qui sera faite de branche d'hommeau, y aura plusieurs lettres comme ès autres susdites, et en cestuy-cy y aura en escrit : LA FONTAINE DE SAPIENCE EST LA PAROLE DE DIEU. *Ecclésiastique 1.*

Aussi semblablement y aura des lettres dedans les trois tympanes, faites par branches d'hommeaux. Au tympane de la première face sera escrit : DILECTION DU SEIGNEUR EST SAPIENCE HONORABLE. *Ecclésiastique 1.*

Au tympane de la seconde face sera escrit : LE COMMENCEMENT DE SAPIENCE EST LA CRAINTE DU SEIGNEUR. *Ecclésiastique 1.*

Item, au tympane de la troisième face, sera escrit : LA CRAINTE

DU SEIGNEUR EST LA COURONNE DE SAPIENCE. *Ecclésiastique 1.*

Voilà ce que je te diray, pour le présent, des huit cabinets qui seront en mon jardin.

Du Rocher ou Montagne.

J'ay à présent à te faire le discours d'une commodité qu'il y aura en mon jardin, merveilleusement utile, belle et plaisante. Et, quand je te l'auray contée, tu cognoistras que ce n'est pas sans cause que j'ay cherché de faire mon jardin joignant les rochers.

Les deux costez de mon jardin, savoir est devers le vent du Nord et du Ouëst, qui seront circuits, clos et environnez des rochers et montagnes, me causeront de faire mon jardin merveilleusement délectable. Car tout le long des deux costez de la montagne, je feray croiser un grand nombre de chambres dedans lesdits rochers, lesquelles chambres, les unes serviront à serrer les plantes et herbes qui sont sujettes ès gelées et nuitées d'hyver, lesquelles plantes, les unes seront portées dedans les vaisseaux de terre, les autres sur certains engins faits en forme de boyards ou brouëttes, aucunes sur certains vaisseaux de bois, dressées sur certaines roues. Aucunes desdites chambres serviront aussi pour retirer les graines qui sont encore en leurs plantes; aucunes desdites chambres serviront pour serrer grande quantité de perches, pau-fourches, vismes et toutes telles choses requises pour le service dudit jardin; aucunes desdites chambres serviront aussi pour retirer les jardiniers au temps des pluyes et lors qu'il faudra aiguiser leurs pau-fourches, estaipes et perches; aussi aucunes desdites chambres serviront pour serrer les outils d'agriculture, autres pour serrer pour quelque temps les naveaux, aulx, oignons, noix, chastagnes, glans et autres telles choses, nécessaires et requises à un père de famille.

Item, au dessus desdites chambres le rocher sera couppé, pour servir d'une grand'allée en manière d'une plate-forme. Mais il te faut noter qu'à présent je te vay discourir une chose fort utile et plaisante, qui est qu'au dessus desdites chambres je feray aussi croiser dedans ledit rocher un nombre de chambres hautes, tout le long de l'allée qui sera ainsi faite sur lesdites chambres basses.

et, icelles chambres hautes estans ainsi formées dedans la montagne et rocher, elles seront fort utiles et plaisantes : car l'une sera toute taillée en façon de popitres pour servir de librairie et estude, l'autre sera toute taillée par autre manière de popitres pour tenir les eaux distillées et divers vinaigres; l'autre sera faite par petites armoires pour tenir et garder la diversité des graines. Il y en aura une autre, qui sera toute faite en manière de rayons de marchans, pour tenir diversité de fruits mêlez, comme pruneaux, serises, guignes et autres telles espèces. Il y en aura aussi une, qui sera fort utile pour dresser certains fourneaux à tirer les eaux et essences des herbes de bonne senteur ; et y aura d'autres chambres qui seront fort utiles pour garder les fruits et toutes espèces de légumes, comme fèves, pois, nentilles et autres telles choses semblables. Toutes ces chambres seront à ce utiles, parce qu'elles seront en un lieu chaud modérement et bien aëré.

Mais voici à présent la cause pourquoy lesdites chambres et montagnes seront fort utiles, plaisantes et belles. En premier lieu, il te faut noter qu'au devant desdites chambres il y aura une grande et spatieuse allée, qui sera au dessus des chambres basses qui seront érigées pour la commodité des jardiniers, comme je t'ay dit cy-dessus, laquelle allée servira conime d'une gallerie au devant desdites chambres hautes. Et, pour mieux la faire ressembler à une gallerie, je feray une muraille tout du long sur le devant de l'allée, devers les deux costez du jardin, qui sera à fleur du devant et entre les chambres basses, laquelle muraille sera plate par dessus pour servir d'accotouër à ceux qui se pourmèneront au devant desdites chambres hautes sur ladite allée, plate-forme et gallerie. Et à fin de rendre la chose plus plaisante et admirable, je planteray au dessus des portes et fenestres des chambres hautes, tout le long du terrier, un grand nombre d'aubépins et autres arbrisseaux portans bons fruits pour la nourriture des oiseaux, lesquels aubépins et autres arbrisseaux serviront comme d'un pavillon au dessus des portes et fenestres desdites chambres hautes, voire et couvriront tout du long de l'allée ladite plate-forme ou gallerie, et par tel moyen ceux qui

seront èsdites chambres hautes et ceux qui se pourmeneront au
devant d'icelles auront ordinairement le plaisir de diver es chansonnettes, qui par les oiseaux seront dites sur lesdits arbrisseaux.

Il y a deux causes qui rendront les oiseaux amateurs de dire
leurs chansonnettes en ce lieu. La première cause est le soleil,
qui dès le matin jettera ses rayons sur lesdits arbrisseaux; la
seconde raison est parce que lesdits oisillons trouveront ordinairement quelque chose à se repaistre ausdits arbrisseaux; aussi,
pour mieux les accoustumer en ce lieu, je jetteray en temps
d'hyver des graines de plusieurs semences sur l'allée, gallerie
et plate-forme susdite, à fin que les oiseaux trouvent quelque
chose à manger en ce lieu, lors que l'hyver aura rendu les arbres
stériles. Voilà comment en tout temps lesdites chambres hautes,
insculpées dedans les rochers, seront utiles et de grande récréation.

Et, outre ces choses, les accotouërs, qui seront érigez devers
le costé du jardin, seront grandement utiles à faire mêler les
pruneaux, guignes, serises, et autres tels fruits qu'on a accoustumé faire mêler au soleil, parce que ce lieu sera orienté en
telle sorte que le soleil y envoyera ses rayons tout le long du
jour: car le regard desdits rochers, chambres et galleries seront
vers le costé du vent d'Es et Sus. Et voilà comment ceux qui
auront affaire à estudier, distiller, ou autres labeurs èsdites
chambres hautes, quand ils voudront se récréer, ils sortiront sur
ladite plate-forme et gallerie, et, en se pourmenant, ils auront
les arbrisseaux et les oiselets au dessus de leurs testes. Et après,
voulans regarder toute la beauté du jardin, ils se viendront appuyer sur l'accotouër, qui sera fait exprès et propre pour cest
affaire, et, estans là accotez, ils verront entièrement toute la
beauté du jardin et ce qui s'y fera; aussi ils auront la senteur de
certains damas, violettes, marjolaines, basilics, et autres telles
especes d'herbes, qui seront sur ledit accotouër, plantées dedans
certains vases de terre esmaillez de diverses couleurs, lesquels
vases, ainsi mis par ordre et esgalles portions, décoreront et
orneront grandement la beauté du jardin et gallerie susdite.

Aussi au dessus desdits accotouërs, il y aura certaines figures

feintes, insculpées de terre cuite, et seront esmaillées si près de
la nature que ceux qui de nouveau seront venus au jardin se
descouvriront, faisans révérence ausdites statues, qui sembleront
ou apparoistront certains personnages appuyez contre l'accotouër
de ladite gallerie et plate-forme.

Or, pour monter sur la ?te plate-forme il y aura deux escalliers, l'un devers le costé du vent de Nord, et l'autre devers le
costé du vent de Sus, et seront lesdits escalliers taillez de la
mesme roche et sur le mesme lieu, qui sera une beauté et commodité cent fois plus grande que je ne te saurois desduire.

Si tu es un homme de bon jugement, tu pourras assez aisément
entendre combien la chose sera plaisante, estant erigée en la
forme que je t'ay dit. Venons à present au cabinet, qui sera au
milieu du jardin.

Du Cabinet du milieu.

Pour ériger le cabinet du milieu à telle dextérité que le dessein de mon esprit l'a conçeu, tu dois entendre que la source de
l'eau, de laquelle je me serviray ès fontaines de mes cabinets ou
rochers d'iceux, sera prise un peu plus haut que le jardin, devers
le costé du Nord, et, en prenant l'eau pour dilater à mes cabinets
et fontaines, tout par un moyen je feray, du résidu de la source,
un ruisseau, lequel passera tout à travers dudit jardin, en tirant
vers le costé du vent de Sus. Et, quand il sera à l'endroit du
milieu, je séparerray le cours dudit ruisseau en deux parties,
l'une à dextre, et l'autre à senestre, en ensuivant le traict d'une
rotondité que j'auray formée au compas, et, après qu'une chacune
des deux parties aura circuit la moitié de ladite rotondité, lors les
deux parties du ruisseau se viendront rassembler à un mesme
cours come dessus.

Et en telle sorte se trouvera au milieu du jardin une petite
isle, à l'entour de laquelle je planteray certains pibles ou populiers, qui en peu de jours seront creus d'une bien grande hauteur,
lesquels populiers ou pibles je formeray, savoir est, les jambes
en maniere de colomnes, par les moyens que je t'ay dit cy-dessus,
en te parlant des cabinets des hommeaux; aussi au dessus des
testes desdites colomnes, il y aura architrave, frise et corniche,

qui seront érigées des branches des mesmes arbres, comme je t'ay conté des hommeaux ; et en ceste sorte lesdits populiers et pibles feront la cloison d'un cabinet rond, lequel cabinet sera fait en forme pyramidale. Et, combien qu'il sera fait à peu de frais, toutesfois il ne sera moins à estimer que les pyramides d'E-gypte, combien qu'elles coustassent tant de millions d'or. Et te diray à présent comment je formeray mon cabinet en forme de pyramide.

Depuis la racine des arbres jusques à la corniche, le tout sera à plomb en ensuivant les règles de nos anciens architectes ; mais depuis la corniche, tirant en haut, j'amèneray lesdits arbres prés l'un de l'autre petit à petit, jusques à ce que tous ensemble se réduisent en une pointe, au bout de laquelle pointe y aura un engin attaché avec les pointes de tous les arbres, lequel engin aura un entonnoir pour recevoir le vent, et au bout de l'enton-noir plusieurs flajols, se rendans en un mesme trou, en telle sorte que le vent, estant enfermé dans ledit entonnoir, fera sonner lesdits flajols, qui seront de diverses grosseurs, à fin de tenir et ensuivre la mesure de la musique, et, en quelque part ou endroit que le vent se vire, l'entonnoir aussi se virera, et ainsi les flajols jouëront à tous vents.

Il y aura aussi plusieurs lettres en la frise, qui seront formées des mesmes branches des arbres, comme je t'ay dit des hom-meaux, et y aura en escrit en la devise de ladite frise : MALEDIC-TION A CEUX QUI REJETTENT SAPIENCE.

Et ainsi, le dessous de ladite pyramide sera un cabinet rond, merveilleusement frais et plaisant, à cause que le ruisseau sera tout à l'entour de la petite isle dudit cabinet, et les pieds des colomnes ou arbres de ladite pyramide seront plantez sur le bord du ruisseau, qui causera que ledit ruisseau, en passant, grondera et murmurera à l'entour de ladite petite isle, en laquelle il faudra certaines planches pour y entrer, et y aura au milieu de la petite isle une table ronde, et à l'entre-deux des colomnes, qui seront lesdits pieds des pibles, il y aura certains vismes doux, qui seront tissus, entre-lassez et arrangez en telle sorte qu'ils serviront de cloison, chaires et doussiers, entre lesdites colomnes, et le dessus de la voste desdites chaires et doussiers d'icelles sera tissu en façon plate, sur laquelle plate-forme seront arrengez plusieurs vaisseaux et vases pour le service dudit cabinet.

Voilà comment lesdits populiers formeront une pyramide excellement belle au milieu dudit jardin, laquelle pyramide servira, par le dessous, d'un cabinet rond merveilleusement utile, auquel cabinet y aura quatre portes, correspondantes aux quatres allées de la croisée du jardin. Et par le dehors dudit cabinet, un peu au delà du terrier et bord du fossé du dehors dudit cabinet ou pyramide, seront plantez plusieurs aubiers, qui formeront une autre rotondité, environ cinq pieds distante de la pyramide susdite, et si seront lesdits aubiers tous clissez d'une chemise de fil d'archal, aussi, depuis la sommité desdits aubiers jusques aux colomnes de la pyramide, en cas pareil, pareillement entre lesdites colomnes jusques à l'endroit susdit de la sommité des aubiers. Et sera ledit fil d'archal tissu par diverses cloisons, parcelles et moyens, au dedans desquels moyens il y aura un grand nombre d'oiseaux, grands et petits, de diverses espèces, tant de ceux qui se plaisent en l'air que de ceux qui se plaisent ès arbres et en la terre. Et par tel moyen, ceux qui banquèteront au dessous et dedans de ladite pyramide, ils auront le plaisir du chant des oiseaux, du coax des grenouilles qui seront au ruisseau, le murmurement de l'eau, qui passera contre les pieds et jambes des colomnes qui soustiendront ladite pyramide, la frescheur du ruisseau et des arbres qui seront à l'entour, la freschure du doux vent, qui sera engendré par le mouvement des fueilles desdits pibles ou populiers. On aura aussi le plaisir de la musique, qui sera sur la sommité et pointe de ladite pyramide, laquelle musique se jouèra au soufflement du vent, comme je l'ay dit cy dessus. Voilà à présent le dessein de tous les cabinets de mon jardin.

Quant est à présent des tonnelles qui pourront estre à l'entour de la circonférence du jardin, et autres membres semblables, je ne t'en parleray point. Mais je veux à présent que tu confesses que, sans les montagnes, terriers et rochers, il me seroit impossible d'ériger un jardin qui eust ses commoditez requises. Tu as veu ci dessus en combien de sortes lesdits rochers me servent à cest affaire, et à présent te faut noter que tous mes arbres et plantes, qui seront sujets aux gelées, seront plantez du long et au pied du bas desdites montagnes, et ce pour cause que lesdites montagnes les garentiront des froidures du vent de Nord et Ouëst, qui sont les vents les plus fascheux qui règnent en ce pays de Xaintonge; je dis de Xaintonge parce qu'il y a aucuns astrologues, qui disent que les vents qui sont ici les pires sont les meilleurs en aucunes autres contrées de pays.

Les herbes, plantes, et arbres, qui seront au pied et joignant lesdits rochers et montagnes, seront garentis desdits vents parce que lesdites montagnes, terriers et rochers, leur serviront de pavillon et défense contre lesdits vents.

Item, ils se ressentiront la nuict de la chaleur qu'ils auront receu le jour parce que lesdites montagnes auront leur regard devers Es et Sus, en telle sorte que lesdites montagnes auront tout le jour l'aspect des rayons du soleil, tellement que les arbres et plantes qui seront au pied desdites montagnes seront eschauffées par le soleil, et aussi par la réverbération d'iceluy mesme, qui frappera contre les terriers et rochers.

Item, la liqueur et humidité, qui descendra desdits terriers et montagnes, sera plus salée que non pas celle des autres parties du jardin, qui causera que les fruits des arbres qui seront au pied des montagnes seront plus savoureux et de meilleure garde que non pas les autres, comme tu peus avoir entendu dès le commencement de mon propos, quand je t'ay parlé des fumiers.

Et ainsi chacune espèce d'arbre et plante sera plantée selon ce qu'on cognoistra estre requis, savoir est, celles qui demandent les lieux hauts, secs et montueux, aux lieux montueux, et celles qui demandent l'humidité seront plantées le long du ruisseau qui passera à travers du jardin.

Item, au jardin y aura plusieurs petites isles, qui seront environnées de petis ruisseaux, qui distilleront d'un chacun des rochers des cabinets, et seront amenez les cours desdits ruisseaux droit au grand ruisseau, qui sera par le milieu du jardin. Et par tel moyen, je feray que lesdits ruisseaux feront en eux en allant au grand ruisseau certaines circulations, qui causeront des petites isles fort plaisantes, et propres pour arrouser les herbes qui seront plantées esdites petites isles. Je dresseray aussi un autre petit moyen pour arrouser les parties du jardin d'aussi peu de fraits qu'il est possible d'ouyr parler.

Et ledit moyen est tel que je feray percer un grand nombre de bois de seu, ou autre que je verray estre convenable et propre pour cest affaire, et, après en avoir percé plusieurs pièces, je feray qu'elles entreront, et s'assembleront le bout de l'une au dedans du bout de l'autre, et ainsi conséquemment toutes les autres. Et, quand je voudray arrouser quelques plantes ou semences de mon jardin, je présenteray un bout desdits bois percez contre l'une des pisseures des fontaines, et ladite eau de la pisseure entrera dedans le canal ou bois percé, et dedans le bout d'iceluy bois j'emmancheray une autre piece de chenelle ou autre bois percé, et, selon la distance du lieu que je voudray arrouser, j'en assembleray plusieurs ainsi bout à bout l'une de l'autre, et, pour soustenir lesdites chenelles, j'auray certaines fourchettes que je piqueray en terre, tout le long de la voye où je voudray aller, lesquelles fourchettes et piquets soustiendront et conduiront mesdites chenelles jusques au lieu que je voudray arrouser. Mais à fin que la chose soit arrousée amiablement sana fouler la terre, le derrière de mes chenelles sera fermé au bout d'un tapon qui aura un nombre infiny de petits trous, et par tel moyen le canal distillera l'eau comme une amiable rousée, sans faire aucun dommage ni aux plantes, ni à la terre. Et par tel moyen je tourneray mes chenelles et bois percez d'un costé et d'autre, par toutes les parties de mon jardin et lieux que je voudray arrouser.

Et, quant est des engins qu'aucuns ont fait cy devant, savoir est certaines trapes, desquelles ils trompent les nouveaux venus au jardin, et les font tomber dedans l'eau, pour avoir leur passe-temps, je ne voudrois estre leurs imitateurs en cest endroit; mais bien voudrois-je faire certaines statues, qui auroyent quelque vase en une des mains et en l'autre quelque escriteau, et, ainsi que quelqu'un voudroit venir pour lire ladite escriture, il y auroit un engin qui causeroit que ladite statue verseroit le vase d'eau sur la teste de celuy qui voudroit lire ledit épitaphe. Item, je voudrois aussi faire d'autres statues, qui auroient une certaine boucle ou aneau pendu en une main, à fin que, quand les pages courroyent la lance contre ladite boucle, ainsi qu'ils frapperoyent ledit anneau, la statue leur viendroit bailler un grand coup sur la teste d'une esponge abruvée d'eau, en telle sorte que ladite esponge rendra grande quantité d'eau, à cause de la compression et du grand coup qu'elle frappera.

Si je voulois te desduire entièrement le dessein de mon jardin, je n'aurois jamais fait, parquoy ne t'en diray plus rien; mais venons à présent ès confrontations d'iceluy.

Des confrontations.

Les confrontations du jardin, devers le costé du vent de Sus, seront prairies, ainsi que je t'ay dit cy dessus, et au milieu desdites prairies passeront les mesmes ruisseaux qui passent au jardin. A dextre et à senestre dudit ruisseau, seront plantez plusieurs belles aubarées, et, tout à l'entour et le long des deux extremitez de la prairie, seront plantez nombre d'aubépins, qui serviront de closture et muraille pour la défense de ladite prée, et, au long de ladite haye et bord de la prée, un sentier et allée, fort plaisante et de récréation pour les causes que je te diray cy après. Et, à la confrontation du jardin devers le vent d'Es, seront certains champs, plantez par esgales parcelles de diverses espèces d'abres fructiers, qui seront de grand revenu, savoir est un champ de noyers, un autre de chastagners, et un autre de nousillers, poiriers, pommiers; brief, de toutes espèces de fruits. Et, du costé du vent de Nord, seront les mottes pour les cherves, lins, et aubiers doux, et certains vimiers, pour servir à la ligature du jardin, et devers le costé du vent d'Ouëst seront les bois, montagnes, et rochers que je t'ay dit cy dessus. Voilà à présent l'ordonnance de mon jardin, avec ses confrontations.

Demande.

Veritablement tu m'en as bien conté, et de bien piteuses. Et
où cuiderois-tu trouver un lieu commode selon ton dessein ?
Serois-tu bien si fol de faire si grand despence pour avoir un
beau jardin ?

Responce.

Je t'ay dit cy dessus qu'il se trouvera plus de quatre mille
mestairies, ou maisons nobles, en France, auprès desquelles on
trouvera la commodité requise pour ériger le jardin susdit, et de
ce ne faut douter, et, quant est de la despence que tu dis estre excessive, il se trouvera plus de mille jardins en France, qui ont
couté plus que cestuy ne coustera. Et puis, regardes-tu au coust
pour avoir une telle délectation et revenu de grandes loüanges ?

Demande.

Voire, mais on auroit plus grand plaisir et vaudroit mieux
acheter de bons chevaux et de bonnes armures, pour parvenir à
quelque degré et charge de l'art militaire, et lors, en passant
pays, plusieurs viendroyent au devant te présenter logis, vivres,
et tapisseries ; l'un te donneroit un mulet et l'autre un cheval,
qui ne te cousteroit qu'à souffler, et ainsi tu recevrois beaucoup
plus de plaisir que non pas à ton jardin. Aussi tu attraperois
quelque bénéfice, que tu ferois tenir par quelque cuisinier de
prestre, et tu prendrois le revenu. Car je say plusieurs qui, par
tels moyens, ayant acheté estat de séneschal de robe longue, sont
parvenus à avoir estat de séneschal de robe courte, qui a été le
moyen qu'ils ont esté prisez et honorez, crains et redoutez, et
par tels moyens ont rempli leurs bources de butin. Et mesme, en
ces troubles passez, tu sais comme aucuns d'iceux ont reçeu de
grands présents pour favoriser aux Huguenots, lesquels n'espar-
gnoyent rien pour sauver leurs vies, lesquelles on cerchoit de
bien près.

Responce.

Tu m'a· allegué des raisons fort meschantes, et mal à propos.
Tu sais b.en que dès le commencement je t'ay dit que je voulois
ériger mon jardin pour m'en servir, comme pour une cité de
refuge, pour me retirer ès jours périlleux et mauvais, et ce, à

fin de fuyr les iniquitez et malices des hommes, pour servir à Dieu, et à présent tu me viens tenter d'une execrable avarice et meschante invention.

Et cuides tu que, si un homme a acheté un office de séneschal, soit de robe courte ou de robe longue, et qu'il aie ce fait pour avarice et ambition, qu'il soit homme de bien en ce faisant? Je say bien qu'aucuns ont acheté les grandeurs susdites pour se faire craindre et se venger, et pour emplir leurs bources de présents. Est-ce pourtant à dire que telles gens soyent gens de bien? Et tant il s'en faut. Tu sais bien que saint Paul dit qu'il n'y a rien de plus méchant que l'avaricieux. Item, il dit que l'avarice est la racine de tous maux. Comment me prouveras-tu que telles gens puissent vivre en repos de conscience? Item, on sait bien qu'en plusieurs lieux des Escritures sainctes il est défendu aux juges de prendre présens, parce que les présens corrompent le jugement, et ainsi je puis conclure qu'il n'y a rien de bon au conseil que tu m'as donné.

Item, tu m'as dit que, si j'avois acheté quelque authorité ou office de séneschal, ou autre, que je pourrois crocheter quelque bénéfice que je ferois tenir par un cuisinier de prestre. Tu me conseilles donc d'estre meschant symoniaque et larron, et tu sais que le revenu des bénéfices ne doit estre donné sinon à ceux qui fidèlement administreront la parole de Dieu, et, quant est des autres qui jouiront du revenu, ils sont maudits, damnez et perdus, et je te le puis asseurément dire puisqu'il est escrit au prophète Ezéchiel, chap. 34, car le prophète dit ainsi : « Malédiction sur vous, Pasteur, qui mangez le laict et vestissez » la laine, et laissez mes brebis esparses par les montagnes; je » les demanderay de vostre main. » Ne voilà pas une sentence qui deust faire trembler ces symoniaques? Et à la vérité, ils sont cause des troubles que nous avons aujourd'hui en la France, car, s'ils ne craignoyent perdre leur revenu ecclésiastique, ils accorderoyent assez aisément tous les poincts de l'Escriture saincte; mais je puis aisément juger, par leurs manières de faire, qu'ils aiment mieux et ont en plus grande révérence leur propre ventre que non pas la divine majesté de Dieu, devant lequel il faudra qu'ils rendent conte au jour de son advènement, et lors desireront de mourir, et la Mort s'enfuira d'eux, et diront lors aux Montagnes : « Montagnes, tombez sur nous, et nous cachez de la face » de ce grand Dieu vivant, » comme il est escrit en l'Apocalypse.

Or, regarde maintenant si tu m'as donné un bon conseil; ouy bien pour me damner. Item, penses-tu que ces pauvres misérables ayent quelque repos en leur conscience? J'ose dire qu'eux et leurs complices, quoy qu'il soit, ils ont tousjours quelque remords en leurs consciences, et qu'ils craignent plus de mourir que non pas ceux qui n'ont point leurs consciences cautérisées. Toutesfois ils ne sont jamais rassasiez ne de biens, ne d'honneurs; mais, si quelqu'un les désobéyst, ils crèveront jusques à tant qu'ils en soyent vengez, et ainsi, les pauvres misérables n'ont repos, ni en leurs esprits, ni en leurs corps, quelque grasse cuisine qu'ils puissent avoir.

Pour lesquelles causes je n'ay trouvé rien meilleur que de fuyr le voisinage et accointance de telles gens, et me retirer au labeur de la terre, qui est chose juste devant Dieu, et de grande récréation à ceux qui admirablement veulent contempler les œuvres merveilleuses de Nature; mais je n'ay trouvé en ce monde une plus grande delectation que d'avoir un beau jardin. Aussi Dieu, ayant créé la terre pour le service de l'homme, il le colloca dans un jardin, auquel y avoit plusieurs espèces de fruits, qui fut cause qu'en contemplant le sens du Pseaume cent quatrième, comme je t'ay dit cy dessus, il me prist dès-lors une affection si grande d'édifier mondit jardin que depuis ce temps-là je n'ay fait que resver après l'édification d'iceluy.

Et bien souvent, en dormant, il me sembloit que j'estois après, tellement qu'il m'advint la semaine passée que, comme j'estois en mon lict endormi, il me sembloit que mon jardin estoit desjà fait en la mesme forme que je t'ay dit cy dessus, et que je commençois desjà à manger des fruits et me récréer en iceluy, et me sembloit qu'en passant au matin par ledit jardin, je venois à considérer les merveilleuses actions que le Souverain a commandé de faire à Nature, et, entre les autres choses, je contemplois les rameaux des vignes, des pois et des coves, lesquelles sembloyent qu'elles eussent quelque sentiment et cognoissance de leur débile nature: car, ne se pouvans soustenir d'elles-mesmes, elles jettoyent certains petis bras comme filets en l'air, et, trouvans quelque petite branche ou rameau, se venoyent lier et attacher, sans plus partir de là, à fin de soustenir les parties de leur débile nature. Et quelque fois, en passant par le jardin, je voyois un nombre desdits rameaux, qui n'avoyent rien à quoy s'appuyer, et jettoyent leurs petis bras en l'air, pensans empongner quelque chose pour soustenir la partie de leur dit corps: lors je venois leur présenter certaines branches et rameaux pour aider à leur débile nature, et, ayant ce fait au matin, je trouvois au soir que les choses susdites avoyent jetté et entortillé plusieurs de leurs bras à l'entour desdits rameaux.

Lors, tout esmerveillé de la providence de Dieu, je venois à contempler une authorité qui est en saint Matthieu, où le Seigneur dit, « que les oiseaux mesmes ne tomberont point sans son vouloir, » et, ayant passé plus outre, j'apperçeu certaines branches et gittes d'aubelon, lequel, combien qu'il n'eust ni veuë, ni ouye, ni sentiment, ce néantmoins Dieu luy a donné cognoissance de la débilité de sa nature et le moyen de se soustenir, tellement que je vis que lesdites gittes dudit aubelon s'estoyent liées et entortillées plusieurs ensemble, et, estans ainsi fortifiées et accompagnées l'une de l'autre, elles se dilatoyent au long de certaines branches, pour se consolider encore toutes ensemble et s'attacher auxdites branches. Lorsque j'eu apperçeu et contemplé une telle chose, je ne trouvay rien meilleur que de s'employer en l'art d'agriculture et de glorifier Dieu, et le recognoistre en ses merveilles.

Et, ayant passé plus outre, j'apperçeu certains arbres fructiers, qu'il sembloit qu'ils eussent quelque cognoissance; car ils estoyent soigneux de garder leurs fruits comme la femme son petit enfant, et, entre les autres, j'apperçeu la vigne, les coucombres et poupons qui s'estoyent faits certaines fueilles, desquelles ils couvroyent leurs fruits, craignans que le chaud ne les endommageast. Je vis aussi les rosiers et gruseliers qui, à fin de défendre ceux qui voudroyent ravir leurs fruits, ils s'estoyent faits des armures et espines piquantes au devant desdits fruits.

J'apperçeu aussi le froment, et autres bleds, ausquels le Souverain avoit donné sapience de vestir leur fruit si excellemment, voire plus excellemment que Salomon ne fut onques vestu si justement avec toute sa sapience. Je considéray aussi que le Souverain avoit donné aux chastagners de savoir armer et vestir son fruit d'une industrie et merveilleuse robe, semblablement le noyer, allemandier, et plusieurs autres espèces d'arbres fructiers, lesquelles choses me donnoyent occasion de tomber sur ma face et adorer le vivant des vivans, qui a fait telles choses pour l'utilité et service de l'homme; lors aussi cela me donnoit occasion de considérer notre misérable ingratitude et mauvaistié perverse, et, de tant plus j'entrois en contemplation en ces choses, d'autant plus j'estoys affectionné de suivre l'art d'agriculture et mespriser ces grandeurs et guains deshonnestes, lesquels à la fin faut qu'ils soyent recompensez selon les mérites ou démérites.

Et, estant en un tel ravissement d'esprit, il me sembloit que j'estois proprement audit jardin, et que je jouyssois de tous les plaisirs contenus en iceluy, et non seulement d'iceluy jardin, mais aussi des confrontations et lieux circonvoisins. Car il me sembloit proprement que je sortois du jardin pour m'aller pourmener à la prée, qui estoit du costé du Sus, et qu'y estant je voyois jouër, gambader et penader certains agneaux, moutons, brebis, chèvres et chevreaux, en ruant et sautelant, en faisant plusieurs gestes et mines estranges, et mesmement me sembloit que je prenois grand plaisir à voir certaines brebis, vieilles et morveuses, lesquelles, sentans le temps nouveau et ayans laissé leur vieilles robbes, elles faisoyent mille sauts et gambades en ladite prée, qui estoit une chose fort plaisante et de grande récréation. Il me sembloit aussi que je voyois certains moutons, qui se reculoyent bien loin l'un de l'autre, et puis, courans d'une vistesse et grande roideur, ils se venoyent frapper des cornes l'un contre l'autre. Je voyois aussi les chèvres, qui, se levans des deux pieds de derrière, se frappoyent des cornes d'une grande violence. Aussi je voyois les petis poulains et les petis veaux, qui se jouoyent et penadoyent auprès de leurs mères.

Toutes ces choses me donnoyent un si grand plaisir, que je disois en moy-même que les hommes estoyent bien fols d'ainsi mespriser les lieux champestres et l'art d'agriculture, lequel nos pères anciens, gens de bien et Prophètes, ont bien voulu eux-mesmes exercer, et mesme garder les troupeaux.

Il me sembloit aussi que, pour me récréer, je me pourmenois le long des aubarées, et, en me pourmenant sous la couverture d'icelles, j'entendois un peu murmurer les eaux du ruisseau qui passoit au pied desdites aubarées, et d'autre part j'entendois la voix des oiselets qui estoyent sur lesdits aubiers, et lors me venoit à souvenir du Pseaume cent quatrième, sur lequel j'avois édifié mon jardin, auquel le Prophète dit que les ruisseaux passent et murmurent aux vallées et bas des montagnes ; aussi dit-il que les oiselets font résonner leurs voix sur les arbrisseaux, plantez sur les bords des ruisseaux courans.

Il me sembloit aussi que, quand je fus las de me pourmener en ladite prairie, je me tournay devers le costé du vent d'Ouëst, où sont les bois et montagnes, et lors me sembloit que j'apperçeu plusieurs choses qui sont déduites et narrées au Pseaume susdit. Car je voyois les connils jouans, sautans, et penadans le long de la montagne, près de certaines fosses, troux et habitations, que le Souverain Architecte leur avoit érigé, et, soudain que les animaux appercevoyent quelqu'un de leurs ennemis, ils savoyent fort bien se retirer au lieu qui leur avoit esté ordonné pour leur demeurance. Je voyois aussi le renard, qui se ralloit le long des buissons, le ventre contre terre, pour attraper quelqu'une de ces petites bestes, à fin de contenter le désir de son ventre. Brief, il me sembloit que j'avois les plaisirs de voir chèvres, dains, bisches et chevreaux le long desdites montagnes, en la mesme sorte ou bien près du devis que le Prophète David nous descrit en ce Pseaume cent quatrième. Item, m'estoit avis que j'entendois la voix de plusieurs vierges, qui gardoyent leurs troupeaux ; pareillement me sembloit que j'oyois certains bergers jouans mélodieusement de leurs flajols.

Et lors me sembloit que je disois en moy-mesme : « Je m'esmerveille d'un tas de fols laboureurs que, soudain qu'ils ont un

peu de bien, qu'ils auront gagné avec grand labeur en leur
jeunesse, ils auront après honte de faire leurs enfans de leur
estat de labourage, ains les feront du premier jour plus grands
qu'eux-mesmes, les faisans communément de la pratique. Et ce
que le pauvre homme aura gagné à grande peine et labeur, il en
despendra une grand' partie à faire son fils Monsieur, lequel
Monsieur aura en fin honte de se trouver en la compagnie de
son père, et sera desplaisant qu'on dira qu'il est fils d'un
laboureur. Et, si de cas fortuit le bon homme a certains autres enfants, ce sera ce Monsieur là, qui mangera les autres
et aura la meilleure part, sans avoir esgard qu'il a beaucoup
cousté aux escholes pendant que ses autres frères cultivoyent
la terre avec leur père. Et en cependant, voilà qui cause que
la terre est le plus souvent avortée et mal cultivée, parce que le
mal-heur est tel qu'un chacun ne demande que vivre de son
revenu et faire cultiver la terre par les plus ignorans, chose
malheureuse. A la miene volonté, disois-je lors, que les hommes
eussent aussi grand zèle et fussent aussi affectionnez au labeur
de la terre comme ils sont affectionnez pour acheter les offices,
bénéfices, et grandeurs, et lors la terre seroit bénite et le labeur
de celuy qui la cultiveroit, et lors elle produiroit ses fruits en sa
saison. » Ayant contemplé toutes ces choses, je m'en allay pourmener devers le costé du vent d'Es, et, en me pourmenant
pardessous les arbres fructiers, j'y receu un grand contentement
et plusieurs joyeux plaisirs; car je voyois les escurieux cueillans
les fruits, et sautans de branche en branche, faisans plusieurs
belles mines et gestes. Je voyois d'autre part cueillir les noix
aux groles, qui se resjouyssoient en prenant leur repas et disner
sur lesdits noyers. D'autre part, je trouvois sous les pommiers
certains hérissons, qui s'estoyent roulez en forme ronde et
avoyent fait piquer leurs poils, ou aiguillons, sur lesdites
pommes, et s'en alloyent ainsi chargez.

Je voyois aussi la sagesse du renard, lequel, se trouvant persé-
cuté des puces, prenoit un bouchon de mousse dedans sa bouche
et s'en alloit à un ruisseau, et, s'estant culé dedans ledit ruisseau,
il entroit petit à petit pour faire fuyr toutes les puces du corps

en sa teste ; et, quand elles s'en estoyent fuyes jusques à la teste, le renard se plongeoit encore tousjours jusques à ce qu'elles fussent toutes sur le museau, et, quand elles estoyent sur le museau, il se plongeoit jusqu'à ce qu'elles fussent sur la mousse qu'il avoit mise en sa gueule, et, quand elles estoyent sur la mousse, il se plongeoit tout à un coup et s'en alloit sortir au dessus du courant de l'eau ; et ainsi il laissoit ses puces sur ladite mousse, laquelle mousse leur servoit de bateau pour s'en aller d'un autre costé.

J'apperçeu aussi une finesse que le renard fit en ma présence, la plus fine et subtile que j'ouys onques parler ; car iceluy, se trouvant desnué de vivres et voyant que l'heure du disner s'approchoit et qu'il n'avoit encore rien de prest, il s'en alla coucher en un champ, près et joignant l'aile d'un bois. Et, estant là couché, il dilata les jambes en sus et ferma les yeux, et, estant ainsi couché à la renverse, faisant du mort et tirant son membre ; dont advint qu'une grole, n'ayant aussi rien à disner, pensant que le dit renard fust mort, se va poser sur son ventre, pensant de son membre que ce fust quelque chair desjà commencée à détailler. Mais la grole fut bien affinée, car dès le premier coup de bec qu'elle commença à donner sur ledit membre, le renard d'une vitesse soudaine empongna la grole, laquelle ne sceut tenir aucune contenance sinon de faire « coüa ; » et voilà comment le fin renard print son disner aux despens de celle qui le vouloit manger.   •

Toutes ces choses m'ont rendu si amateur de l'agriculture qu'il me semble qu'il n'y a thrésor au monde si précieux, ni qui deust estre en si grande estime, que les petites gittes des arbres et plantes, voire les plus mesprisées. Je les ay en plus grande estime que non les minières d'or et d'argent. Et, quand je considère la valeur des plus moindres gittes des arbres ou épines, je suis tout esmerveillé de la grande ignorance des hommes, lesquels il semble qu'aujourd'huy ils ne s'estudient qu'à rompre, couper, et deschirer les belles forests que leurs prédécesseurs avoyent si précieusement gardées. Je ne trouveray pas mauvais qu'ils coupassent les forests, pourveu qu'ils en plantassent après quelque partie ; mais ils ne se soucient aucunement du temps à venir, ne considérans point le grand dommage qu'ils font à leurs enfans à l'advenir.

Demande.

Et pourquoy trouves-tu si mauvais qu'on coupe ainsi les forests? Il y a plusieurs Evesques, Cardinaux, Prieurs et Abbez, Moineries et Chapitres, qui, en coupant les forests, ils ont fait trois profits. Le premier, ils ont eu de l'argent des bois et en ont donné quelque partie aux femmes, filles et hommes aussi. Item, ils ont baillé la sole desdites forests à rente, dont ils ont eu beaucoup d'argent des entrées. Et après les laboureurs ont semé du bled et sèment tous les ans, duquel bled ils en ont encore une bonne portion. Voilà comment les terres valent plus de revenu qu'elles ne faisoyent auparavant. Par quoy je ne puis penser que cela doive estre trouvé mauvais.

Responce.

Je ne puis assez détester une telle chose, et ne la puis appeler faute, mais une malédiction, et un mal-heur à toute la France, parce qu'après que tous les bois seront coupez, il faut que tous les arts cessent et que les artisans s'en aillent paistre l'herbe, comme fit Nabuchodonozor.

Je voulus quelque fois mettre par estat les arts qui cesseroyent, lorsqu'il n'y auroit plus de bois, mais, quand j'en eu escrit un grand nombre, je ne sçu jamais trouver fin à mon escrit, et, ayant tout considéré, je trouvay qu'il n'y en avoit pas un seul qui se peust exercer sans bois, et que, quand il n'y auroit plus de bois, qu'il faudroit que toutes les navigations et pescheries cessassent, et que mesme les oiseaux et plusieurs espèces de bestes, lesquelles se nourrissent de fruits, s'en allassent en un autre royaume, et que les bœufs, ni les vaches, ni autres bestes bovines ne serviroyent de rien au pays où il n'y auroit point de bois. Je me fusse estudié à te donner un millier de raisons, mais c'est une philosophie que, quand les chambrières y auront pensé, elles jugeront que, sans bois, il est impossible d'exercer aucun art; et mesme faudroit, s'il n'y avoit point de bois, que l'office des dents fust vaquant, et là où il n'y a point de bois, ils n'ont besoin d'aucun froment, ni d'autre semence à faire pain.

Je trouve une chose fort estrange que beaucoup de Seigneurs ne contraignent leurs sujets de semer quelque partie de leurs terres d'aglans, et autres parties de chastagner, et autres parties de noyers, qui seroit un bien public et un revenu qui viendroit en dormant. Cela seroit fort propre en beaucoup de pays, là où ils sont contraints d'amasser les excrémens des bœufs et vaches pour se chauffer, et en autres contrées, ils sont contraints de se chauffer et faire bouillir leurs pots de paille. N'est-ce pas une faute et ignorance publique? Quand je serois seigneur de telles terres ainsi stériles de bois, je contraindrois mes tenanciers pour le moins d'en semer quelque partie. Ils sont bien misérables : c'est un revenu qui vient en dormant, et, après qu'ils auroient mangé les fruits de leurs arbres, ils se chaufferoyent des branches et troncs. Je loue grandement un Duc Italien, qui, quelques jours après que sa femme fut accouchée d'une fille, il philosopha en soy-mesme que le bois estoit un revenu qui venoit en dormant, par quoy il commanda à ses serviteurs de planter en ses terres le nombre de cent mille pieds d'arbres, disant ainsi que lesdits arbres pourroyent valoir chacun vingt sous auparavant que sa fille fust bonne à marier, et ainsi lesdits arbres vaudroyent cent mille livres, qui estoit le prix qu'il prétendoit donner à sa fille. Voilà une prudence grandement louable ; à la mienne volonté qu'il y en eust plusieurs en France qui fissent le semblable.

Il y en a plusieurs qui aiment le plaisir de la chasse et la fréquentation des bois, mais cependant ils prennent ce qu'ils trouvent, sans se soucier de l'advenir. Plusieurs mangent leurs revenus à la suite de la Cour en bravades, despences superflues, tant en accoustrement, qu'autres choses; il leur seroit beaucoup plus utile de manger des oignons avec leurs tenanciers, et les instruire à bien vivre, monstrer bon exemple, les accorder de leurs différens, les empescher de se ruyner en procès, planter, édiffier, fossoyer, nourrir, entretenir, et, en temps requis et nécessaire, se tenir prests à faire service à son Prince, pour défendre la patrie.

Je m'esmerveille de l'ignorance des hommes en contemplant leurs outils d'agriculture, lesquels on deust avoir en plus grande recommandation que non pas les précieuses armures. Toutesfois, il semble à certains juvenceaux que, s'ils avoyent manié un outil d'agriculture, qu'ils en seroyent deshonnorez, et un Gentilhomme. tant pauvre qu'il soit et endetté jusques aux aureilles, s'il avoit un peu manié un ferrement d'agriculture, il luy sembleroit estre vilein. A la mienne volonté que le Roy eust érigé certains offices, estats et honneurs à tous ceux qui inventeroyent quelque bel engin, et subtil pour l'agriculture. Si ainsi estoit, tout le monde se jetteroit après, à qui mieux mieux, pour parvenir. Jamais ingénieux ne furent plus empressez à l'assaut d'une ville qu'aucuns s'empresseroyent, et, tout ainsi que tu vois qu'ils mesprisent les anciennes façons d'habillements, ils mespriseroyent aussi les anciens outils de l'agriculture. et à la vérité ils en inventeroyent de meilleurs.

Les armuriers changent souvent les façons des hallebardes, d'espées et autres arnois; mais l'ignorance de l'agriculture est si grande qu'elle demeure tousjours à une mode accoustumée, et, si leurs ferrements estoyent lourds au commencement qu'ils furent inventez, ils les entretienent tousjours en leur lourdeté; en un pays, une mode accoustumée sans changer : en un autre pays, une autre, aussi sans jamais changer. Il n'y a pas long-temps que j'estois au pays de Biard et de Bigorre; mais, en passant par les champs, je ne pouvois regarder les laboureurs sans me cholérer en moy-mesme, voyant la lourdeté de leurs ferremens. Et pourquoy est-ce qu'il ne se trouve quelque enfant de bonne maison qui s'estudie aussi bien à inventer des ferremens utiles pour le labourage, comme ils savent estudier à se faire découper du drap en diverses sortes estranges?

Je ne puis me tenir de dire ces choses, considérant la folie et ignorance des hommes.

Demande.

Quels outils faudroit-il pour édifier un tel jardin que tu m'as cy dessus designé?

Respance.

Il faudroit de toutes les espèces d'outils servans à l'agriculture, et. parce qu'il y a des colomnes et autres membres d'architecture.

il faudroit de toutes les espèces d'outils propres à la Géometrie.

Demande.

Je te prie me les nommer yci par rang l'un après l'autre.

Responce.

Nous avons le Compas,

La Reigle,

L'Escarre,

Le Plomb,

Le Niveau,

La Sauterelle,

Et l'Astrolabe.

Voilà les outils, par lesquels on conduit la Géometrie et l'Architecture.

Puis que nous sommes sur le propos de Géometrie, il advint, la semaine passée, qu'estant en mon repos sur l'heure de minuict, il m'estoit avis que mes outils de Géometrie s'estoyent eslevez l'un contre l'autre, et qu'ils se débatoyent à qui appartenoit l'honneur d'aller le premier. Et, estant en ce débat, le Compas disoit : « Il m'appartient l'honneur, car c'est moy qui conduis et » mesure toutes choses ; aussi, quand on veut réprouver un » homme de sa despence superflue, on l'admoneste de vivre par » compas. Voilà comment l'honneur m'appartient d'aller le pre- » mier. » La Reigle disoit au Compas : « Tu ne sais que tu dis ; » tu ne saurois rien faire qu'un rond seulement, qui est le trou » du cul ; mais moy, je conduis toutes choses directement, et de » long, et de travers, et, en quelque sorte que ce soit, je fay tout » marcher droit devant moy. Aussi, quand un homme est mal-vi- » vant, on dit qu'il vit desreiglement, qui est autant à dire que, » sans moy, il ne peut vivre droitement. Voilà pourquoy l'hon- » neur m'appartient d'aller devant. » Lors l'Escarre dist : « C'est » à moy à qui l'honneur appartient, car, pour un besoin, on » trouvera deux reigles en moy ; aussi c'est moy qui conduis les » pierres angulaires et principales du coin, sans lesquelles nul » bastiment ne pourroit tenir. » Lors le Plomb se vinst à esle- ver, disant : « Je dois estre honoré par dessus tous ; car c'est moy » qui ameine et conduis toute massonnerie directement en haut,

» et sans moy on ne sauroit faire aucune muraille droite, qui
» seroit cause que les bastiments tomberoyent soudain ; aussi,
» bien souvent, je fay l'office d'une reigle. Par quoy faut
» conclurre que l'honneur m'appartient. » Ce fait, le Niveau
s'esleva, et dist : « O ces belistres et coquins. C'est à moy que
» l'honneur appartient. Ne sait-on pas que tous les soumiers,
» poutres et traverses ne pourroyent estre assises à leur devoir
» sans moy? Ne sait-on pas bien que je conduis toutes places et
» pavements comme je veux? Ne sait-on pas bien que plusieurs
» ingénieux se sont servis de moy, en faisant leurs mines, tran-
» chées, et en braquant leurs furieux canons, et, que, sans moy,
» ils ne pourroyent parvenir à leur dessein? Voilà pourquoy
» faut arrester et conclurre que l'honneur me doit demeurer. »
Et, soudain que le Niveau eut fini son propos, voicy la Sauterelle,
qui d'une grande vitesse se va eslever, en disant : « Devant,
» devant. Vous ne savez que vous dites; c'est à moy à qui appar-
» tient l'honneur, car je fay des actes que nul ne sauroit faire,
» et je vous demande, sauriez-vous conduire un bastiment en
» une place biaise? Et on sait bien que non, et vous ne servez
» ni ne savez rien faire sinon un mestier, comme le cul; mais
» moy, je vay, je viens, je fay de la petite, je fay de la grande :
» brief, je fay des choses que nul de vous ne sauroit faire. Par-
» quoy il est aisé à juger que l'honneur m'appartient. » Adonc
l'Astrolabe vint à s'eslever avec une constance et gravité cano-
nique, et dist ainsi : « Me voulez-vous oster l'honneur qui m'ap-
» partient? car c'est moy qui monte plus haut que tous tant que
» vous estes, et mon règne et empire s'estend jusques aux nues.
» N'est-ce pas moy qui mesure les astres, et que par moy les
» temps et saisons sont cognuës aux hommes, fertilité ou stéri-
» lité? Et qu'est ceci à dire? Me sauroit-on nier que ce que je
» dis ne soit vray? »

Et, ainsi que j'entendis le bruit de leurs disputes, je m'esveillay,
et soudain m'en allay voir que c'estoit. Dont, soudain qu'ils m'eurent apperçeu, ils me vont eslire juge pour juger de leur diffé-
rent. Lors je leur dis : « Ne vous abusez point; il ne vous
» apartient ni honneur, ni aucune prééminence : l'honneur

» appartient à l'homme, qui vous a formez. Par quoy il faut
» que vous luy serviez et l'honoriez. » — « Comment, dirent-ils, à
» l'homme? Et faut-il que nous obéyssions et servions à l'homme,
» qui est si meschant et plein de folie? » Lors je voulus excuser
l'homme, en disant qu'il n'estoit pas ainsi ; ils s'escrièrent tous,
en disant : « Permettez nous mesurer la teste de l'homme, et
» vous servez de nous en cest affaire, et vous cognoistrez que
» l'homme n'a aucune ligne directe, ni mesure certaine en
» toutes ses parties, quelque chose que Victruve et Sebastiane
» et autres architectes ayent seu dire et monstrer par leurs
» figures. »

Quoy voyant, il me print envie de mesurer la teste d'un
homme, pour savoir directement ses mesures, et me sembla que
la sauterelle, la reigle, et le compas me seroyent fort propres
pour cest affaire; mais, quoy qu'il en soit, je n'y seu jamais trouver une mesure asseurée, parce que les folies qui estoyent en
ladite teste luy faisoyent changer ses mesures. Adonc je fus confus parce que je trouvois ladite teste tantost d'une sorte, et tantost d'une autre, et, combien qu'aucunes fois il y eust quelque
apparence de lignes directes, ainsi que j'apprestois mes outils
pour les figurer, soudain, et en un moment, je trouvois que les
lignes directes s'estoyent renduës obliques, dont je fus fort
estonné, voyant qu'il n'y avoit aucune ligne directe en la teste
de l'homme, à cause que sa folie faisoit fleschir toutes les lignes
directes et les rendoit obliques. Lors je voulus savoir quelles
espèce de folies estoyent en l'homme, qui le rendoit ainsi dif-
forme et mal proportionné; mais, ne le pouvant savoir ni
cognoistre par l'art de Géometrie, je m'avisay de l'examiner par
une philosophie alchimistale, qui fut le moyen que je vins soudain ériger plusieurs fourneaux propres à cest affaire, les uns
pour putréfier, les autres pour calciner, aucuns autres pour
examiner, et aucuns pour sublimer, et d'autres pour distiller.

Quoy fait, je prins la teste d'un homme, et, ayant tiré son
essence par calcinations et distillations, sublimations et autres
examens faits par matrats, cornues et bainmaries, et ayant
séparé toutes les parties terrestres de la matière exhallative, je

trouvay que véritablement en l'homme il y avoit un nombre infini de folies, que, quand je les eu apperçeuës, je tombay quasi en arrière comme pasmé, à cause du grand nombre des folies que j'avois apperçeu en ladite teste. Lors me print soudain une curiosité et envie de savoir qui estoit la cause de ses grandes folies, et, ayant examiné de bien près mon affaire, je trouvay que l'avarice et ambition avoit rendu presque tous les hommes fols et leur avoit quasi pourri toute la cervelle.

Lors que j'eu apperçeu une telle chose, je fus plus desireux de veoir les malices des hommes que je n'estois au paravant, qui fut cause que je prins la teste d'un Limosin, et, l'ayant mise à l'examen, je trouvay qu'il avoit sa teste pleine de folies, et grand mixtionneur et augmentateur de drogues, tellement qu'il se trouva qu'il avoit acheté trente cinq souls la livre du bon poivre à la Rochelle, et puis le bailloit à dix sept sols à la foire de Niord, et gagnoit encore beaucoup à cause de la tromperie qu'il avoit adjoustée audit poivre. Lors je luy demanday pourquoy il estoit ainsi fol et sans entendement de tromper ainsi meschamment les marchans ; mais, sans aucune honte, ce meschant soustenoit que la folie qu'il faisoit estoit une sagesse, et je luy remonstray lors qu'il se damnoit et qu'il valoit mieux estre pauvre que non pas d'estre damné. Mais cest insensé disoit que les pauvres n'estoyent en rien prisez et qu'il ne vouloit estre pauvre, quoy qu'il en deust advenir, dont je fus contraint de le laisser en sa folie.

Après j'empongnay la teste d'un jeune homme, sans avoir esgard de quel estat il estoit, et, ayant mis la teste à l'examen, je trouvay que la plus part d'icelle n'estoit que folie, et ayant un peu contemplé le personnage, j'entray en dispute avec luy, en luy demandant : « Frère, qui t'a meu d'ainsi découper ce bon drap, » que tu portes en tes chausses et autres habillemens ? Sais-tu » pas bien que c'est une folie ? » Mais cest insensé me vouloit faire accroire que les chausses, ainsi coupées, dureroyent plus que les autres, ce que ne pouvois croire. Lors je luy dis : « Mon » ami, asseure toy de cela, n'en doute point, que le premier, » qui fit découper ses chausses, estoit naturellement fol, et,

» quand au demeurant tu serois le plus sage du monde, si est-ce
» qu'en cest endroit tu es imitateur et suis l'exemple d'un fol.
» Vray est qu'une folie, de longue main entretenue, est estimée
» sagesse; mais, de ma part, je ne puis accorder que telle chose
» ne soit une directe folie. »

Après cestuy, je vous empongnay la teste d'une croteuse, femme
d'un officier royal, savoir est de robe longue, et, l'ayant mise à
l'examen et avoir separé l'esprit d'avec le terrestre, je trouvay la
susdite grandement pleine de folies en sa teste. Lors, pensant
faire devoir de chrestien, je luy dis : « M'amie, pourquoy est-ce
» que vous contrefaites ainsi vos habillemens? Ne savez vous pas
» bien que les robes ne sont faites, en esté, que pour couvrir la
» dissolution de la chair, et, en hyver, pour cela mesme et pour
» les froidures? Et vous savez que, tant plus les habillemens
» sont prochains de la chair, d'autant plus ils tiennent la cha-
» leur; aussi de tant mieux ils couvrent les parties honteuses.
» Mais, au contraire, vous avez pris une verdugale, pour dilater
» vos robes, en telle sorte que peu s'en faut que vous ne
» monstriez vos honteuses parties. » Après luy avoir fait une
telle remonstrance, en lieu de me remercier, la sotte m'appela
Huguenot.

Quoy voyant, je la laissay et prins la teste de son mary, et,
l'ayant examinée comme les autres, je trouvay de grandes folies
et larrecins. Lors je luy dis : « Pourquoy est-ce que tu es ainsi
» fol de chicaner et piller les uns et les autres? » Il me dist que
c'estoit pour entretenir ses estats, et qu'il ne pourroit avoir patience avec sa femme s'il ne lui donnoit souvent des accoustre-
ments nouveaux, et qu'il falloit desrober pour entretenir ses
estats et honneurs. « O fol, di-je lors, ta femme te fera elle
» mordre en la pomme, comme fit celle de nostre premier père?
» Il te vaudroit mieux avoir espousé une bergère. Tu n'auras
» point d'excuse sur ta femme, quand il faudra comparoistre
» devant le siège judicial de Dieu. »

Après cestuy, je prins la teste d'un Chanoine, et, ayant fait
examen de ses parties comme dessus, je trouvay qu'il y avoit plus
de folies qu'en tous les autres. Je luy demanday lors : « Pour-

» quoy est-ce que tu es si grand ennemi de ceux qui parlent des
» authoritez de l'Escriture saincte? » Mais iceluy, respondant,
dist que, ne seroit qu'on le vouloit contraindre d'aller prescher
en ses bénéfices, qu'il tiendroit la partie des protestants; mais, à
cause qu'il n'avoit aprins à prescher et qu'il avoit accoustumé
avoir ses aises dès sa jeunesse, cela luy causoit de soustenir
l'Eglise Romaine. Et je dis lors : « Tu es bien meschant et tu
» fais de l'hypocrite devant tes frères les autres Chanoines, qui
» pensent que tu soustienes et que tu croyes directement les sta-
» tuts de l'Eglise Romaine. — Non, non, dit-il, il n'y en a pas
» un de mes compagnons qui ne confesse la vérité, ne seroit la
» crainte de perdre leur revenu. Et, qu'ainsi ne soit, il n'y a
» celuy qui ne mange de la chair en caresme aussi bien comme
» moy, et, quelque mine qu'ils facent, ils ne vont à la messe
» sinon pour conserver la cuisine, et de ce n'en faut douter. Et,
» quand n'eust esté que les bonnes gens nous vouloient con-
» traindre d'aller prescher, nous eussions aisément souffert les
» ministres; mais nostre revenu est cause que nous faisons nos
» esforts pour les banir. » Adonc je pensay que ce seroit folie à
moy de le vouloir admonester, attendu la réponse qu'il avoit
faite.

Lors, pour savoir si son dire contenoit vérité, j'empongnay la
teste d'un Président de Chapitre, mais elle estoit terrible, car
elle ne vouloit jamais endurer la coupelle, ni permettre qu'on
feist aucun examen de ses affaires; il regimboit, il batoit, il pe-
nadoit, il entroit en une noire cholère vindicative. Quoy voyant,
je me despitay comme lui, et, bon gré, mal gré qu'il en eust, je le
mis à l'examen et vins à séparer ses parties, savoir est, la cholère noire et pernicieuse d'un costé, l'ambition et superbité de
l'autre; je mis d'autre costé le meurtre intestin qu'il portoit
contre ses haineux. Brief, je séparay ainsi toutes ses parties
comme un bon alchimiste sépare les matières des métaux, et luy
demanday : « Ne veux-tu point laisser tes folies? Est-il pas temps
» de se convertir? — Quoy, » dit-il, « folies; il n'y a homme en
» ceste parroisse plus sage que moy. Je suis, » disoit-il, « de la
» nouvelle Religion quand je veux, et entens la vérité aussi bien

» qu'un autre : mais je suis sage, je chemine selon le temps, et
» fais plaisir à ceux que j'aime, et me venge de ceux que je hay.
» — Voire. » dis-je, « mais ce n'est pas une vie chrestiene,
» car on sait bien que les prestres ne doivent point estre pail-
» lards. — Quoy, paillards. » dit-il ; « il est vray que j'ay une
» femme à laquelle j'ay fait plusieurs enfans, mais elle n'est point
» paillarde, elle est ma femme : nous sommes tous deux espou-
» sez secretement. » Et je luy dis lors : « Pourquoy est-ce donc
» que tu persécutes et tâches à faire mourir les chrestiens ? —
» Quoy, mourir, » dit-il ; « j'en ay sauvé plusieurs ; vray est que
» ceux que je hayssois, je n'ay espargné de les poursuivre. »
Quelque chose que je peusse dire, ni faire, jamais je ne seus faire
accroire à ce Président qu'il ne fust homme de bien et sage,
combien que je voyois des merveilleuses mauvaistiez en ses
parties, lesquelles j'avois mises à l'examen.

Après cestuy là, je prins la teste d'un Juge Présidial, qui se
disoit estre bon serviteur du Roy, lequel avoit grandement per-
sécuté aucuns chrestiens et favorisé beaucoup de vicieux, et,
ayant mis sa teste à l'examen et avoir séparé ses parties, je trouvay qu'il s'estoit une partie engressé d'un morceau de bénéfice
qu'il possédoit. Lors je cogneu directement que cela estoit la
cause qu'il faisoit la guerre à l'Evangile, ou à ceux qui la vouloyent exposer en lumière. Quoy voyant, je le laissay là comme
un fol, sachant bien que je n'eusse eu aucune raison de luy, puisque sa cuisine estoit engressée d'un tel potage.

Adonc je vins à examiner la teste et tout le corps d'un Conseiller de Parlement, le plus fin Gautier qu'on eust sceu jamais
voir, et, ayant mis ses parties en la coupelle et fourneau d'examen, je trouvay que, dedans son ventre, il y avoit plusieurs
morceaux de bénéfice, qui l'avoyent tellement engressé qu'il ne
pouvoit plus tenir son ventre dedans ses chausses. Quand j'eu
apperçeu une telle chose, j'entray en dispute avec luy, en luy
disant : « Vien çà, es-tu pas fol ? Est-il pas ainsi que le profit de
» tes bénéfices causoyent que tu faisois le procès des chrestiens ?
» Confesse par là que tu es un fol, je dis plus fol que non pas
» Esaü, qui donna l'héritage de sa primogéniture pour une

» escuelle de légumes; il ne donna qu'un bien temporel, mais
» tu donnes un règne éternel, et prens peines éternelles pour le
» plaisir et délectation de ton ventre. Confesse donc que ta folie
» est, sans comparaison, plus grande que non pas celle d'Esaü.
» Esaü pleura son péché; ce néantmoins, il ne fut point exaucé.
» Je ne veux pas dire par là que, si tu confesses ton iniquité,
» que tu ne sois pardonné; mais j'ay grand peur que tu n'en
» feras rien, attendu que tu batailles directement contre la vérité
» de Dieu, que tu cognois bien. » Je n'eu pas si tost fini mon
propos que ce fol et insensé ne se mist à ses esforts de me rendre
honteux et vaincu ès propos que je luy avois tenus, et me dist à
haute voix : « Et en estes-vous encore là? Si ainsi estoit que je
» fusse fol pour tenir des bénéfices, le nombre des fols seroit
» terriblement grand. » Lors je luy dis tout doucement que tous
ceux qui boivent le laict et vestissent la laine des brebis, sans
les repaistre, sont maudits, et lui alléguay le passage qui est
escrit en Jérémie le Prophète, chapitre 34. Adonc il s'esleva,
d'une bravade et furie merveilleusement superbe, en disant :
« Quoy? selon ton dire, il y en auroit un bien grand nombre de
» damnez et maudits de Dieu; car je say qu'en nostre Cour sou-
» veraine, et en toutes les Cours de la France, il y a bien peu
» de Conseillers et Présidens qui ne possèdent quelque morceau
» de bénéfice, qui aide à entretenir les dorures et accoustremens,
» banquets et menus plaisirs de la maison, voire pour acquester
» avec le temps quelque place noble, ou office de plus grand
» honneur et authorité. Appelles-tu cela folie? C'est une gran-
» dissime sagesse, disoit-il; mais c'est une grand' folie que de
» se faire pendre ou brusler pour soustenir les authoritez de la
» Bible. Item, » disoit-il, « je say qu'il y a plusieurs grands
» seigneurs en France, qui prennent le revenu des bénéfices;
» toutefois ils ne sont pas fols, mais grandement sages, car cela
» aide beaucoup à entretenir leurs estats, honneurs et grasses
» cuisines, et, par tel moyen, ils ont de bons chevaux pour le
» service de la guerre. »

Quand j'eu entendu le propos de ce misérable symoniaque
inveteré en sa malice, je fus tout confus, et m'escriay en mon

8

esprit, en eslevant les yeux en haut et disant . « O pauvres
» chrestiens, et où en estes-vous? Vous pensiez abbatre l'idolatrie
» et avoir gagné la partie. Je cognois à present que vous n'aviez
» garde de ce faire: car, selon le dire de cestuy Conseiller, vous
» avez toutes les Cours de Parlement contre vous. Et, s'il est
» ainsi qu'il m'a dit, vous avez aussi plusieurs grands seigneurs
» qui prenent profit du revenu des bénéfices, et, tandis qu'ils
» seront repus d'un tel bruvage, il faut que vous espériez qu'ils
» seront toujours vos ennemis capitaux et mortels. Par quoy je
» suis d'avis que vous retourniez à vostre première simplicité,
» vous asseurant que vous aurez des ennemis et serez persecutez
» tout le temps de vostre vie, si, par lignes directes, vous voulez
» suivre et soustenir la querelle de Dieu; car telles sont les
» promesses originalement escrites au vieux et nouveau Testa-
» ment. Ayez donc vostre refuge à vostre chef, protecteur et
» capitaine, nostre seigneur Jésus Christ, lequel, en temps et
» lieu, saura très bien venger l'injure qui luy aura esté faite, et
» en cas pareil la vostre. »

L'HISTOIRE.

Après que j'eu apperçeu les folies et malices des hommes, et
considéré les horribles esmotions et guerres qui ont esté ceste
année par tout le Royaume de France, je pensay en moy-mesme
de faire le dessein de quelque Ville ou Cité de refuge, pour se
retirer ès temps des guerres et troubles, à fin d'obvier à la malice de plusieurs horribles et insensez saccageurs, ausquels j'ay
par cy devant veu éxécuter leurs rages furieuses contre une
grande multitude de familles, sans avoir esgard à la cause, juste
ou injuste, et mesme sans aucune commission ne mandement.

Demande.

Il semble, à t'ouyr parler, que tu ne t'asseures pas de la paix
qu'il a pleu à Dieu nous envoyer, et que tu as encore quelque
crainte d'une esmotion populaire.

Responce.

Je prie à Dieu qu'il luy plaise nous donner sa paix; mais, si tu avois veu les horribles desbordemens des hommes, que j'ay veu durant ces troubles, tu n'as cheveux en la teste qui n'eussent tremblé, craignant de tomber à la merci de la malice des hommes. Et celuy qui n'a veu ces choses, il ne sauroit jamais penser combien la persécution est grande et horrible. Je ne m'esmerveille pas si le Prophète David aima mieux eslire la peste que non pas la famine et la guerre, en disant que, s'il avoit la peste, il seroit à la merci de Dieu, mais qu'en la guerre, il seroit à la merci des hommes, qui fut la cause que Dieu estendit ses verges seulement sur son peuple, et non pas sur luy, parce qu'il estoit submis sous sa miséricorde et avoit directement confessé sa faute. Voilà pourquoy je te puis asseurer que c'est une chose horriblement à craindre que de tomber sous la merci des hommes pernicieux et meschans.

Demande.

Je te prie me dire comment advint ce divorce en ce pays de Xaintonge, car il me semble qu'il seroit bon de le mettre par escrit, à fin qu'il en demeurast une perpétuelle mémoire pour servir à ceux qui viendront après nous.

Responce.

Tu sais qu'il y aura plusieurs historiens, qui s'employeront à ceste affaire. Toutesfois, pour mieux descrire la vérité, je trouverois bon qu'en chacune ville il y eust personnes députées pour escrire fidèlement les actes qui ont esté faits durant ces troubles, et, par tel moyen, la vérité pourroit estre réduite en un volume. Et, pour ceste cause, je m'en vay commencer à t'en faire un bien petit narré, non pas du tout, mais d'une partie du commencement de l'Eglise réformée.

Tu dois entendre que, tout ainsi que l'Eglise primitive fut érigée d'un bien petit commencement et avec plusieurs périls, dangers et grandes tribulations, aussi, sur ces derniers jours, la

difficulté et dangers, peines, travaux et afflictions, ont esté
grandes en ce pays de Xaintonge. Je dis de Xaintonge, parce que
je laisseray ès habitans d'un autre Diocèse d'en escrire ce qu'ils
en savent à la vérité.

Il advint, l'an 1546, qu'aucuns moines ayans esté quelques
jours ès parties d'Allemagne, ou bien ayans leu quelques livres
de leur doctrine et se trouvans abusez, ils prindrent la hardiesse,
assez couvertement, de descouvrir quelques abus; mais, soudain
que les prestres et bénéficiers entendirent qu'ils détractoyent de
leurs coquilles, ils incitèrent les juges de leur courir sus, ce qu'ils
faisoyent de bien bonne volonté, à cause qu'aucuns d'eux possé-
doyent quelque morceau de bénéfice, qui aidoit à faire bouillir
le pot. Par ce moyen, aucuns desdits moines estoyent contrains
s'en fuyr, s'exiler et se desfroquer, craignans qu'on les feist mourir de chaud. Les uns se faisoyent de mestier, les autres régen-
toyent en quelque village, et, parceque les isles d'Olleron, de
Marepnes et d'Allevert sont loin des chemins publics, il se retira
en ces isles là quelque nombre desdits moines, ayans trouvé divers moyens de vivre sans estre cogneus. Et, ainsi qu'ils fréquen-
toyent les personnes, ils se hazardoyent de parler couvertement,
jusques à ce quils fussent bien asseurez qu'on n'en diroit rien,
et, après que par tel moyen ils eurent réduit quelque quantité de
personnes, ils trouvèrent moyen d'obtenir la chaire, parce qu'en
ces jours là il y avoit un grand Vicaire qui les favorisoit tacitement. Dont ensuivit que, petit à petit, en ces pays et isles de
Xaintonge, plusieurs eurent les yeux ouvers et cogneurent beaucoup d'abus qu'ils avoyent auparavant ignorez, qui fut cause que
plusieurs eurent en grande estime lesdits prédicateurs, combien
que pour lors ils descouvroyent les abus assez maigrement.

Il y eut en ces jours là un Collardeau, procureur fiscal, homme
pervers et de mauvaise vie, qui trouva moyen d'advertir l'Evesque
de Xaintes, qui estoit pour lors à la Cour, luy faisant entendre
que tout estoit plein de Luthériens et qu'il lui donnast charge
et commission pour les extirper, et non seulement luy escrivit
plusieurs fois, mais aussi se transporta jusques audit lieu. Il feit
tant par ces moyens qu'il obtint une commission de l'Evesque et

du Parlement de Bourdeaux, avec une bonne somme de deniers qui luy furent taxez par ladite Cour. Cela faisoit-il pour le guain, et non pour le zèle de la religion. Quoy fait, il pratiqua certains juges, tant en l'isle d'Olleron que d'Allevert, et pareillement à Gimosac, et, ayant aposté ces juges, il feit prendre le prescheur de Sainct Denis, qui est au bout de l'isle d'Olleron, nommé frère Robin, et, tout par un moyen, le feit passer en l'isle d'Allevert, où il en print un autre nommé Nicole et, quelques jours après, il print aussi celuy de Gimosac, qui tenoit eschole et preschoit les dimanches, estant fort aimé des habitans. Et, combien que je pense qu'ils soyent escrits au livre des Martyrs, ce néant-moins, parce que je say la vérité de certains faicts insinuez, j'ay trouvé bon les escrire, qui est qu'eux, ayans bien disputé et sous-tenu leur religion en la présence d'un Navières, théologien, cha-noine de Xaintes, qui autresfois avoit commencé à descouvrir les abus; toutesfois, parce que le ventre l'avoit gagné, il soustenoit du contraire, comme très-bien les pauvres captifs luy savoyent reprocher en son visage; quoy qu'il en fût, ces pauvres gens furent condamnez à estre desgraduez, et vestus d'accoustremens verds, à fin que le peuple les estimast fols ou insensez. Et, qui plus est, parce qu'ils soustenoyent virilement la querelle de Dieu, ils furent bridez comme chevaux par ledit Collardeau, auparavant que d'estre menez sur l'eschafaut, èsquelles brides y avoit en chacune une pomme de fer, qui leur emplissoit tout le dedans de leurs bouches, chose fort hideuse à voir, et, estans ainsi desgraduez, ils les retournèrent en prison, pour les mener à Bourdeaux, afin de les condamner à mourir.

Mais, entre les deux, il advint un cas admirable, savoir est que celuy à qui on vouloit le plus de mal, lequel on pensoit faire mourir le plus cruellement, ce fut celuy qui leur eschappa et sortit des prisons par un moyen admirable: car, pour se donner garde de luy, ils avoyent mis un certain personnage sur les dé-grez d'une aviz près des prisons, pour escouter s'il se feroit quelque brisure. Aussi on avoit eu des grands chiens des villages qu'un grand Vicaire avoit amené, ausquels on avoit donné le large de la court de l'Evesché, à fin qu'ils abboyassent, si les

prisonniers venoyent à sortir. Nonobstant toutes ces choses,
frère Robin lima les fers qu'il avoit aux jambes, et, les ayans
limez, il bailla les limes à ses compagnons, et, ce fait, il perça
les murailles, qui estoyent de bonne massonnerie. Mais il advint
un cas estrange, c'est que d'aventure il y avoit plusieurs barriques, appilées l'une sur l'autre, au devant de ladite muraille,
lesquelles barriques, estans poussées à bas, menèrent un grand
bruit, qui furent cause que le portier se leva, et, ayant long temps
escouté, s'en retourna coucher. Et ainsi, ledit frère Robin sortit
en la court, à la merci des chiens; toutesfois Dieu l'avoit inspiré
d'avoir prins du pain, et, quand il fut en la court, il le jetta ausdits chiens, qui eurent la gueule close comme les lions de
Daniel. Or il faut noter que ledit Robin n'avoit jamais esté en
ceste ville cy de Xaintes. Pour ceste cause, estant en la court de
l'Evesché, il estoit encore enfermé; mais Dieu voulut qu'il trouva
une porte ouverte, qui se rendoit au jardin, auquel il entra, et,
se trouvant derechef enfermé de certaines murailles bien hautes,
il apperceut, à la clarté de la lune, un certain poirier, qui estoit
assez près de ladite muraille, et, estant monté audit poirier, il
apperceut, par le dehors de ladite muraille, un fumier, sur lequel il pouvoit assez aisément sauter. Quoy voyant, il s'en
retourna ès prisons, pour savoir si quelqu'un de ses compagnons
auroit limé ses fers; mais, voyant que non, il les consola et
exhorta à batailler virilement et à prendre patiemment la mort,
et, en les embrassant, print congé d'eux, et s'en alla derechef
monter sur le poirier et de là sauta sur les fumiers de la rue.
Mais ce fut une chose très merveilleuse, procédante de la providence divine, comment ledit Robin peut eschapper le second
danger, car, parce qu'il n'avoit jamais esté en la ville, il ne savoit à qui se retirer; mais, parce qu'il avoit esté malade d'une
pleurésie ès prisons et qu'on luy avoit donné un médecin et un
apoticaire, ledit Robin couroit par les rues, en s'enquérant dudit médecin et apoticaire, desquels il avoit retenu le nom. Mais
en ce faisant, il alla tabourner en plusieurs portes des plus
grands de ses ennemis, et, entre les autres, à la porte d'un Conseiller, qui fit diligence le lendemain pour savoir de ses nouvelles

et promettoit cinquante escus de la part du grand Vicaire, nommé Sellière, à celuy qui donneroit moyen de prendre ledit Robin. Iceluy donc, frappant par les portes à l'heure de minuit, avoit divinement pourveu à son affaire, car il avoit troussé son habit sur ses espaules et avoit attaché son enferge en une de ses jambes, et par tel moyen, ceux qui sortoyent aux fenestres pensoyent que ce fust un laquay.

Il fit si bien qu'il se sauva en quelque maison, et de là fut en mesme heure conduit hors la ville, ce qui advint au mois d'aoust dudit an : mais ses deux compagnons furent bruslez, l'un en ceste ville de Xaintes, et l'autre à Libourne, à cause que le Parlement de Bourdeaux s'en estoit là fuy, pour raison de la peste qui estoit lors en la ville de Bourdeaux, et moururent les susdits maistre Nicole et ses compagnons l'an 1546, au mois d'aoust, endurans la mort constamment.

L'Evesque, ou ses conseillers s'avisèrent en ce temps-là d'une ruse et finesse grandement subtile; car, ayans obtenu quelque mandement du Roy pour couper un grand nombre de forests qui estoyent à l'entour de ceste ville, toutesfois, parce que plusieurs avoyent leur jouyssance des bois et pasturages èsdites forests, ils ne vouloyent permettre qu'elles fussent abbatues; mais ceux-cy, suivans les ruses Mahométistes, s'avisèrent de gagner le cœur du peuple par des prédications et présens faits aux gens du Roy, et envoyèrent en ceste ville de Xaintes et autres villes du Diocèse certains moines Sorbonistes, qui escumoyent, bavoyent, se tormentoyent et viroyent, faisans gestes et grimaces estranges. Et tous leurs propos n'estoyent que crier contre ces chrestiens nouveaux, et aucunes fois ils exaltoyent leur Evesque, en disant qu'il estoit descendu du précieux sang de Monseigneur sainct Louys, et, par tel moyen, le pauvre peuple souffroit patiemment que tous leurs bois fussent coupés, et, les bois estans ainsi coupez, il n'y eut plus de Prédicateurs. Voilà comment le peuple fut deçeu en ses biens, et pareillement en ses esprits. Par là tu peux aisément juger quel pouvoit estre l'estat de l'Eglise réformée, laquelle n'avoit encore aucune apparence d'Eglise, sinon aucuns qui tacitement et avec crainte détractoyent de la Papauté.

Il y eut, quelque temps après, l'an 1557, qu'un nommé maistre Philebert Hamelin, qui avoit esté autresfois prisonnier en ceste ville et prins par le mesme Collardeau, se transporta derechef en ceste ville de Xaintes, et, parce qu'il avoit demeuré à Genève un bien long temps depuis son emprisonnement et ayant augmenté audit Genève de foy et de doctrine, il avoit toujours un remords de conscience de ce qu'il avoit dissimulé en sa confession faite en ceste ville, et, voulant réparer sa faute, il s'efforçoit, partout où il passoit, d'inciter les hommes d'avoir des ministres et de dresser quelque forme d'Eglise, et s'en alloit ainsi par le pays de France, ayant quelques serviteurs, qui vendoyent des Bibles, et autres livres imprimez en son imprimerie, car il s'estoit desprestré et fait imprimeur. En ce faisant, il passoit quelque fois par ceste ville, et alloit aussi en Allevert. Or il estoit si juste et d'un si grand zèle que, combien qu'il fust homme assez mal portatif, il ne voulut jamais prendre de chevaux, encore que plusieurs l'en requéroyent d'une bonne affection. Et, combien qu'il eust bien de quoy moyenement, si est-ce qu'il n'avoit aucune espée à sa ceinture, ains seulement un simple baston en la main, et s'en alloit ainsi tout seul, sans aucune crainte.

Or advint un jour, après qu'il eut fait quelques prières et petites exhortations en ceste ville, ayant au plus sept ou huit auditeurs, il print son chemin pour aller en Allevert, et, devànt que partir, il pria le petit troupeau de l'assemblée de se congréger, de prier et s'exhorter l'un l'autre, et ainsi, s'en alla en Allevert, tendant à fin de gagner le peuple à Dieu, et là, estant recueilli bénignement par la plus grand'partie du peuple, fit certains presches au son de la cloche et baptisa un enfant. Quoy voyant, les Magistrats de ceste ville contraindrent l'Evesque d'exhiber deniers, pour faire la suite dudit Philebert avec chevaux, gens-d'armes, cuisiniers et vivandiers. L'Evesque et certains Magistrats de ceste ville se transportèrent au lieu d'Allevert, là où ils firent rebaptiser l'enfant qui avoit esté baptisé par ledit Philebert, et, ne le pouvans là attraper, ils le suivirent à la trace jusques à ce qu'ils l'eurent trouvé en la maison d'un Gentil-homme, et ainsi l'amenèrent en ceste ville, comme malfaicteur, ès prisons criminelles, combien que ses œuvres rendent certain tesmoignage qu'il estoit enfant de Dieu et directement esleu. Il estoit si parfait en ses œuvres que ses ennemis estoyent contraints de confesser qu'il estoit d'une vie saincte, toutesfois sans approuver sa doctrine.

Je suis tout esmerveillé comment les hommes ont osé assoir jugement de mort sur luy, veu qu'ils savoyent bien et avoyent entendu sa saincte conversation; car je suis asseuré, et le puis dire à la vérité, que, dès lors qu'il fut amené ès prisons de Xaintes, je prins la hardiesse (combien que 'es jours fussent périlleux en ce temps là) d'aller remonstrer à   principaux juges et magistrats de ceste ville de Xaintes q.. .s avoyent emprisonné un Prophète, ou ange de Dieu, envoyé pour annoncer sa parole et jugement de condamnation aux hommes sur le dernier temps, leur asseurant qu'il y avoit onze ans que je cognoissois ledit Philebert Hamelin d'une si saincte vie qu'il me sembloit que les autres hommes estoyent diables au regard de luy. Il est certains que les juges usèrent d'humanité en mon endroit et m'escoutèrent bénignement; aussi parlois-je à un chacun d'eux estant en sa maison.

Finalement ils traittèrent assez bénignement ledit maistre Philebert; toutesfois ils ne se peuvent excuser qu'ils ne soyent coulpables de sa mort. Vray est qu'ils ne le tuèrent pas, non plus que Pilate et Judas Jésus Christ, mais ils le livrèrent entre les mains de ceux qu'ils savoyent bien qu'ils le feroyent bien mourir. Et, pour mieux parvenir à un lave-main pour s'en descharger, ils s'avisèrent qu'il avoit esté prestre en l'Eglise Romaine, par quoy l'envoyèrent à Bourdeaux avec bonne et seure garde par un Prévost des mareschaux.

Veux-tu bien cognoistre comment ledit Philebert estoit de saincte vie? On luy donnoit liberté d'estre en la chambre du geolier et de boire et manger à sa table, ce qu'il fit pendant qu'il estoit en ceste ville; mais, après que par plusieurs jours il eut travaillé et prins peine de réprimer les jeux et blasphèmes qui se commettoyent en la chambre du geolier, il fut si desplaisant, voyant qu'ils ne se vouloyent corriger que, pour obvier à

entendre un tel mal, soudain qu'il avoit disné, il se faisoit mener en une chambre criminelle, et estoit là tout le long du jour
tout seul, pour obvier les compagnies mauvaises.

Item, veux-tu encore mieux savoir combien il cheminoit droitement? Luy estant en prison survint un advocat du pays de France,
de quelque lieu où il avoit érigé une petite église, lequel advocat
apporta trois cents livres, qu'il présenta au geolier, pourveu
qu'il voulust de nuit mettre ledit Philebert hors des prisons.
Quoy voyant, le geolier fut presque incité à ce faire: toutesfois
il demanda conseil audit maistre Philebert, lequel, respondant,
luy dist qu'il valoit mieux qu'il mourust par la main de l'exécu-
teur que de le mettre en peine pour luy. Quoy sachant, ledit
advocat rapporta son argent. Je te demande qui est celuy de
nous qui voudroit faire le semblable, estant à la merci des
hommes ennemis, comme il estoit?

Les juges de ceste ville savoyent bien qu'il estoit de saincte
vie, toutesfois ils l'ont fait pour crainte de perdre leurs offices;
ainsi le faut-il entendre. Je fus bien adverti que, cependant que
ledit Philebert estoit ès prisons de ceste ville, qu'il y eut un personnage, qui, parlant dudit Philebert, dist à un conseiller de
Bourdeaux: « On vous amènera un de ces jours un prisonnier
» de Xaintes, qui parlera bien à vous, Messieurs. » Mais le
Conseiller, en blasphémant le nom de Dieu, jura qu'il ne par-
leroit pas à luy et qu'il se donneroit bien garde d'assister à son
jugement. Je te demande, ce Conseiller se disoit estre chrestien,
il ne vouloit pas condamner le juste; toutesfois, puisqu'il estoit
constitué juge, il n'aura point d'excuse, car, puis qu'il savoit
que l'autre estoit homme de bien, il devoit de son pouvoir s'op-
poser au jugement de ceux qui, par ignorance ou par malice, le
condamnèrent, livrèrent et firent pendre comme un larron, le
18 d'avril de l'an susdit.

Quelque temps auparavant la prise dudit Philebert, il y eut
en ceste ville un certain artisan, pauvre et indigent à merveilles,
lequel avoit un si grand desir de l'avancement de l'Evangile
qu'il le démonstra quelque jour à un autre artisan aussi pauvre
que luy et d'aussi peu de savoir, car tous deux n'en savoyent

guère. Toutesfois le premier remonstra à l'autre que, s'il vouloit
s'employer à faire quelque forme d'exhortation, ce seroit la
cause d'un grand fruit, et, combien que le second se sentoit totalement desnué de savoir, cela luy donna courage, et, quelques
jours après, il assembla un dimanche au matin neuf ou dix personnes, et, parce qu'il estoit mal instruit ès lettres, il avoit tiré
quelques passages du vieux et nouveau Testament, les ayans mis
par escrit. Et quand ils furent assemblez, il leur lisoit les passages ou authoritez, en disant qu'un chacun, selon ce qu'il a
reçeu de dons, qu'il faut qu'il les distribue aux autres et que tout
arbre qui ne fera point de fruit sera coupé et jetté au feu. Aussi
il lisoit une autre authorité prise au Deutéronome, là où il est
dit : « Vous annoncerez ma loy en allant, en venant, en buvant,
» en mangeant, en vous couchant, en vous levant, et estant assis
» en la voye. » Il leur proposoit aussi la similitude des talens, et
un grand nombre de telles authoritez, et ce faisoit-il tendant à
deux bonnes fins. La première estoit pour monstrer qu'il appartient à toutes gens de parler des statuts et ordonnances de Dieu,
et à fin qu'on ne mesprisast sa doctrine, à cause de son abjection;
la seconde fin estoit à fin d'inciter certains auditeurs de faire le
semblable, car en ceste mesme heure ils convindrent ensemble
que six d'entr'eux exhorteroyent par hebdomade, savoir est un
chacun de six en six semaines, les Dimanches seulement. Et,
parce qu'ils entreprenoyent un affaire auquel ils n'avoyent jamais
été instruits, il fut dit qu'ils mettroyent leurs exhortations par
escrit et les liroyent devant l'assemblée. Or toutes ces choses
furent faites par le bon exemple, conseil et doctrine de maistre
Philebert Hamelin. Voilà le commencement de l'Eglise réformée
de la ville de Xaintes.

Je m'esseure qu'il y a eu au commencement telle assemblée
que le nombre n'estoit que de cinq seulement, et, pendant que
l'Eglise estoit ainsi petite et que ledit maistre Philebert estoit
en prison, il arriva en ceste ville un Ministre, nommé de La Place,
lequel avoit esté envoyé pour aller prescher en Allevert; mais,
ce mesme jour, le Procureur dudit Allevert se trouva en ceste
ville, qui certifia qu'il y seroit fort mal venu à cause de ce bap-

tesme que maistre Philebert avoit fait, parce qu'on avoit condamné plusieurs assistans à fort grandes amendes, qui fut le
moyen que nous priasmes ledit de La Place de nous administrer
la parole de Dieu, et fut reçeu pour nostre Ministre, et demeura
jusques à ce que nous eusmes Monsieur de La Boissière, qui est
celuy que nous avons encore à présent: mais c'estoit une chose
pitoyable, car nous avions bon vouloir, mais le pouvoir d'entretenir les Ministres n'y estoit pas, veu que de La Place, pendant le
temps que nous l'eusmes, il fut entretenu une partie aux despens
des gentils-hommes qui l'appeloyent souvent. Mais, craignans
que cela ne fust le moyen de corrompre nos Ministres, on con-
seilla à Monsieur de La Boissière de ne partir de la ville sans
congé pour servir à la noblesse, veu qu'aussi il y eut urgent
affaire. Par tel moyen le pauvre homme estoit reclos comme un
prisonnier, et bien souvent mangeoit des pommes et buvoit de
l'eau à son disner, et, par faute de nape, il mettoit bien souvent
son disner sur une chemise, parce qu'il y avoit bien peu de
riches qui fussent de nostre assemblée, et si n'avions pas de quoy
luy payer ses gages.

Voilà comment nostre église a esté érigée au commencement
par gens mesprisez, et, alors que les ennemis d'icelle la vin-
drent saccager et persécuter, elle avoit si bien profité en peu
d'années que desjà les jeux, danses, ballades, banquets et su-
perfluytez de coiffures et dorures avoyent presque toutes cessé;
il n'y avoit plus guère de paroles scandaleuses, ni de meurtres.
Les procès commençoyent grandement à diminuer, car, soudain
que deux hommes de la Religion estoyent en procès, on trouvoit
moyen de les accorder; et mesme bien souvent, devant que commencer aucun procès, un homme n'y eust point mis un autre
que premièrement il ne l'eust fait exhorter à ceux de la Religion.
Quand le temps s'approchoit de faire ses pasques, plusieurs
haines, dissensions et querelles estoyent accordées; il n'estoit
question que de pseaumes, prières, cantiques et chansons spirituelles, et n'estoit plus question de chansons dissolues ni lubriques.

L'Eglise avoit si bien profité que mesme les magistrats avoyent policé plusieurs choses mauvaises, qui dépendoyent de leurs authoritez. Il estoit défendu aux hosteliers de ne tenir jeux ni de donner à boire et à manger à gens domiciliers, à fin que les hommes desbauchez se retirassent en leurs familles. Vous eussiez veu en ces jours là, ès dimanches, les compagnons de mestier se pourmener par les prairies, boscages ou autres lieux plaisans, chantans par troupes pseaumes, cantiques et chansons spirituelles, lisans et s'instruisans les uns les autres. Vous eussiez aussi veu les filles et vierges assises par troupes ès jardins et autres lieux, qui en cas pareil se délectoyent à chanter toutes choses sainctes; d'autre part, vous eussiez veu les pédagogues, qui avoyent si bien instruit la jeunesse que les enfans estoyent tellement enseignez que mesme il n'y avoit plus de geste puérile, ains une constance virile. Ces choses avoyent si bien profité que les personnes avoyent changé leurs manières de faire, mesme jusques à leurs contenances.

L'Eglise fut érigée au commencement avec grande difficulté et éminens perils; nous estions blasmez et vituperez de calomnies perverses et meschantes. Les uns disoyent : « Si leur doctrine » estoit bonne, ils prescheroyent publiquement; » les autres disoyent que nous nous assemblions pour paillarder et qu'en nos assemblées les femmes estoyent communes; les autres disoyent que nous allions baiser le cul au diable, avec de la chandelle de rosine.

Nonobstant toutes ces choses, Dieu favorisa si bien nostre affaire que, combien que nos assemblées fussent le plus souvent à plein minuit et que nos ennemis nous entendoyent souvent passer par la ruë, si est-ce que Dieu leur tenoit la bride serrée en telle sorte que nous fusmes conservez sous sa protection. Et, lors que Dieu voulut que son Eglise fust manifestée publiquement et en plein jour, il fit en nostre ville une œuvre admirable, car il fut envoyé à Tolose deux des principaux chefs, lesquels n'eussent voulu permettre nos assemblées estre publiques, qui fut la cause que nous eusmes la hardiesse de prendre la halle, ce que nous n'eussions seu faire sans grands scandales si lesdits chefs eussent esté en la ville. Et qu'ainsi ne soit, tu ne peux nier que, depuis ces troubles, ils ne se soyent totalement appliquez à rabaisser, ruyner, anichiler, enfoncer et abysmer la petite nasselle de l'Eglise Réformée. Par là je puis aisément juger que Dieu les a tenus l'espace de deux années, ou environ, à Tolose, à fin qu'ils ne nuisissent à son Eglise durant le temps qu'il la vouloit manifester publiquement. Combien que l'Eglise eût de grands ennemis, toutesfois elle fleurit en telle sorte en peu d'années que mesme les ennemis d'icelle, à leur très-grand regret, estoyent contraints de dire bien de nos Ministres et singulièrement de Monsieur de La Boissière, parce que sa vie les rédarguoit et rendoit bon tesmoignage de sa doctrine.

Or aucuns Prestres commençoyent d'assister aux assemblées, à estudier et prendre conseil de l'Eglise; mais, quand quelqu'un de l'Eglise faisoit quelque faute ou tort à quelqu'un des adversaires, ils savoyent très-bien dire : « Vostre Ministre ne vous a » pas conseillé de faire ce mal. » Et ainsi les ennemis de l'Evangile avoyent la bouche close, et, combien qu'ils eussent en haine les Ministres, ils n'osoyent mesdire d'eux, à cause de leur bonne vie. En ces jours là, les prestres et moines furent blasmez du commun, savoir est des ennemis de la Religion, et disoyent ainsi : « Les Ministres font des prières, que nous ne pouvons nier » qu'elles ne soyent bonnes : pourquoy est-ce que vous ne faites » le semblable? » Quoy voyant, Monsieur le Théologien du Chapitre se print à faire les prières comme les ministres ; aussi firent les moines qu'ils avoyent à gage pour leur prédication, car, s'il y avoit un fin, freté, mauvais garçon, et subtil argumentateur de moine en tout le pays, il faloit l'avoir en l'Eglise Cathédrale. Voilà comment, en ces jours là, il y avoit prières en la ville de Xaintes tous les jours d'une part et d'autre. Veux-tu bien cognoistre comment les Ecclésiastiques Romains faisoyent lesdites prières par hypocrisie et malice? Regarde un peu ; ils n'en font plus à présent, ni n'en faisoyent auparavant la venue des Ministres. Est-il pas aisé à juger que ce qu'ils en faisoyent estoit seulement pour dire : « Je say faire cela aussi bien comme les » autres. »

Quoy qu'il en soit, l'Eglise profita si bien alors que les fruits d'icelle demeureront à jamais, et, ceux qui ont espérance de voir l'Eglise abbatue et anichilée seront confus; car, puis que Dieu l'a garentie lorsqu'ils n'estoyent que trois ou quatre pauvres gens mesprisez, combien plus aujourd'huy aura-t-il soin d'un grand nombre? Je ne doute pas qu'elle ne soit tormentée; cela nous doit estre tout résolu puis qu'il est escrit, mais ce ne sera pas selon la mesure et desir de ses ennemis.

Plusieurs gens des villages en ces jours là demandoyent des Ministres à leurs Curez ou fermiers, ou autrement ils disoyent qu'ils n'auroyent point de dismes: cela faschoit plus les prestres que nulle autre chose, et leur estoit fort estrange. En ce temps là furent faits des actes assez dignes de faire rire et pleurer tout à un coup: car aucuns fermiers, ennemis de la Religion, voyans telles nouvelles, s'en alloyent aux Ministres pour les prier de venir exhorter le peuple d'où ils estoyent fermiers, et ce à fin d'estre payez des dismes. Quand ils ne pouvoyent finir de Ministres, ils demandoyent des Anciens. Je ne ris jamais de si bon courage, toutesfois en pleurand, quand j'ouy dire que le Procureur, qui estoit Greffier criminel lors qu'on faisoit les procès de ceux de la Religion, avoit luy-mesme fait les prières, un peu auparavant le saccagement de l'Eglise, en la Paroisse d'où il estoit fermier. A savoir mon si, lors qu'il faisoit luy-mesme les prières, il estoit meilleur chrestien que quand il escrivoit les procès contre ceux de la Religion; certes autant bon chrestien estoit-il lorqu'il escrivoit les procès comme quand il faisoit les prières, attendu qu'il ne les faisoit que pour avoir les gerbes et fruits des laboureurs.

Le fruit de nostre petite Eglise avoit si bien profité qu'ils avoyent contraint les meschans d'estre gens de bien. Toutesfois leur hypocrisie a esté depuis amplement manifestée et cogneuë; car, lors qu'ils ont eu liberté de mal faire, ils ont monstré extérieurement ce qu'ils tenoyent caché dedans leurs misérables poitrines; ils ont fait des actes si misérables que j'ay horreur seulement de m'en souvenir, au temps qu'ils s'eslevèrent pour dissiper, abysmer, perdre et destruire ceux de l'Eglise réformée. Pour obvier à leurs tyrannies horribles et éxécrables, je me retiray secrettement en ma maison, pour ne voir les meurtres, reniemens et destroussemens qui se faisoyent ès lieux champestres. Et, estant retiré en ma maison l'espace de deux mois il m'estoit avis que l'Enfer avoit esté desfonsé et que tous les esprits diaboliques estoyent entrez en la ville de Xaintes; car, au lieu que j'entendois un peu auparavant pseaumes, cantiques et toutes paroles honnestes d'édification et bon exemple, je n'entendois que blasphêmes, bateries, menaces, tumultes, toutes paroles misérables, dissolution, chansons lubriques et détestables, en telle sorte qu'il me sembloit que toute la vertu et saincteté de la terre estoit estouffée et esteinte, car il sortit certains diabletons du chasteau de Taillebourg, qui faisoyent plus de mal que non pas ceux qui estoyent diables d'ancieneté.

Eux entrans en la ville, accompagnez de certains prestres, ayans l'espée nue au poing, crioyent : « Où sont-ils ? il faut couper gorge tout à main, » et faisoyent ainsi des mouvans, sachans bien qu'il n'y avoit aucune résistance, car ceux de l'Eglise réformée s'estoyent tous absentez. Toutesfois, pour faire des mauvais, ils trouvèrent un Parisien en la rue, qui avoit bruit d'avoir de l'argent; ils le tuèrent, sans avoir aucune résistance, et, en usant de leur mestier accoutumé, le mirent en chemise devant qu'il fust achevé de mourir. Après cela, ils s'en allèrent, de maison en maison, prendre, piller, saccager, gourmander, rire, moquer et gaudir, avec toutes dissolutions et paroles de blasphêmes contre Dieu et les hommes, et ne se contentoyent pas seulement de se moquer des hommes, mais aussi se moquoyent de Dieu; car ils disoyent que Agimus avoit gagné Père éternel. En ce jour là, il y avoit certains personnages ès prisons que, quand les pages des Chanoines passoyent par devant lesdites prisons, ils disoyent en se moquant : « Le Seigneur vous assistera », et luy disoyent encore : « Or dites à présent :

Revenge moy, pren la querelle » ;

et plusieurs autres, en frappant d'un baston, disoyent : « Le Seigneur vous bénie. »

Je fus grandement espouvanté l'espace de deux mois, voyant

que les portefaix et bélistreaux estoyent devenus seigneurs aux despens de ceux de l'Eglise réformée; je n'avois tous les jours autre chose que rapports des cas espouvantables qui de jour en jour s'y commettoyent. Et de tout ce que je fus le plus desplaisant en moy-mesme, ce fut de certains petis enfans de la ville, qui se venoyent journellement assembler en une place près du lieu où j'estois caché (m'exerçant toutesfois à faire quelque œuvre de mon art), qui, se divisans en deux bandes et jettans des pierres les uns contre les autres, juroyent et blasphémoyent le plus éxé-crablement que jamais homme ouyt parler, car ils disoyent : « Par le sang, mort, teste, double teste, triple teste, » et des blasphêmes si horribles que j'ai quasi horreur de les escrire ; or cela dura assez long temps, sans que les pères ni mères y missent aucune police. Il me prenoit souvent envie de hazarder ma vie pour en faire la punition ; mais je disois en mon cœur le Pseaume 79, qui se commence :

Les gens entrez sont en ton héritage.

Je say que plusieurs Historiens descriront les choses plus au long; toutesfois j'ay bien voulu dire ceci en passant, parce que, durant ces jours mauvais, il y avoit bien peu de gens de l'Eglise réformée en ceste ville.

DE LA VILLE DE FORTERESSE.

QUELQUE temps après que j'eu considéré les horribles dangers de la guerre, desquels Dieu m'avoit merveilleusement délivré, il me print envie de désigner et pourtraire l'ordonnance de quelque ville, en laquelle on peut estre asseuré au temps de guerre. Mais, considérant les furieuses batteries desquelles aujourd'huy les hommes s'aident, j'estois presque hors d'espérance, et estois tous les jours la teste baissée, craignant de voir quelque chose qui me fist oublier les choses que je voulois penser: car mon esprit voltigeoit, tantost en une ville et tantost en l'autre, en me travaillant pour rémémorer les forces d'icelles et savoir si je me pourrois aider en partie de l'ordonnance d'icelles pour servir à mon dessein. Mais je trouvay en toutes icelles une manière de faire fort contraire à mon opinion: car les habitans les fortifient, en rompant les maisons, qui sont joignant les murailles de la cloison de la ville, et font de grandes allées entre les maisons et lesdites murailles. Et cela disent-ils estre nécessaire pour batailler défendre et traîner toute espèce d'engin et artillerie; mais je trouvay aussi que c'estoit pour faire tuer beaucoup d'hommes, et n'ay jamais seu persuader en mon esprit qu'une telle invention fust bonne. Et m'asseure que si, du temps que les colomnes furent inventées, l'artillerie eust régné comme elle fait à présent, que nos anciens édificateurs n'eussent point édifié les villes avec séparation des maisons aux murailles. Et quoy? En temps de paix les murailles sont inutiles, quelques grands thrésors et labeurs qui y ayent esté employez. Ayant donc considéré ces choses, je trouvay que lesdites villes ne me pouvoyent servir d'aucun exemplaire, veu que, quand les

murailles sont gagnées. la ville est contrainte se rendre. Voilà
bien un pauvre corps de ville, quand les membres ne se peuvent
consolider et aider l'un l'autre. Brief, toutes telles villes sont
mal désignées, attendu que les membres ne sont point concathé-
nez avec le corps principal. Il est fort aisé de battre le corps,
si les membres ne donnent aucun secours.

Quoy voyant, j'ostay mon espérance de prendre aucun exemplaire ès villes qui sont édifiées à présent, ains transportay mon
esprit pour contempler les pourtraits des compartimens et autres
figures qui ont esté faites par maistre Jaques du Cerseau, et
plusieurs autres pourtrayeurs. Je regarday aussi les plans et
figures de Victruve et Sebastiane, et autres architectes. pour voir
si je pourrois trouver en leurs pourtraits quelque chose qui me
peust servir pour inventer ladite ville de forteresse: mais jamais
il ne me fut possible de trouver aucun pourtrait qui me seust
aider à cest affaire.

Quoy voyant, je m'en allay, comme un homme transporté de
son esprit. la teste baissée, sans saluer ni regarder personne, à
cause de mon affection qui étoit occupée à ladite ville. Et, m'en
allant, ainsi faisant, visiter tous les jardins les plus excellens qu'il
me fut possible de trouver, et ce à fin de voir s'il y avoit quelque
figure de labyrinthe inventée par Dedalus, ou quelque parterre,
qui me peust servir à mon dessein, il ne me futs possible de trouver rien qui contentast mon esprit.

Alors je commençay d'aller par les bois, montagnes et vallées,
pour voir si je trouverois quelque industrieux animal qui eust
fait quelque maison industrieuse. Ce que cherchant, j'en vis un
très grand nombre, qui me rendit tout estonné de la grande industrie que Dieu leur avoit donnée, et, entre les autres, je fus
fort esmerveillé d'une forteresse, que l'oriou avoit faite pour la
sauve-garde de ses petis, car ladite forteresse estoit pendue en
l'air par une admirable industrie; toutesfois je ne peu là rien
profiter pour mon affaire. Je vis aussi une jeune limace, qui bastissoit sa maison et forteresse de sa propre salive, et cela faisoit-
elle petit à petit par divers jours: car, ayant prins ladite limace,
je trouvay que le bord de son bastiment estoit encore liquide et

le surplus dur, et cogneus lors qu'il faloit quelque temps pour endurcir la salive de laquelle elle bastissoit son fort.

Adonc je prins grande occasion de glorifier Dieu en toutes ses merveilles, et trouvay que cela me pourroit quelque peu aider à mon affaire: pour le moins, cela m'encouragea et me tint en espérance de parvenir à mon dessein.

Alors, bien joyeux, je me pourmenay deçà delà, d'un costé et d'autre, pour voir si je pourrois encore apprendre quelque industrie sur les bastimens des animaux, ce qui dura l'espace de plusieurs mois, en exerçant toutesfois toujours mon art de terre pour nourrir ma famille.

Après que plusieurs jours j'eu demeuré en ce débat d'esprit, j'avisay de me transporter sur le rivage et rochers de la mer Océane, où j'apperçeu tant de diverses espèces de maisons et forteresses, que certains petis poissons avoyent faites de leur propre liqueur et salive, que dès lors je commençay à penser que je pourrois trouver là quelque chose de bon pour mon affaire.

Adonc, je commençay à contempler l'industrie de toutes ces espèces de poissons, pour apprendre quelque chose d'eux, en commençant des plus grands aux plus petis. Je trouvay des choses qui me rendoyent tout confus, à cause de la merveilleuse providence Divine, qui avoit eu ainsi soin de ces créatures, tellement que je trouvay que celles, qui sont de moindre estime, Dieu les a pourveues de plus grande industrie que non pas les autres; car, pensant trouver quelque grande industrie et excellente sapience ès gros poissons, je n'y trouvay rien d'industrieux, ce qui me fit considérer qu'ils estoyent assez armez, crains et redoutez, à cause de leur grandeur, et qu'ils n'avoyent besoin d'autres armures; mais, quant est des foibles, je trouvay que Dieu leur avoit donné industrie de savoir faire des forteresses merveilleusement excellentes à l'encontre des brigues de leurs ennemis. J'apperçeu aussi que les batailles et brigueries de la Mer estoyent sans comparaison plus grandes èsdits animaux que non pas celles de la Terre, et vis que la luxure de la Mer estoit plus grande que celle de la Terre et que, sans comparaison, elle produit plus de fruit.

Ayant donc prins affection de contempler de bien près ces

choses, je prins garde qu'il y avoit un nombre infini de poissons,
qui estoyent si faibles de leur nature qu'il n'y avoit aucune apparence de vie fors qu'une forme de liqueur baveuse, comme sont
les huitres, les moucles, les sourdons, les pétoncles, les navaillons,
les palourdes, les dailles, les hourmeaux, les gembles, et un
nombre infiny de burgaux de diverses espèces et grandeurs. Tous
ces poissons susdits sont foibles, comme je t'ay cy devant dit ;
mais quoy ? Voici à présent une chose admirable, qui est que Dieu
a eu si grand soin d'eux qu'il leur a donné industrie de se savoir
faire à chacun d'eux une maison, construite et nivelée par une
telle géométrie et architecture que jamais Salomon, en toute sa
sapience, ne seut faire chose semblable, et, quand mesme tous
les esprits des humains seroient assemblez en un, ils n'en sauroyent avoir fait le plus moindre traict.

Quand j'eu contemplé toutes ces choses, je tombay sur ma face,
et, en adorant Dieu, me prins à escrier en mon esprit, en disant:
« O bon Dieu ! Je puis à présent dire, comme le Prophète David,
» ton serviteur: Et qu'est-ce que de l'homme, que tu as eu souve-
» nance de luy et que mesme tu as fait toutes ces choses pour
» son service et commodité ? Toutesfois, Seigneur, il n'a honte
» de s'eslever contre toy, pour destruire et mettre à néant
» ceux que tu as envoyez en la terre pour annoncer ta justice et
» jugement aux hommes. O bon Dieu ! Et qui sera celuy qui ne
» s'esmerveillera de ta patience merveilleuse ? Jusques à quand
» laisseras-tu souffrir et endurer les Prophètes et esleus, que tu
» as mis à la merci de ceux qui ne cessent de les tormenter ? »

Ce fait, je me pourmenay sur les rochers pour contempler de
plus près les excellentes merveilles de Dieu, et ayant trouvé certains gembles, qu'on appelle autrement œils de bouc, j'apperçeu
qu'ils estoyent armez par une grande industrie: car, n'ayans
qu'une coquille sur le dos, ils s'attachoyent contre les rochers en
telle sorte que je pense qu'il n'y a nul poisson en la mer, tant
soit-il furieux, qui le seust arracher de ladite roche. Et, quand
on veut arracher ledit poisson qui n'est que bave ou une liqueur
endurcie, si on faille du premier coup de l'arracher en mettant
un couteau entre la roche et luy, il se viendra si fort reserrer et

joindre à la roche qu'il n'est plus possible de l'arracher, qui est chose admirable, veu la foiblesse de son estre. L'hourmeau, et plusieurs autres espèces s'attachent en cas pareil, car autrement leurs ennemis les dévoreroyent soudain. N'est-ce pas aussi chose admirable de l'hérisson de mer, lequel, parce que sa coquille est assez foible, Dieu luy a donné moyen de savoir faire plusieurs espines piquantes par dessus son halecret et forteresse, tellement qu'estant attaché sur la roche on ne le sauroit prendre sans se piquer? N'est-ce pas une chose admirable de voir les poissons qui sont armez de deux coquilles? Si tu considères les pétoncles et les sourdons, et plusieurs autres espèces, tu trouveras une industrie telle qu'elle te donnera occasion de rabaisser ta gloire.

As-tu jamais veu chose faite de main d'homme qui se peust rassembler si justement que font les deux coquilles et harnois desdits sourdons et pétoncles? Certes, il est impossible aux hommes de faire le semblable? Penses-tu que ces petites concavitez et nervures, qui sont èsdites coquilles, soyent faites seulement par ornement et beauté. Non, non ; il y a quelque chose davantage. Cela augmente en telle sorte la force de ladite forteresse comme feroyent certains archoutans appuyez contre une muraille pour la consolider, et de ce n'en faut douter; j'en croiray toujours les architectes de bon jugement. Penses-tu que les poissons qui érigent leurs forteresses par lignes aspirales, ou en forme de limace, que ce soit sans quelque raison? Non, ce n'est pas pour la beauté seulement; il y a bien autre chose. Tu dois entendre qu'il y a plusieurs poissons qui ont le museau si pointu qu'ils mangeroyent la plupart des susdits poissons, si leur maison estoit droite; mais, quand ils sont assaillis par leurs ennemis à la porte, en se retirant au dedans, ils se retirent en vironnant et suivant le traict de la ligne aspirale, et par tel moyen, leurs ennemis ne leur peuvent nuire. Quoy considéré, ce n'est donc pas pour la beauté que ces choses sont ainsi faites, ains pour la force. Qui sera l'homme si ingrat qui n'adorera le souverain architecte, en contemplant les choses susdites?

Me pourmenant ainsi sur les rochers, je voyois des merveilles qui me donnoyent occasion de crier en ensuivant le Prophète : « Non pas à nous, Seigneur, non pas à nous, mais à ton Nom

» donne gloire et honneur, » et commençay à penser en moy-mesme
que je ne pourrois trouver aucune chose de meilleur conseil pour
faire le dessein de ma ville de forteresse. Lors, je me mis à regarder lequel de tous les poissons seroit trouvé le plus industrieux en
l'architecture, à fin de prendre quelque conseil de son industrie.

Or, en ce temps-là, un bourgeois de La Rochelle, nommé
l'Hermite, m'avoit fait présent de deux coquilles bien grosses,
savoir est de la coquille d'un pourpre, et l'autre d'un buxine,
lesquelles avoyent esté apportées de la Guinée et estoyent toutes
deux faites en façon de limace et ligne aspirale; mais celle du
buxine estoit plus forte et plus grande que l'autre. Toutesfois,
veu le propos que j'ay tenu cy dessus, c'est que Dieu a donné
plus d'industrie ès choses foibles que non pas aux fortes, je m'ar-
restay à contempler de plus près la coquille du pourpre que
non pas celle du buxine, parce que je m'asseurois que Dieu luy
auroit donné quelque chose davantage pour récompenser sa foiblesse. Et ainsi, estant longtemps arresté sur ces pensées, j'avisay
en la coquille du pourpre qu'il y avoit un nombre de pointes assez grosses qui estoyent à l'entour de ladite coquille ; je m'as-
seuray dès lors que non sans cause lesdites cornes avoyent esté
formées, et que cela estoit autant de ballouars et défenses pour
la forteresse et retraite dudit pourpre.

Quoy voyant, ne trouvay rien meilleur, pour édifier ma ville
de forteresse, que de prendre exemple sur la forteresse dudit
pourpre, et pris quant et quant un compas, reigle et autres outils
nécessaires pour faire mon pourtrait. Premièrement, je fis la
figure d'une grande place quarrée, à l'entour de laquelle je fis
le plan d'un grand nombre de maisons, ausquelles je mis les
fenestres, portes et boutiques, ayans toutes leur regard devers la
partie extérieure du plan et rues de la ville. Et, auprès d'un des
anglets de ladite place, je fis le plan d'un grand portal, sur
lequel je marquay le plan de la maison ou demeurance du principal gouverneur de ladite ville, à fin que nul n'entrast en ladite
place sans le congé du gouverneur. Et à l'entour de ladite
place, je fis le plan de certains auvens, ou basses galleries, pour
tenir l'artillerie à couvert, et fis le plan en telle sorte que les

murailles du devant de la gallerie serviront de défense et de batterie, y ayant plusieurs canonnières tout autour qui auront toutes leur regard au centre de ladite place, à fin que, si les ennemis entroyent par mine en ladite place, que tout en un moment on eust moyen de les exterminer.

Quoy fait, je commençay un bout de rue, à l'issue dudit portal, environnant le plan des maisons que j'avois marquées à l'endroit de ladite place, voulant édifier ma ville en forme et ligne aspirale, et ensuivant la forme et industrie du pourpre. Mais, quand j'eu un peu pensé à mon affaire, j'apperçeus que le devoir du canon est de jouer par lignes directes et que, si ma ville estoit totalement édifiée suivant la ligne aspirale, que le canon ne pourroit jouer par les rues. Parquoy je m'avisay dès lors de suivre l'industrie dudit pourpre seulement en ce qu'il me pouvoit servir, et je commençay à marquer le plan de la première rue, près de la place, en vironnant à l'entour en forme quarrée, et, ce fait, je marquay les habitations à l'entour de ladite rue, ayans toutes le regard, entrées et issues devers le centre de ladite place. Et ainsi se trouva une rue, ayant quatre faces à l'entour du premier rang qui est à l'entour du milieu et en vironnant suivant la coquille du pourpre, et ce toutesfois par lignes directes. Je vins de rechef marquer une rue à l'entour de la première, aussi en vironnant, et, après que ces deux rues furent pourtraites avec les maisons nécessaires à l'entour, je commençay à suivre le mesme trait pour pourtraire la troisième rue; mais, parce que la place et les deux rues d'alentour d'icelle avoyent grandement eslongné le trait, je trouvay bon de bailler huit faces à la troisième rue, et ce pour plusieurs raisons. Quand la troisième rue fut ainsi pourtraite avec les maisons requises à l'entour, je trouvay mon invention fort bonne et utile, et vins encore à marquer et pourtraire une autre rue, semblable à la troisième, savoir est à huit faces, et tousjours en vironnant. Ce fait, je trouvay que ladite ville estoit assez spacieuse et vins à marquer les maisons, à l'entour de ladite rue, joignant les murailles de la ville, lesquelles murailles j'allay pourtraire jointes avec les maisons de la rue prochaine d'icelles.

Lors, ayant ainsi fait mon dessein, il me sembla que ma ville se moquoit de toutes les autres, parce que toutes les murailles des autres villes sont inutiles en temps de paix, et celles que je fais serviront en tout temps pour habitation à ceux mesmes qui exerceront plusieurs arts en gardant ladite ville. Item, ayant fait mon pourtrait, je trouvay que les murailles de toutes les maisons servoyent d'autant d'esperons, et, de quelque costé que le canon seust frapper contre ladite ville, qu'il trouveroit toujours les murailles par le long. Or en la ville, il n'y aura qu'une rue et une entrée, qui ira tousjours en vironnant, et ce par lignes directes d'anglet en anglet, jusques à la place qui est au milieu de la ville. Et en chacun coin et anglet des faces desdites rues, y aura un portal double et vosté, et, au-dessus de chacun d'iceux, une haute batterie, ou plate-forme, tellement qu'aux deux anglets de chacune face on pourra battre en tout temps de coin en coin à couvert par le moyen desdits portaux vostez, et ce sans que les canonniers puissent aucunement estre offensez.

Ayant ainsi fait mon pourtrait, et estant bien asseuré que mon invention estoit bonne, je dis en mon esprit : « Je me puis bien vanter à présent que, si le Roy vouloit édifier une ville de forteresse en quelque partie de son royaume, que je luy donneray un pourtrait, plan et modelle d'une ville la plus imprenable qui soit aujourd'huy entre les hommes, c'est à savoir en ce qui consiste en l'art de géométrie et architecture, exceptez les lieux que Dieu a fortifiez par nature. »

Et premièrement, si une ville est édifiée jouxte le modelle et pourtrait que j'ay fait, elle sera imprenable :

Par multitude de gens,

Par multitude de coups de canon,

Par feu,

Par mine,

Par eschelles,

Par famine,

Par trahison,

Par sapes.

Exposition d'aucuns articles.

Aucuns trouveront estrange l'article de la trahison. Mais il est ainsi que, quand les dix ou douze parts de la ville, et mesme les Gouverneurs d'icelle, auroyent fait complot avec les ennemis pour livrer la ville, il n'est en leur puissance de la livrer, pourveu qu'il y ait une petite partie de la ville qui vueille résister, parce que l'ordre des bastimens sera si bien concathéné qu'il faudroit nécessairement que tous les habitans fussent consentans à la trahison devant qu'elle peust estre livrée, et la conjuration générale ne se pourroit jamais faire, que le Prince ne fust adverti.

Item, on s'esbahira de ce que je dis qu'elle sera par famine imprenable. Je le dis parce qu'elle se pourra garder à bien peu de gens; je dis à bien peu, car, quand bien peu de gens auroyent du biscuit pour certaines années, il n'y aura si furieux canonniers, ni si subtils ingénieux, qui ne soyent contraints de lever le siége de devant une telle ville, voire à leur confusion.

Item, on s'estonnera de ce que je dis qu'elle seroit imprenable par sapes; mais je dis davantage que, quand les ennemis auroyent sapé et emporté les fondemens de tout le circuit de la ville, et qu'ils les eussent jettez aux abysmes de la mer, si est-ce que par tel moyen les habitans n'auront occasion de s'estonner, parce que les murailles demeureront encore debout comme auparavant. Et, quand il adviendroit que les ennemis se fussent opiniastrez davantage et qu'ils eussent rué, tout à l'entour du circuit des murailles, autant de coups de canons qu'il pourroit tomber de gouttes d'eau durant les pluyes de quinze jours, et que, par tel moyen, ils eussent mis tout le circuit des murailles à petis morceaux comme chapple, c'est-à-dire mis les murailles à bas et en friche, si est-ce que pour cela la ville ne seroit aucunement perdue, ni les habitans blessez en leurs personnes.

Et, qui plus est, quand les ennemis se seroyent encore plus opiniastrez et qu'ils eussent brisé une carrière tout à travers de la ville et qu'ils peussent passer et repasser à travers de ladite ville jusques au nombre de quarante de front, trainans avec eux toutes espèces d'engins et artillerie, si est-ce qu'ils n'auroyent pas encore gagné la ville, ce que je say qui sera trouvé fort estrange.

Je dis aussi que, quand les ennemis auroyent trouvé le moyen, par une subtile mine, de sortir en une place qui sera au milieu de la ville, et qu'ils seroyent entrez en ladite ville en si grand nombre d'hommes et artillerie que toute ladite place fust pleine de gens bien armez, si est-ce que par tel moyen ils n'auront gagné aucune chose, sinon l'accourcissement de leurs jours.

Et, quand il adviendroit que les ennemis auroyent fait une telle approche que par multitude de gens ils eussent fait des montagnes, qui fussent si hautes que les ennemis peussent avoir veue jusques au pavé des rues prochaines des murailles, pour jetter boulets et toutes espèces d'engins et feux estranges, par tel moyen les habitans ne recevront aucun dommage, sinon seulement la peur, et l'empoisonnement des mauvaises fumées, qui pourroyent estre jettées en la rue prochaine des murailles, et non ès autres.

Item, l'ordre de la ville sera édifié d'une telle subtilité et invention que mesme les enfans, au dessus de six ans, pourront aider à la défendre le jour des assaux, voire sans desplacer aucun de sa place et demeurance, et sans se mettre en aucun danger de leurs personnes.

Je say bien qu'aucuns se voudront moquer. Toutesfois je m'asseure de tout ce qui est dit cy dessus, et suis prest à exposer ma vie quand je n'en feray apparoir la vérité par modelle, auquel seront démonstrées les utilitez et secrets de ladite forteresse tellement que par ledit modelle un chacun cognoistra la vérité tout ainsi comme si la ville estoit édifiée.

Demande.

Tu fais cy dessus une promesse bien téméraire de dire que par pourtrait et plan tu feras aisément entendre que ce que tu as dit de la ville de forteresse contient vérité. Pourquoy est-ce donc que tu n'as mis en ce livre le pourtrait et plan de ladite ville ? Car par là on eust peu juger si ton dire contient vérité.

Responce.

Tu as bien mal retenu mon propos; car je ne t'ay pas dit que par le plan et pourtrait on peust juger le total, mais, avec le plan et pourtrait, j'ay adjousté qu'il estoit requis faire un modelle. Veu qu'il n'y auroit aucune raison de le faire à mes despens, je t'ay assez dit que la chose méritoit récompense, par quoy c'est une chose juste que le labeur dudit modelle soit payé aux dépens de ceux qui le voudront avoir. Or, si tu sais quelqu'un qui aye vouloir d'avoir un modelle de mon invention, tu me le pourras adresser, ce que j'espère que feras. Et en cest endroit je prieray le Seigneur Dieu te tenir en sa garde.

Quant au reste, si je cognois ce mien second livre estre approuvé par gens à ce cognoissans, je mettray en lumière le troisième livre, que je feray cy après, lequel traittera du palais et plate-forme de refuge, de diverses espèces de terres, tant des argileuses que des autres; aussi sera parlé de la merle, qui sert à fumer les autres terres. Item, sera parlé de la mesure des vaisseaux antiques, aussi des esmails, des feux, des accidens qui surviennent par le feu, de la manière de calciner et sublimer par divers moyens, dont les fourneaux seront figurez audit livre.

Après que j'auray érigé mes fourneaux alchimistals, je prendray la cervelle de plusieurs qualitez de personnes, pour examiner et savoir la cause d'un si grand nombre de folies qu'ils ont en la teste, à fin de faire un troisième livre, auquel seront contenus les remèdes et receptes pour guérir leurs pernicieuses folies.

FIN.

A MAISTRE BERNARD PALISSY

PIERRE SANXAY.

dit salut.

———————

PAR tous les siècles passez
 Nature, mère des choses,
De ses thrésors amassez
Les portes a tenu closes.

 L'homme, comme un jeune enfant
Sans grace et intelligence,
N'a fait geste triomphant,
N'œuvre beau par excellence ;

 Hercules, ou, comme on dit,
Les neveux du premier homme,
De dresser ont eu crédit
Une et une autre colomne ;

 La Grèce a reçeu l'honneur
De quelques Cariatides,
L'Egypte, pour la grandeur
De ses hautes Pyramides :

 Du Sepulchre Carien
N'est esteinte la mémoire ;
L'Amphithéatre ancien
Couronne César de gloire.

 Mais cela n'approche point
Des Rustiques figulines,
Que tant et tant bien à poinct,
Et dextrement imagines.

A' chacun œuvre il faloit
Mille milliers de personnes ;
Mais le plus beau n'esgaloit
Celuy que seul tu façonnes.

Le plus beau a bien esté
Enrichi par Eloquence ;
Le tien a plus de beauté
Que la langue d'élégance.

Les Anciens, qui nombroyent
Sept merveilles en ce monde,
La tiene veue, ils diroyent
Que nulle ne la seconde.

Appelles a eu le pris,
En bien peindant, sur Parrhase,
Et Parrhase sur Xevzis ;
Ton pinceau le leur surpasse.

Le rocher haut et espais
Ne distille l'eau tant claire
Que celuy là, que tu fais,
Jettra l'eau de sa rivière.

Un Architas, Tarentin,
Fit la colombe volante ;
Tu fais, en cours argentin,
Troupe de poissons nageante.

Les ranes en un estang
Ne sont point plus infinies ;
Mais leur coax on n'entend,
Car elles sont seriphies.

Mégère, au chef tant hydeux,
Portoit les serpens nuisantes ;
Mais toy, non moins hazardeux,
Les fais par tout reluisantes.

Le lizard sur le buisson
N'a point un plus nayf lustre
Que les tiens en ta maison,
D'œuvre nouveau tout illustre.

A MAISTRE BERNARD PALISSY.

Les herbes ne sont point mieux ,
Par les champs et verdes prées ,
D'un esmail plus précieux
Que les tienes diaprées.

Le froid, l'humide, le chaud,
Fait flestrir tout autre herbage;
Tout ce qui tombe d'en haut
Le tien de rien n'endommage.

Je me tairay donc, disant
Que ta meilleure nature
D'un thrésor riche à présent
Nous donne en toy ouverture.

A Dieu.